早期教育专业系列教材

U0659706

0～3岁婴幼儿心理发展

编　著／沈雪梅

zjfs.bnup.com | www.bnupg.com

北京师范大学出版集团
BEIJING NORMAL UNIVERSITY PUBLISHING GROUP
北京师范大学出版社

图书在版编目（CIP）数据

0~3岁婴幼儿心理发展／沈雪梅编著. —北京：北
京师范大学出版社，2019.12（2024.1重印）
ISBN 978-7-303-25229-9

Ⅰ．①0… Ⅱ．①沈… Ⅲ．①婴幼儿心理学－幼儿师
范学校－教材 Ⅳ．①B844.12

中国版本图书馆CIP数据核字（2019）第235824号

教 材 意 见 反 馈： gaozhifk@bnupg.com 010-58805079
营 销 中 心 电 话： 010-58802755 58801876
编 辑 部 电 话： 010-58807468

出版发行：北京师范大学出版社 www.bnup.com
　　　　　北京市西城区新街口外大街12-3号
　　　　　邮政编码：100088
印　　刷：天津旭非印刷有限公司
经　　销：全国新华书店
开　　本：787mm×1092mm　1/16
印　　张：16.75
字　　数：350千字
版　　次：2019年12月第1版
印　　次：2024年1月第6次印刷
定　　价：49.80元

策划编辑：于晓晴　　　　　　责任编辑：薛　萌
美术编辑：焦　丽　　　　　　装帧设计：焦　丽
责任校对：段立超　　　　　　责任印制：马　洁
封面插画：苏丹朝露

前　言

　　党的二十大提出要深入实施人才强国战略，将人才培养作为重要内容，二十大报告提出要建设高质量教育体系，幼有所育、学有所教，加快建设人才强国，全面提高人才自主培养质量。高质量的人才培养要从小做起，0～3岁是人生起始阶段，是人一生发展中最快的时期，此时婴幼儿大脑的可塑性极强，为一生发展奠定重要基础，作为人才竞争力的根基教育，早期教育的重要性愈发凸显。随着社会对高质量早期教育的需求，应用研究成果、改进教育、提高早期教育质量成为各国教育发展的主要趋势。婴幼儿照护与养育的基本原则就是遵循婴幼儿成长特点和规律，促进婴幼儿在身体发育、动作、语言、认知、情感与社会性等方面的全面发展，这就要求早教从业人员和照护服务人员必须掌握并依据婴幼儿身心发展特点和规律科学开展早期教育活动、科学实施婴幼儿早期发展项目。可见，深入了解婴幼儿心理发展的特点和规律是科学开展早期教育、实施高质量早期教育的必要前提。

　　随着新型研究技术的出现，人们对婴幼儿心理有了更深入的了解，取得了突破性研究成果，大量研究表明，早在生命之初，婴幼儿就已经具有了比我们原先所认为的更强的心理能力、更丰富的经验及惊人的学习能力；与此同时，新兴的跨学科、跨领域研究力求将学术领域的研究成果科学、有效地应用于教育领域，转化为教育教学实践，并提出了许多新的教育理论观点和教育理念。本书立足于传统心理学理论、当代心理学研究及跨学科领域的研究成果，力求较为全面、系统、科学地阐释0～3岁婴幼儿心理发展。

　　本书于2019年首次出版，在四年教学实践的基础上，对本书内容进行修订，对原有内容进行完善，对认知发展部分新增婴幼儿感知测查、动作、经验与知觉发展等内容，新增大量案例，为案例教学提供丰富的案例教学资源。

　　本书编写的原则与特色：

　　1. 科学性。书中阐释的婴幼儿心理发展以实证研究和权威的心理学理论为依据，尽可能多地介绍相关实验研究和理论分析。本书第一章主要介绍与发展相关的基本概念和基础知识，第二章介绍与早期发展相关的心理学理论，第三、四、

五、六章对认知、言语、情绪情感、社会性等不同心理发展领域的发展特点及规律做具体介绍。

2. 应用性。书中不仅介绍理论知识，而且还注重知识的运用，在阐释一些抽象的理论观点时，尽可能辅以相关的案例加以说明；在论述一些对教育实践有较大指导意义的理论观点时，会提出相应的教育策略及带来的启示；针对相应的知识点，在每个章节的最后设计了分享讨论、实践体验等知识应用的栏目，帮助学习者巩固知识、加深理解。以上这些内容并非指导性的，而是起到抛砖引玉的作用，目的是与学习者一起探索理论与实践之间的转化应用。

3. 启发性。学习不仅是知识的获取，更重要的是学会思考与分析，特别是对于婴幼儿心理发展这个领域，人们目前所能了解的还很有限，很多研究成果并非最终的结论，有待更新与发展，所以，本书在编写时以启发性为原则选择内容、设计栏目。

本书主要栏目及特色：

"内容导览"设置在每章开头，以结构图的方式呈现本章内容架构，让学习者在学习之初对全章内容有一个概览，把握全章知识脉络。

"学习检测""分享讨论""实践体验"设置在每章结尾，帮助学习者复习巩固主要的知识点，加深对知识的理解，给学习者提供一些与该章节知识点相关的案例、现象与话题，引导学习者练习如何运用所学理论知识，启发学习者进行思考、反思与分析，引导学习者结成学习共同体，以求达到深层学习。

"拓展学习"穿插在各个章节中，主要呈现发展心理学的经典实验、对婴幼儿心理发展的理论分析及理论内容的拓展等内容，此栏目有助于拓展学习者的视野、拓宽知识的深度与广度；在每章最后设有"分享与讨论"栏目。

"婴幼儿发展案例分析"设置在六章理论介绍之后，从多个角度、采取多种形式呈现现实生活中婴幼儿发展的真实案例，并运用第一章至第六章的理论知识加以分析。这个栏目将前述理论知识具体化，是理论与实践之间的桥梁，对此栏目内容的学习有助于提升知识综合运用能力。此栏目中的案例原创作者是天津市和平区第十三幼儿园任晓、天津师范大学学前教育学院王亚琨，"婴幼儿发展案例分析导学"执笔是沈雪梅。

"参考书目"本书最后列出的参考书目不仅是编者编写的参考，而且也是特别为学习者提供的学习参考，建议学习者适当地阅读，从原著中获取第一手的文献资料，从而获得更深入、更可靠的婴幼儿心理发展理论知识。

由于专业水平有限，本书定有很多不妥之处，衷心希望各界同仁及读者不吝赐教予以指出，以便在今后的修订中不断修改完善。

　　本书可用作早期教育专业、学前教育专业的学生教材及教师参考书，也可用于早期教育教师的培训教材。本书也可以作为育儿读物，帮助家长从专业的视角了解孩子心理发展，丰富家长的婴幼儿心理发展知识，为家庭教育提供理论依据及相应的指导。

沈雪梅

2023年6月

目 录

第一章　绪论

导言

　　科学家研究发现，0~3岁婴幼儿所具有的心理能力超出我们的预想，他们是天生的学习者，移情能力、交往方式、情绪调控、语言能力、性格等高级心理能力都是从3岁前发展起来的。人生早期对人一生发展的重要性已经被科学所证实，早期教育成为当今国际社会关注的焦点，如何在这个年龄段实施科学的早期教育（养育）成为当今研究的主题。科学有效地开展早期教育必须要以婴幼儿心理发展规律为依据，对婴幼儿发展的了解是科学实施养育和教育的必要前提。在接下来的章节中，我们就一起来学习探讨婴幼儿心理发展的相关主题。

学习目标

通过本章的学习，你将能够：

1. 掌握心理发展的基本概念。

2. 理解并掌握婴幼儿脑发育的基础知识。

3. 了解早期动作发展在婴幼儿发展中的重要意义。

4. 理解并掌握婴幼儿心理发展的一般特点。

5. 了解影响婴幼儿心理发展的因素及其所起的作用，并能对相关案例进行分析。

内容导览

绪论
- 心理发展的基础
  - 心理发展的概念
  - 脑发育
  - 心理的发生
- 心理发展的一般特点
  - 连续性和阶段性
  - 方向性和顺序性
  - 不均衡性和整体性
  - 普遍性和差异性
- 婴幼儿心理发展的影响因素
  - 生物因素
  - 环境因素
  - 主观因素
- 婴幼儿心理发展的研究方法
  - 早期研究的简要回顾
  - 观察法
  - 实验法
  - 心理生理法
- 婴幼儿心理发展概览
  - 婴幼儿心理发展要点（以时间为线索）
  - 不同心理领域的发展成就（以领域为线索）

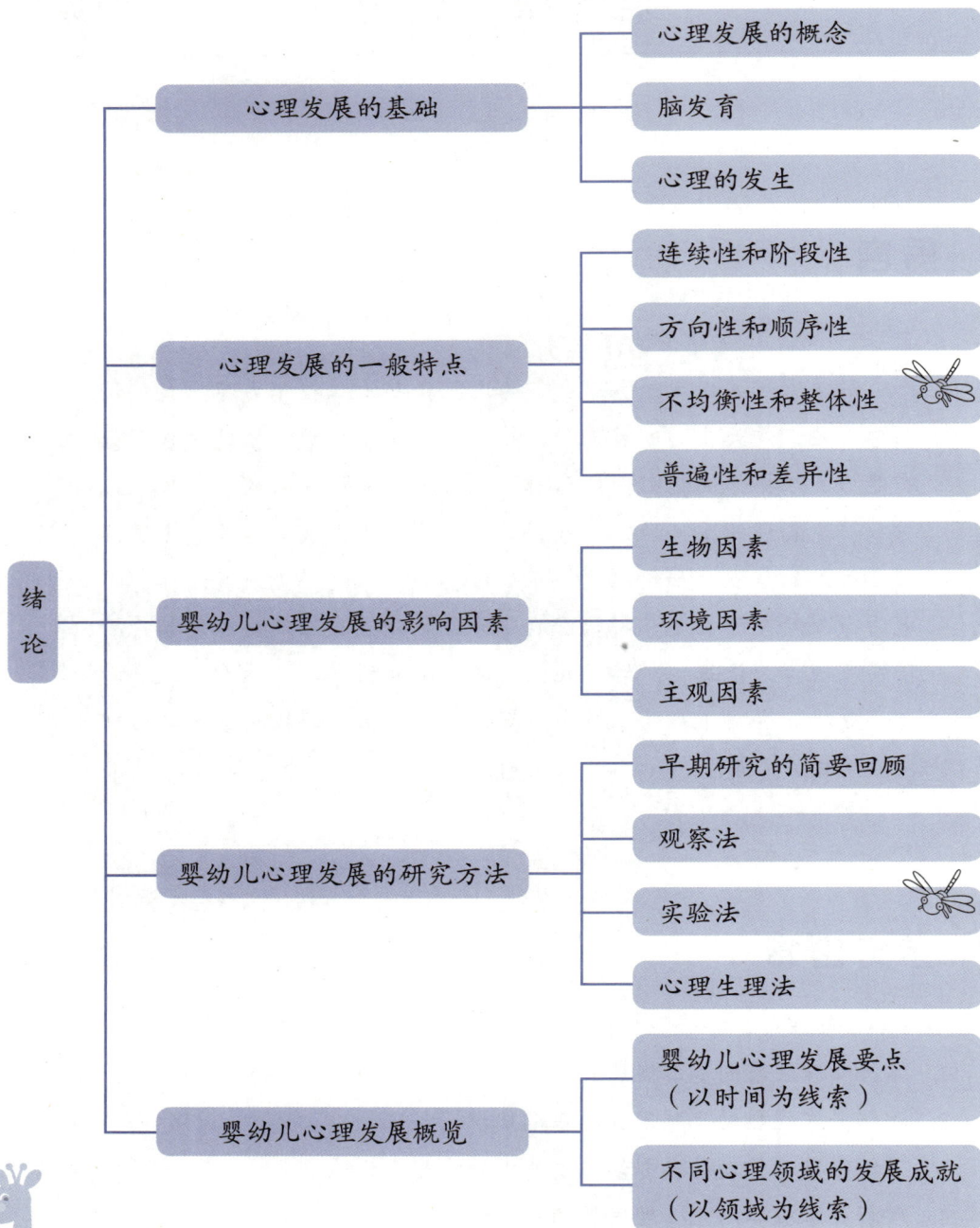

注：标注 🦟 的对应内容有配套在线资源，可供延伸学习。

第一节　心理发展的基础

世界上没有任何一个事物是独立存在的，心理发展也是如此，心理并非独立运行的精神世界，精神与物质相互联系、不可分割。婴幼儿心理发展有其物质基础，即神经系统，特别是脑的活动。脑是心理发展的物质基础，为了更好地了解婴幼儿心理发展，需要首先了解婴幼儿的脑发育。在此之前，让我们先对心理发展的相关概念予以明确。

一、心理发展的概念

（一）什么是心理

心理是心理现象的简称，心理现象的具体形式是多种多样的，心理学通常将心理现象划分为心理过程和个性心理两大类。

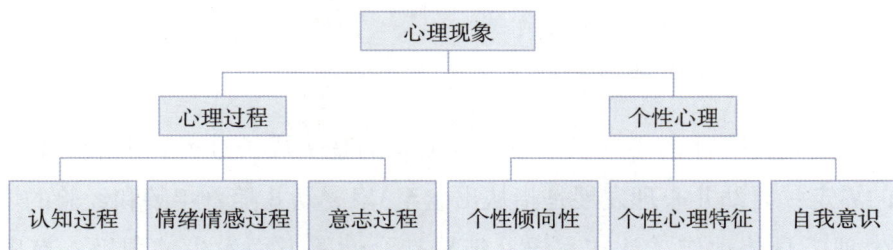

```
                        心理现象
              ┌───────────┴───────────┐
           心理过程                  个性心理
        ┌─────┼─────┐          ┌──────┼──────┐
     认知过程 情绪情感过程 意志过程  个性倾向性 个性心理特征 自我意识
```

图1-1　心理现象的内容

1. 心理过程

心理过程是指人的心理活动过程，由认知过程、情绪情感过程、意志过程三个成分构成。

认知过程是指一个人反映客观事物时的心理过程。人有多种认知形式，从初级到高级分别是感知、记忆、思维、想象。注意则是伴随心理过程的一种心理特征。此外，当代认知心理学将言语也列为认知发展的内容之一。

情绪情感过程是指人在对客观事物的认识过程中形成的态度体验，如兴奋、愉快、愤怒、悲伤等，它总是和人的需求紧密相连。

意志过程是指人在有目的、有计划的行动中克服困难、排除障碍以达到预期目的的内在心理过程。

心理过程的这三个组成成分密切相关，认知过程是前提，情绪情感过程和意志过程是在认知过程的基础上产生和发展的；情绪情感过程总是伴随着认知过程和意志过程，并且起到促进或阻碍的作用；意志过程是认知过程的保障，同时也对情绪情感过程起到调节作用。认知过程、情绪情感过程、意志过程共同构成心理过程，彼此之间相互作用，共同实现着人对客观世界的认知、体验与行动。

2. 个性心理

心理过程体现的是人所共有的反映形式，每个人在反映客观现实时还表现出个体差异，这些差异构成了个性心理。人与人之间的差异具体体现在三个方面：个性倾向性、个性心理特征、自我意识。

个性倾向性是指一个人所具有的意识倾向和对客观事物的稳定态度，主要包括需要、动机、兴趣、理想、信念、价值观和世界观等。个性倾向性是人从事活动的基本动力，决定着人的行为方向。

个性心理特征是一个人身上经常表现出来的本质的、稳定的心理特征，这些稳定的心理特征具体体现在性格、气质和能力上。

自我意识指自己对所有属于自己身心状况的意识，包括自我认识、自我体验、自我调控。

（二）什么是心理发展

心理发展是指个体的心理从不成熟到成熟的整个成长过程。本书对婴幼儿心理发展的界定：婴幼儿心理发展是指从出生至3岁婴幼儿随着年龄和经验的增长，在神经生理、身体动作、认知言语、情感社会性等方面发生的积极、有序、系统、持续的变化过程。

心理是人脑对客观现实主观能动的反映，这就意味着婴幼儿即使年龄再小，也不是只能被动地接受外界的影响，婴幼儿对外界事物的反映是积极主动的，会受到其先天遗传特征、气质特征、主观经历的影响。最新研究表明婴幼儿心理发展变化是一个积极主动的过程，是基因、经验、环境各个层面之间相互作用的结果。

婴幼儿心理发展不是某一种心理现象的变化，而是各种心理现象作为一个整体的变化发展过程。虽然在生命初期，心理现象之间尚未形成一个有机整体，但心理发展始终是按照一定的规律、经历一定的阶段向着整体方向发展，多种心理现象相互联系、相互协调，是有序、系统的发展，最终发展出心理整体的面貌。

婴幼儿心理发展与年龄有着密切的关系，相对持久，是一个持续的过程，有来龙去脉，有前因后果。婴幼儿心理发展始终处于持续不断的变化发展过程中，显示出上升趋势和新质变异，随着年龄增长，婴幼儿心理会得到在新质上的飞跃。

发展贯穿于人的一生。在人的一生当中，发展变化最快的是出生的头 3 年。0～3岁是人一生中发展变化最快、最明显、最奇妙的时期。这个时期心理发展是人生后续发展的基石，这个时期发展的情况将会对后续发展带来深刻的影响。

需要说明的一点：由于并非所有心理发展领域都是以 3 岁为界限，如认知发展。所以，本书论及的婴幼儿年龄范围具有一定的伸缩性，针对不同心理发展领域的发展特点，尽可能对各种心理现象的发展做较为全面、科学的讲解。

二、脑发育

心理是脑的机能，脑是心理的器官。心理活动的场所是脑，脑受到损伤，心理活动就会受到影响。对于刚出生后不久的婴幼儿来说，脑发育对于心理发展显得尤为重要。当代神经科学研究发现，婴幼儿脑的结构生长与其功能性发育是密不可分的，脑发育是心理发展的基础，要想了解婴幼儿心理发展，首先要了解婴幼儿的脑发育。

（一）脑的主要结构及其功能

保罗·麦克莱恩（Paul Maclean）于20世纪60年代提出，按照进化阶段将脑划分为三个区域：脑干（爬行脑）、边缘系统（哺乳脑）和新皮层（脑的高级区域）。脑在胎儿期已经形成了这三个主要区域，其中前两个区域的活动方式已相

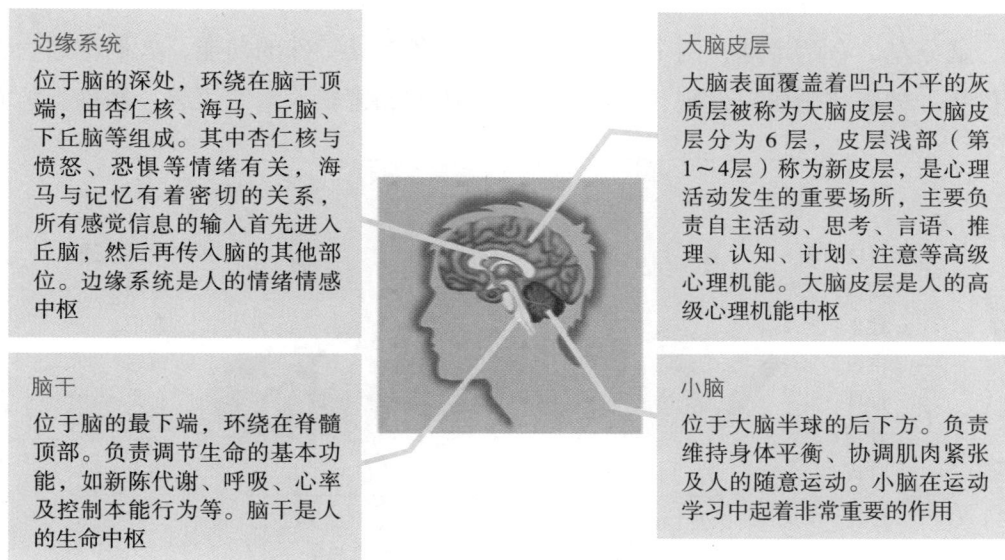

边缘系统
位于脑的深处，环绕在脑干顶端，由杏仁核、海马、丘脑、下丘脑等组成。其中杏仁核与愤怒、恐惧等情绪有关，海马与记忆有着密切的关系，所有感觉信息的输入首先进入丘脑，然后再传入脑的其他部位。边缘系统是人的情绪情感中枢

大脑皮层
大脑表面覆盖着凹凸不平的灰质层被称为大脑皮层。大脑皮层分为 6 层，皮层浅部（第1～4层）称为新皮层，是心理活动发生的重要场所，主要负责自主活动、思考、言语、推理、认知、计划、注意等高级心理机能。大脑皮层是人的高级心理机能中枢

脑干
位于脑的最下端，环绕在脊髓顶部。负责调节生命的基本功能，如新陈代谢、呼吸、心率及控制本能行为等。脑干是人的生命中枢

小脑
位于大脑半球的后下方。负责维持身体平衡、协调肌肉紧张及人的随意运动。小脑在运动学习中起着非常重要的作用

图1-2 脑的主要结构及其功能

当固定，而新皮质是在出生后发育的。

1. 大脑皮层机能分区

根据机能分工不同，人们把大脑皮层划分成四个叶：枕叶、颞叶、顶叶、额叶。

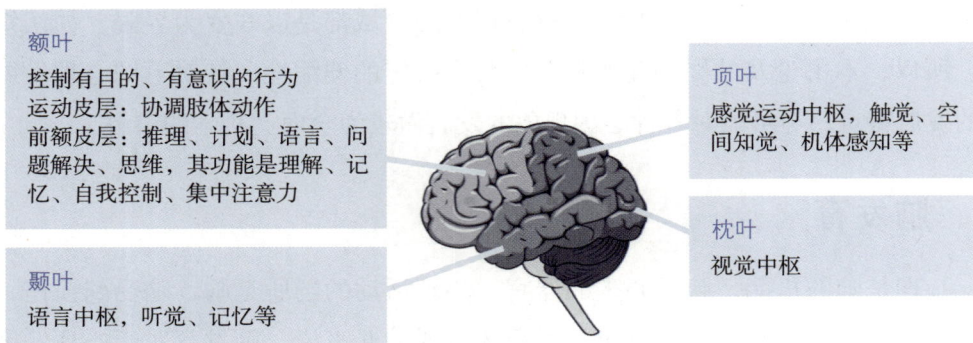

额叶
控制有目的、有意识的行为
运动皮层：协调肢体动作
前额皮层：推理、计划、语言、问题解决、思维，其功能是理解、记忆、自我控制、集中注意力

颞叶
语言中枢，听觉、记忆等

顶叶
感觉运动中枢，触觉、空间知觉、机体感知等

枕叶
视觉中枢

图1-3　大脑皮层机能分区

当代心理学研究发现，大脑皮层四个区域各自负责不同的功能，并且发育速度也各不相同，不同的皮层区域具有不同的成熟时间表。由于皮层各区域与特定认知功能之间存在对应关系，这使得新的认知功能在不同的年龄产生。负责视觉的枕叶、负责听觉的颞叶和负责感知运动的顶叶，在出生后的最初几个月里发育很快，到6个月时发育比较成熟，但负责思维、计划、有意注意等高级心理机能的额叶发育较为缓慢，到3岁时仍未发育成熟。这说明婴幼儿心理机能的发展与其脑发育，特别是大脑皮层的发育之间存在密切的相关性。

2. 左、右半脑

脑分左、右两半球，两个半球各有分工、各有其特殊的功能，人们称之为偏侧优势。神经科学研究发现，左脑主要负责语言和逻辑，掌管语言、精确操控右

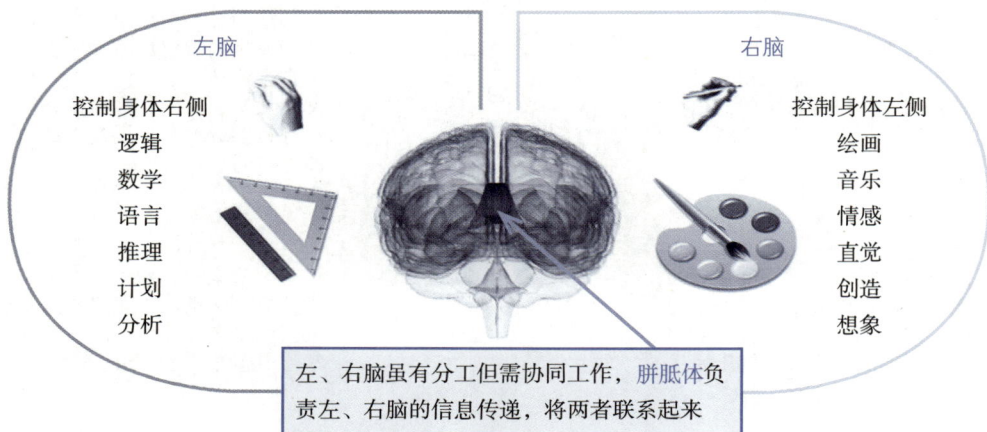

左脑
控制身体右侧
逻辑
数学
语言
推理
计划
分析

右脑
控制身体左侧
绘画
音乐
情感
直觉
创造
想象

左、右脑虽有分工但需协同工作，胼胝体负责左、右脑的信息传递，将两者联系起来

图1-4　左、右脑分工

手动作、整理归类及执行一般的日常行为；右脑主要负责形象和空间功能，例如看图、绘画、组织空间事物、面孔识别等。

虽然各司其职，但左、右半脑协作工作更有效率。连接左、右脑的是胼胝体，其功能是让两个半脑共享信息、协调指令。胼胝体在出生后发展迅速，10岁时发育到成人水平。

（二）神经元结构及其功能

构成脑的最小功能单位是神经元和神经胶质。神经元又称神经细胞，负责传输和接收信息；神经胶质又称神经胶质细胞，负责支持营养和保护神经元。

人脑内神经元的总数估计为1000亿个以上，像银河系里的星星一样多。神经元是人体寿命最长的细胞，很多神经元在人的一生中都不会发生变化。尽管其他细胞会死亡或更替，许多神经元直到它们死亡也不会被更替。这就启示我们要保护好大脑，避免脑损伤。

拓展学习
信息是如何在大脑中传递的

在一个神经元内部，信息是通过电信号的方式进行传递的。一个神经元主要由树突、胞体和轴突三部分构成，分别具有接收信息、整合信息、传递信息的功能。树突从上一个神经元接收信息，胞体负责对接收到的信息进行整合，整合后的信息由轴突传递到下一个神经元（在轴突外面包裹一层髓鞘，以保证信息传递的效率），这样就完成了一个神经元内部的信息传递。

在两个神经元之间，信息是通过突触以释放化学物质的方式进行传递的。两个神经元之间的联合区域叫作突触。突触由突触前膜、突触间隙、突触后膜组成。信息的载体被称为神经递质。神经递质携带信息从突触前膜，通过突触间隙传递到突触后膜，与突触后膜的受体结合，这样就完成了两个神经元之间的信息传递。

要了解神经元结构、突触结构以及信息在大脑中的传递的具体信息，可扫描文旁二维码。

每个神经元并不能独立完成工作，众多神经元必须联系起来、相互沟通，才能有效实现心理功能，如计划、思考、想象、自控等。也就是说，神经元必须组织成系统，人才能进行信息获取、思考交谈、记忆想象等心理活动。神经元发育意味着神经元彼此之间建立联系，并且形成一个错综复杂的交流系统，即神经网络。这是出生头三年脑发育的重要任务，同时也是其心理发展的生理机制。

当代神经科学研究证实，神经网络的形成与发展离不开经验，必须引发婴幼儿的经验，环境才能起到相应的作用，也就是说，对于婴幼儿来讲，环境必须是有意义的，在这样一个有意义的环境中，他既是感知者也是行动者，婴幼儿的自身经验调节着结构与功能的关系。

（三）婴幼儿的脑发育

脑发育从母亲怀孕第 3 周就开始了，贯穿人的一生。脑的发育开始于母亲怀孕第 8 周，一直持续到 4 岁。这个时期是一生中脑发育最重要的时期。由于脑发育与心理发展息息相关，是心理发展的基础，所以，这个时期也是婴幼儿认知和情绪发展的最重要时期。

脑发育经历两个重要阶段：一个重要阶段是从受孕到出生前，在胚胎中神经系统和脑的基本神经结构和部分功能已经得到发育，并在出生后继续生长和成熟，这个阶段主要是脑的基本结构的生成及大部分神经细胞的形成，胎儿在6～7个月时脑的基本结构就已具备；另一个重要阶段是从出生到青春期末，这个阶段的脑发育主要是大脑皮层神经元之间建立联系及脑功能的变化，出生后脑的发育主要体现在大脑皮层的发育上，具体表现在下面三个方面。

1. 脑重的增加

出生时，婴儿的脑重为350～400克，是成人脑重的25%～30%；出生头半年内脑的重量迅速增长，6 个月时达到700～800克，约为成人脑重的50%；12～15个月时，大脑重量为900～1050克，约为成人的75%；2 岁的时候为1000～1150克，为成人的80%～85%；3 岁时已基本接近成人的脑重范围。此后，脑重发育速度减慢。

出生后脑重的增加并不是神经细胞大量增殖的结果，脑重的增加反映的是神经纤维（轴突）的伸长、突触的数量增加、神经元之间的联系增多、树突分支的增多，神经纤维开始以不同的方向越来越多地深入皮层各层，神经元之间的联系也越来越多。2 岁前神经纤维较短，2 岁后出现了更多的分支，神经纤维的分支不断增多、加长，复杂的神经联系开始形成。

2. 突触生长

神经科学强调，大脑皮层的神经元之间必须联系在一起、组织成系统、彼此沟通才有意义。神经元之间是通过突触建立联系的。突触建立神经联系通过两种基本方式：突触修剪和突触生成。突触修剪是指去除多余的、不必要的联结，同时巩固选择合适的联结。突触生成是指新的突触形成。

近年来神经科学对突触生长的研究为婴幼儿大脑的可塑性及经验在塑造婴幼儿神经系统中扮演的角色提供了有力的证据。脑可塑是指大脑可以为环境和经验所修饰，具有在外界环境和经验作用下塑造大脑结构和功能的能力。脑可塑分为结构可塑和功能可塑。研究发现，婴幼儿大脑具有极强的可塑性，婴幼儿的脑发育不单单是生理成熟程序的展开，而是生物因素和早期经验相互作用的产物。婴幼儿大脑神经网络的发展离不开经验，神经连结由于经验的作用不断被塑造，婴幼儿自身经验调节着大脑结构与功能的关系，脑的结构和功能也会受到后天经验的持续影响和制约。婴幼儿大脑若受到恰如其分的环境刺激，会有效促进其发育；反之，若在此时期遭到经验剥夺，可能会造成大脑发育的停滞，甚至构成永久性伤害。可见，婴幼儿时期的早期经验对脑发育及功能完善起着重要作用。

3. 髓鞘化

髓鞘化是指髓鞘发展的过程，它通过一种脂肪物质（髓磷脂）包裹着神经元轴突，使神经冲动在沿神经纤维传导时速度加快，并保证神经冲动沿着一定线路传导而不相互干扰，提高信息传递的效率。

髓鞘的形成始于妊娠中期，一直延续到成年期。神经系统各部分髓鞘化的时间不同：

（1）触觉是最先发育的感觉，与触觉有关的神经通路在出生时就已经髓鞘化了。

（2）视觉通路的髓鞘化从出生时开始，一直持续到出生后第5个月。

（3）听觉通路的髓鞘化开始于妊娠期的第5个月，到4岁时才基本完成。

（4）感知运动通路的髓鞘化始于出生前，出生后集中于大脑皮层，它们的髓鞘化决定了早期无条件反射的出现和消失。

（5）与高级智力活动直接有关的额叶和顶叶部分髓鞘化过程开始较晚，大约7岁时才接近完成。

髓鞘化是出生后脑发育很重要的发展任务，对脑发育有重要意义，神经纤维逐渐被髓鞘覆盖，因而可以彼此绝缘，使神经冲动的传导不致相互干扰，对外界刺激能够做出迅速而精确的反应。神经系统内沟通功效的提升有赖于髓鞘化，髓鞘化过程往往被看作神经系统成熟的标志，因为脑神经纤维髓鞘化是大脑皮层抑制机能发展的前提之一。

总体而言，由于4岁以前髓鞘发育尚未最后完成，因此4岁以下的婴幼儿对外来刺激反应较慢，并易于泛化，即不仅对特定的刺激反应，也对相似的刺激反应。到 6 岁末基本完成皮层传导通路的髓鞘化，髓鞘化以后才能对外来刺激反应开始分化，即只对特定的刺激反应，对相似的刺激不反应。

三、心理的发生

（一）条件反射的出现是心理发生的标志

人的一切心理活动就其产生方式来讲都是脑的反射活动。

反射是指有机体借助神经系统实现的对内外刺激的规律性反应。实现反射的神经结构叫作反射弧。反射弧一般由感受器、传入神经、神经中枢、传出神经、效应器五个基本部分组成。

反射分为无条件反射和条件反射两种类型。

无条件反射与生俱来，是在种族发展过程中建立并遗传下来的，起到适应生存环境的作用。无条件反射数量不多但却具有保存生命的意义，如吮吸反射、巴宾斯基反射、抓握反射、游泳反射、惊跳反射等。这些无条件反射在人类进化过程中起到适应生存环境的作用，但很多在后来的人类生活中已失去其生物学意义，所以会在婴幼儿成长过程中相继消失。一些无条件反射是否在特定的时间消失，可作为诊断婴幼儿神经系统的发育是否正常的参考指标，如果这些无条件反射持续存在时间过长，则需要做脑高级中枢是否及时获得发育的神经学检查。

拓 展 学 习

新生儿一些基本的无条件反射

表1-1　新生儿基本的无条件反射[①]

	大约消失的时间	描　　述	可能的功能
定向反射	3 周	新生儿会把头转向触碰他们脸颊的物体	摄取食物
踏步反射	2 个月	当扶着孩子站立，他们的脚轻触地面时腿部的移动	让婴儿对独立活动做好准备

---

① ［美］罗伯特·费尔德曼：《发展心理学——人的毕生发展（第 6 版）》，144 页，世界图书出版公司，2013。

拓展学习

续表

	大约消失的时间	描　述	可能的功能
游泳反射	4~6个月	当脸朝下整个人在水里时，婴儿会做出划水和蹬水的游泳动作	避免危险
莫洛反射	6个月	当脖子和头部的支撑物突然挪开时被激发，婴儿的手臂突然伸出，好像要抓住什么物体	类似于灵长类动物防止跌落的保护
巴宾斯基反射	8~12个月	当婴儿的脚掌受到击打时，其反应是张开脚趾	尚不清楚
惊跳反射	以不同的形式保留	当面对突然的噪声，婴儿伸出手臂，背部形成弓形并且张开手指	自我保护
眨眼反射	保留	面对直射的光线时快速眨眼	保护眼睛避免直射光的侵害
吮吸反射	保留	婴儿倾向于去吮吸触碰其嘴唇的物体	摄取食物
呕吐反射	保留	清喉咙的婴儿反射	防止噎住

条件反射是后天习得的反射，是有机体在生活实践中形成的。人与高级动物为了适应复杂多变的客观环境，经过无条件反射与某种无关刺激的多次结合，形成新的神经联系，产生了条件反射。新生儿最先形成的条件反射都是在无条件反射的基础上建立起来的。因此，心理现象就其产生而言，是两种反射的有机结合。对于婴幼儿来讲，大多数条件反射是在日常生活中自然形成的。一般来讲，最早的条件反射是对喂奶姿势的吸吮反射，新生儿在出生10天左右，只要把他抱起来，他便停止哭喊，把头转来转去寻找奶头，嘴也跟着动起来，这就是对喂奶姿势的条件反射。条件反射的出现标志着心理活动的发生。

（二）心理的发展从动作开始

动作本身不是心理，但是动作发展和心理发展有着密切的关系：婴幼儿动作的发展在一定程度上反映大脑皮层神经活动的发展，所以，动作发展是心理发展的外在表现；同时，动作发展又是心理发展的直接前提，心理是在活动中发展起来的，婴幼儿心理的发生和发展是与他们的动作发展及所从事的活动分不开的。正因为动作与心理这种密切的联系，研究者常把动作作为测定婴幼儿心理发展水平的一项重要指标。要了解婴幼儿心理的发展，首先要了解其动作的发展。

拓展学习

著名的婴幼儿发展量表

长期以来，心理学家对婴幼儿动作发展进行了大量研究，从大样本中获取大量研究数据，研究的时间跨度也很大，从中获得了丰富的常模资料，制定出了许多科学有效的婴幼儿发展量表，从不同角度和程度上反映了婴幼儿动作发展的整个过程。现举例如下。

格赛尔发展量表（Gesell，1940）

丹佛发展筛选量表（Frankenberg & Dodds，1967）

贝利婴儿发展量表（Bayley，1933）

西南小儿智能体格测定表（重庆第三军医大学西南医院儿科，1980）

中国0~3岁小儿精神发育测查表（中国科学院心理研究所、首都儿科研究所，1984）

中国儿童发展量表（0~3岁）（中国儿童发展中心，1990）

婴幼儿动作的发展受到身体发育，特别是神经系统和运动系统，包括骨骼肌肉等组织器官生长、发育、成熟的制约。受机体生长发育的影响，婴幼儿的动作发展呈现出一个有系统、有步骤的发展过程，每一种动作技能的掌握都是在为下一种动作技能做准备，呈现出明显的规律性和顺序性。婴幼儿先学会简单的动作技能，然后将这些简单技能整合起来形成更为复杂的行为系统，从而确保更精确的运动，并更有效地控制环境。这种有系统、有步骤的发展过程体现在全身动作发展和精细动作发展两个方面，3岁前婴幼儿动作发展的主要成就表现在独立行走和使用工具上。

1. 全身动作发展

全身动作发展涉及对身体躯干的控制，包括抬头、抬胸、坐、爬、站、走等躯体动作和四肢动作。全身动作发展遵循以下规律。

（1）从整体动作到分化动作。婴幼儿最初的动作是全身性的、笼统的，牵一发而动全身，这是运动神经纤维一开始没有髓鞘化的结果。随着髓鞘化的发展，这种泛化性的全身动作才逐渐分化为局部的、准确的、专门化的动作。

（2）从上部动作到下部动作、从身体的中心到身体四周的动作。身体动作发展遵循头尾规律，即婴幼儿最先发展起来的是头部动作，然后自上而下，学会俯撑、翻身、坐、爬、站，最后才学会走。此外，身体动作发展还遵循近远规律，即婴幼儿首先发展的是运用上臂和大腿的动作技能（靠近身体中线），然后发展使用前臂和小腿的动作技能，最后是手指和脚的动作技能。

（3）从大肌肉动作到小肌肉动作。大肌肉动作比小肌肉动作发展早，表现为躯体的动作比四肢动作发展早，手指动作发展最迟。这一发展顺序与身体发展的近远方向（从身体中心到边缘）相一致。

（4）从无意动作到有意动作。婴幼儿的动作最初是无意识的，既无目的也不知道自己在干什么。婴幼儿动作的目的性与脑发育有关，8周前婴儿大脑发育缓慢，8周后神经元之间的联系开始迅速加强，10周的时候随意动作开始出现，这个时期婴幼儿扭头动作就不再是无意识的，而是出于他自己的意愿了。

总体上，全身动作发展先由头部开始，其后依次是抬头、翻身、坐、爬、站、走等顺序发展。全身动作发展要点：2～3个月学会抬头，4～5个月学会翻身，5～6个月学会独坐，8个月学会爬，11～12个月学会站，1岁左右学会独立行走，2岁以后能跑跳、爬高、越过小障碍，3岁能学会独脚跳等比较复杂的动作。

由于营养、训练等条件的不同，婴幼儿这些动作发展的快慢存在个体差异，但是这些动作的发展顺序是不变的。婴幼儿全身动作发展要点如图1-5。

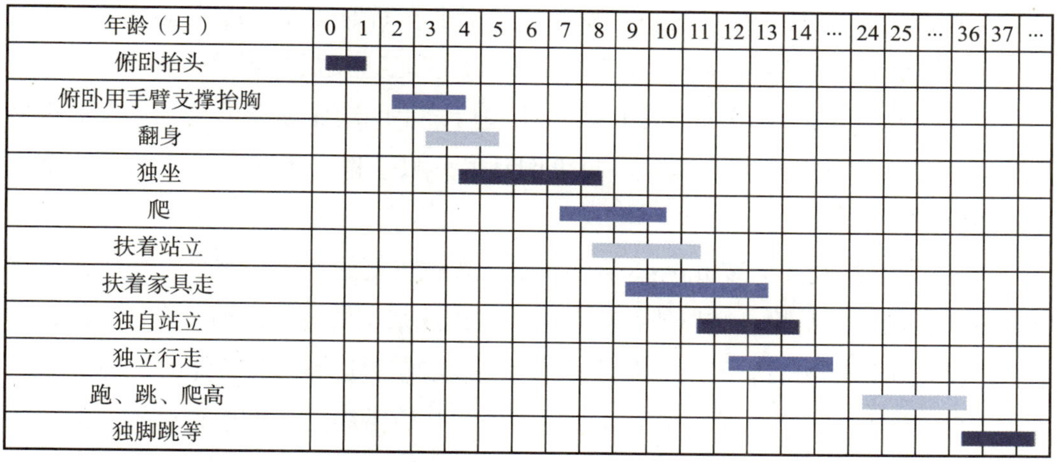

年龄（月）	0	1	2	3	4	5	6	7	8	9	10	11	12	13	14	…	24	25	…	36	37	…
俯卧抬头																						
俯卧用手臂支撑抬胸																						
翻身																						
独坐																						
爬																						
扶着站立																						
扶着家具走																						
独自站立																						
独立行走																						
跑、跳、爬高																						
独脚跳等																						

图1-5 全身动作各月龄发展要点

2. 精细动作发展

手是婴幼儿认识世界的重要器官，研究证明，训练婴幼儿手指的动作，可以加速大脑的发育。手的动作发展先由无目的地抓，发展到有目的地抓，在进一步发展到拿，在此基础上逐渐发展到使用小勺、水杯、脱穿衣服、系扣子等使用工具的精细动作。婴幼儿手的动作发展要点如图1-6。

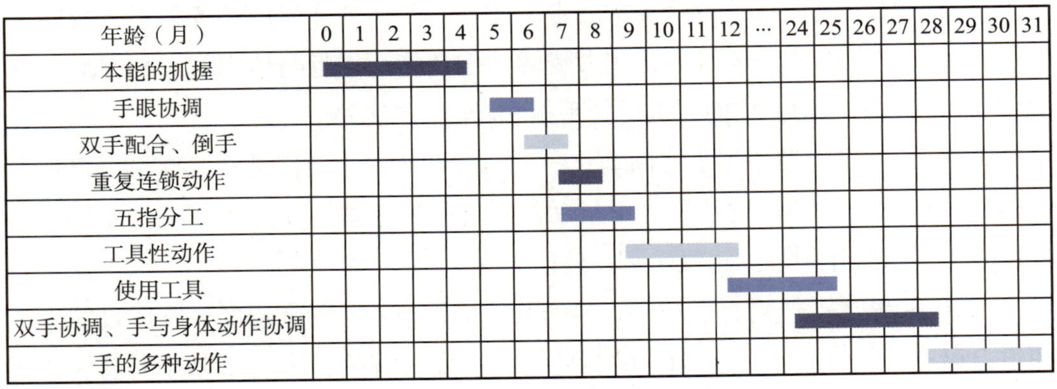

年龄（月）	0	1	2	3	4	5	6	7	8	9	10	11	12	…	24	25	26	27	28	29	30	31
本能的抓握	■	■	■	■	■																	
手眼协调						■																
双手配合、倒手							■															
重复连锁动作								■														
五指分工								■	■													
工具性动作										■	■	■	■									
使用工具													■	■	■							
双手协调、手与身体动作协调															■	■	■	■				
手的多种动作																			■	■	■	■

图1-6　精细动作各月龄发展要点

（1）本能的抓握。3～4个月前婴儿的抓握还带有无条件反射的性质，其特点是：①没有目标、没有方向，偶然接触到什么就抓什么；②手指配合不当，拇指和其余四指方向一致，整只手弯起来就好像一个大钩子，无论什么物品都是一把抓；③手的动作不能同视线协调起来，看见物品，伸手却抓不准。

（2）手眼协调。婴儿要想准确抓住物品，必须通过视觉、触觉、运动觉密切配合的联合行动，这种能力一般在5～6个月开始形成。手眼协调动作是指看见东西并能抓住它，亦即看见物体之后，能将手准确地伸向物体所在的方位，拿到物体后会用眼睛仔细地查看它的颜色和形状，用手不断地摆弄，还可能用嘴去咬，以便更详细地了解物体的特性。手眼协调是婴幼儿心理发展的重要标志。

（3）双手配合活动出现。手眼协调出现后，手的动作逐渐灵活，出现了双手的配合活动，婴幼儿会把物体从一只手倒到另一只手里，手在认识活动中的作用越来越大。

（4）重复性动作。婴儿6～8个月开始喜欢做重复的动作。这个时期婴儿喜欢将各种东西乱敲、乱投、乱撕或扔到地上，想以此来了解自己的动作能带来什么影响。这是他认识事物因果关系的开始。这些活动能够促进婴幼儿智能的发展。

（5）工具性动作出现。9个月以后婴幼儿开始借用工具来达到目的。例如，婴幼儿想拿到玩具但又自己够不到，他会抓住成人的手，朝玩具的方向拉。另外，他们也开始模仿成人的一些动作，如用小勺吃饭、抱娃娃睡觉等，这是使用工具的开始，也是游戏活动的萌芽。

（6）1～3岁是学习使用工具的阶段。1岁以后开始把物体当作工具来使用，学习使用各种生活用具的动作。2岁以后开始学着自己穿脱衣服、系扣子、洗手、用筷子吃饭。

3. 早期动作发展的意义

早期动作对婴幼儿发展具有十分重要的意义。婴幼儿心理发展是从动作开始的，早期动作发展是心理发展的起源，婴幼儿通过自身动作对周围环境加以适应，从而心理逐渐发展起来。皮亚杰的发生认识论告诉我们，动作是感知的源泉，是思维的基础，婴幼儿要认识外界环境就必须对物体施加动作，在实施动作的过程中，婴幼儿与客体相互作用、与社会环境相互作用，在这种交互作用中获取早期经验，从而使认知能力得到发展。动作是婴幼儿认知发展的基石，通过身体动作实施对物体的操作，使得婴幼儿的认知结构得到不断改组和重建。

坐和站开阔了婴幼儿的视野，扩大了认识范围；爬行对婴幼儿的感知觉（深度知觉）、认知经验、客体永久性发展、亲子互动、情感社会性发展等方面具有明显的促进作用；独立行走使得婴幼儿可以自由地活动，扩大认识范围，增强行为的主动性；本能抓握是精细动作发展的基础；手眼协调是目的性动作的开端；双手配合扩大了手的功用；五指分化是使用工具的基础；重复连锁动作有助于婴幼儿对因果关系的认识；使用工具是智慧发展的表现。

婴幼儿动作的发展有助于其大脑的发育。虽然动作是由大脑支配的，但动作反过来也对大脑有影响，婴幼儿动作的不断丰富及动作水平的不断提高，可以促进大脑在结构和功能上的完善，从而为早期心理的发展奠定良好的基础。

动作改变着婴幼儿与周围环境的互动模式，使其从被动接受变为主动获取经验，有助于婴幼儿参与社会交往、适应社会能力的发展。例如，古斯塔夫森（1984）研究发现，婴幼儿能够移动和行走后，其社会互动行为会发生显著的变化，对父母微笑与注视的频率也明显增多。张华、陶沙（2000）研究发现，9个月的婴儿是否会爬，对母婴社会性情绪互动行为有显著影响。安斯沃斯（1970）研究发现，如果婴幼儿在遇到不安全的情境时懂得回到母亲身边获得安慰，他们就可能更大胆地接触陌生人、寻求挑战。可见，动作发展有助于婴幼儿形成新的社会互动模式，进而对其情绪、社会知觉、自我意识等方面产生重要影响。

第二节　心理发展的一般特点

心理发展具有一般性的特点，从这些一般特点中我们可以看到所有婴幼儿发展过程中共性的地方，同时也反映出发展的一般规律。只有了解这些共性和规律，才能进一步理解不同年龄段心理发展和不同心理发展领域的具体特点和规律，以及不同婴幼儿之间在心理发展上的个体差异。

一、连续性和阶段性

（一）发展的连续性

发展的连续性是指心理发展是循序渐进的、不间断的，量的积累过程表现为连续性。每个人每天都在改变着，只不过这种改变微妙到我们不能轻易察觉而已。

（二）发展的阶段性

当量的积累到一定程度就会产生质变，发展过程中的质变，特别是大的质变，意味着心理发展达到了一个新的阶段，这个新阶段会出现不同于其他阶段的特点（年龄特征），从而形成心理发展的阶段性。心理发展的年龄特征是指每个年龄阶段中形成并表现出来的一般的、典型的、本质的特征。

需要强调的是，阶段与阶段之间没有明显界限，而总是有一个承上启下的过渡。至于阶段如何划分，不同理论家有不同的划分方法。

（三）心理发展是阶段性和连续性的统一

在发展心理学领域，历来有发展是连续的还是分阶段的争论。我们认为心理发展是阶段性和连续性的统一。心理发展是一个连续的、渐变的过程，发展过程中一般不出现突然的中断，前后发展之间有着密切的联系。在连续发展中重大的质变构成了发展的阶段性，阶段之间的交叉重叠又体现了发展的连续性。也就是说，各阶段之间没有明显的界限，前一阶段是后一阶段的基础和前提，后一阶段是前一阶段的完善和提高；前一阶段总包含后一阶段的某些特征的萌芽，而后一阶段又总带有前一阶段某些特征的痕迹。心理发展是连续性和阶段性的辩证统一。

二、方向性和顺序性

（一）发展的方向性

发展的方向性是指发展总是朝着一定方向前进。这种方向性具体表现在心理发展趋势上：从简单到复杂、从低级到高级、从具体到抽象、从被动到主动、从零乱到成体系。可见，心理发展就是个体的心理从不成熟到成熟的整个成长过程。

心理发展始终遵循上述趋势和路线进行，婴幼儿心理处于发展的起始阶段，各种心理活动相继发生，陆续出现，逐渐达到齐全；心理活动从笼统到开始分化；从非常具体到出现抽象概括的萌芽；从完全被动到出现最初的主动性；从非常零乱到出现系统性的萌芽。

（二）发展的顺序性

心理发展不仅指向一定的方向，而且遵循一定的先后顺序，这种顺序不可逾越、不可逆。顺序性反映出发展阶段之间的密切关系，这就意味着对婴幼儿来说，学好走路才可以学跑，学好说话才可以更好地沟通与交流，只有将每个阶段的发展任务完成好，才可以顺利进入下一个阶段的发展。

发展的顺序性表现在很多方面，现将主要的发展顺序举例如下。

1. 身体动作发展顺序

遵循首尾规律（从上至下）和近远规律（从中心到边缘），即从头到脚、从身体的中轴到边缘。婴幼儿的头部发育最早，其次是躯干，最后是下肢。所以呈现出婴幼儿动作发展顺序：先会抬头，后会翻身，再会坐、爬，最后才会走路；先发展臂部动作，后发展手指动作。

2. 体内各大系统成熟的顺序

神经系统最早成熟，骨骼系统次之，最后是生殖系统。

3. 大脑皮层各区域发育顺序

研究发现（Gogtay et al.，2004）主要的感觉皮层先成熟，然后才是顶叶外侧及其他区域，即与基本功能（如感觉、运动）相关的脑区（感觉和运动皮层）最早成熟，然后是与空间导向、语言发展和注意相关的颞顶叶联合皮层，最后才是与执行功能、注意及协调动作相关的前额叶和外侧颞叶皮层。

4. 心理机能的发展顺序

与上述大脑皮层发育顺序相对应，心理机能的发展也有顺序性，如感知能力最先发展，其次是运动、语言等能力，而抽象思维能力发展最晚。婴幼儿认知能力发展与大脑皮层发育成熟顺序是一致的。

5. 语言能力的发展顺序

全世界儿童语言能力的发展顺序基本上是一致的：1 岁左右开始说出单词句，2 岁时说出双词句，3～6 岁逐渐掌握口语规则（语法）和词汇，到了学前末期已经掌握大部分语法规则和几千个词汇。

三、不均衡性和整体性

（一）发展的不均衡性

心理发展的不均衡性表现在两个方面：一方面表现在同一心理现象其发展速度不是均衡的，即发展不是等速的，年龄越小发展的速度越快，这是婴幼儿心理发展的规律。新生儿心理是一周一个样，满月后是一个月一个样，周岁以后发展速度缓慢下来，两三岁以后婴幼儿相隔一周变化一般就不那么明显了。另一方面表现在不同心理现象的发展是不均衡的，如感知觉在出生后迅速发展，而思维的发生则要经过相当长的孕育过程，两岁左右才真正发生发展起来。

心理发展的不均衡性表现在婴幼儿发展过程中存在关键期和敏感期。

1. 关键期

这一概念源自奥地利习性学家康拉德·劳伦兹（Konrad Lorenz，1903—1989）发现的"印刻现象"（imprinting）。关键期是指婴幼儿在某个时期最容易学习某种知识技能或形成某种心理特征，如果错过这个时期，相应的心理技能就难以产生，且不可弥补。婴幼儿心理发展的关键期现象突出表现在口语发展和感知方面。

拓 展 学 习

奥地利习性学家康拉德·劳伦兹在20世纪30年代对动物行为进行研究时发现了印刻现象，并由此提出了关键期概念。此概念被引入人类婴幼儿行为发展研究中，继而发现人类的依恋行为也是以相似的方式发展出来。那么印刻现象究竟是什么？婴幼儿的依恋行为又和印刻有何关系？想了解更多内容请扫描文旁二维码。

2. 敏感期

敏感期概念是在关键期概念的基础上提出来的，人们发现人类婴幼儿的发展在许多方面都表现出了可塑性，关键期的概念不足以说明人类婴幼儿的发展，于是提出了敏感期这个概念。

敏感期是指在某个特定时期，大脑对特定刺激（经验）特别敏感，脑发育及心理发展很容易受环境刺激的影响，适宜的环境刺激会快速推进婴幼儿的发展，不适宜的环境刺激会阻碍婴幼儿的发展。

敏感期强调的是适宜的环境，能引发婴幼儿经验的环境才是适宜的环境，才是能促进其发展的环境。刺激过度、刺激不足或消极情绪刺激的环境，会阻碍脑功能的正常发育和心理能力的发展。以语言发展为例，初期的适宜刺激是音调较高、情感积极、指向当前活动且伴随一定动作的儿化语言，这种语言刺激将促进婴幼儿语言的发展。

简言之，敏感期是指婴幼儿学习某种知识和行为比较容易、心理某个方面发展最为迅速的时期，错过了敏感期尽管也可以获得这些技能，但是相对比较困难。

（二）发展的整体性

整体性是指婴幼儿心理各领域的发展并非孤立进行，认知、言语、情感、社会性、个性之间都有着密不可分的关系，彼此之间相互影响、相互促进，整体性向前发展。

纵观发展心理学研究历史，人们习惯将心理发展划分为不同领域进行研究，如认知（包括言语）、情绪情感、社会性、个性等，但在实际生活中，无论是成人还是婴幼儿，其心理活动是所有这些领域的整合，而并非每个心理现象独立发挥功用。虽然在研究过程中我们将之分解，但在理解婴幼儿心理发展时，则要把它们整合在一起，因为各个领域的发展是相互作用、密不可分的，是一个有机整体。

四、普遍性和差异性

（一）发展的普遍性

发展的普遍性是指婴幼儿心理发展存在一个客观的过程，这个客观过程不以人的主观愿望为转移，心理发展的总趋势和各个心理过程的具体发展都遵循一定的客观规律。心理学就是要揭示这些普遍规律。

（二）发展的差异性

发展的差异性是指每个婴幼儿的心理发展都有自己的特色和风格，在发展的速度、发展的优势领域及最终达到的发展水平等方面存在个体差异，从而呈现出心理发展的个体差异性。这种差异是遗传、环境和自身因素综合作用的结果。

没有任何两个婴幼儿是以同样的方式、同样的速率发展的，每个婴幼儿都有自己独特的发展进程和方式，是独一无二的。当代心理学强调要尊重婴幼儿发展的差异性，承认发展的多元化，承认不同发展条件、不同社会环境、不同文化对心理发展的影响。个体差异意味着不能对所有婴幼儿都采用同一种方法来对待，而应该依据每个婴幼儿的独特性采取有针对性的教育方法，从个性出发、因材施教才是符合婴幼儿心理发展规律的教育。

第三节　婴幼儿心理发展的影响因素

婴幼儿心理发展的影响因素非常复杂繁多，是什么原因导致婴幼儿某种心理发展，很难也不应该用单一的因素进行分析和解释，心理发展与影响因素之间不是一一对应的因果关系，而是多种因素交互作用的结果。本节主要论述的是三个最基本的影响因素：生物因素、环境因素和主观因素。

一、生物因素

遗传因素和生理成熟是影响婴幼儿心理发展的生物因素。身体的成熟总是伴随着重要心理现象的发展。

（一）遗传为心理发展提供最初前提和可能性，奠定个体差异的最初基础

婴幼儿发展的首要影响因素来自遗传。首先，遗传因素提供心理发展的最初前提和可能性。人类的脑和神经系统高级部位的结构和机能高度发达，具有其他一切生物所没有的特征。人类共有的遗传素质是婴幼儿心理发生与发展的前提条件，也是婴幼儿有可能达到社会所要求的心理水平的最初步、最基本的条件。由于遗传缺陷造成脑发育不全的婴幼儿，其智力障碍往往难以克服。黑猩猩即使有良好的人类生活条件和精心训练，其智力发展的高限也只能是人类幼儿的水平，这证明了正常的遗传素质是婴幼儿心理发展的物质前提。

其次，遗传因素奠定婴幼儿心理发展个别差异的最初基础。每个婴幼儿一出生就具备独特的、与众不同的遗传特质，这种遗传特质的差异决定了婴幼儿心理活动所依据的大脑及其活动的差异，从而影响到心理机能的差异。我们从新生儿身上就可以看出明显的行为差异。

（二）生理成熟使心理活动的出现或发展处于准备状态

生理成熟是指身体生长发育的程度或水平，主要依赖于种系遗传的成长程序，有一定的规律性。身体动作生长发育的顺序是从头到脚，从中轴到边缘，即所谓首尾方向和近远方向。体内各大系统成熟的顺序是神经系统最早成熟，骨骼肌肉系统次之，最后是生殖系统。婴幼儿生长发育速度的规律是出生后头几年速度很快，青春期再次出现一个迅速生长发育的阶段。

生理成熟对婴幼儿心理发展的具体作用表现在使心理活动的出现或发展处于准备状态。也就是说，若在生理成熟达到一定程度时，适时给予恰当的刺激，就会使相应的心理活动有效地出现或发展；如果生理上尚未成熟，即使给予某种刺激也难以取得预期的效果。生理成熟的这种作用最明显地表现在婴幼儿走路和说话上。

脑的成熟是婴幼儿心理发展最直接的自然物质基础。大脑结构和机能的成熟制约着婴幼儿心理发展的顺序，如果脑的某区域尚未发育成熟，相应的心理机能就无法发展起来。如婴幼儿大脑皮层各区域发展成熟的顺序是枕叶、颞叶、顶叶、额叶。与之相应地，婴幼儿最先发展的是感知觉，与额叶相关的思维、语言、高度注意力、计算等心理机能发展较晚，额叶是控制有意行为的主要部分，7岁以后才真正发展起来。

二、环境因素

环境可以分为自然环境和社会环境。自然环境为婴幼儿提供生存所需要的物质条件，如空气、阳光、水和营养等。对婴幼儿心理发展起重要作用的是社会环境。社会环境是指婴幼儿生活所处的环境，包括社会生产力水平、社会地位、家庭、教育及社会文化等。其中，教育是社会环境中最重要的部分，它是一种有计划、有目的、有组织地引导婴幼儿发展的环境。环境因素对婴幼儿心理发展所起的作用具体表现在以下三个方面。

（一）社会生活环境使遗传提供的可能性变成现实

如果不生活在人类的社会生活环境里，即使遗传为心理发展提供了可能性，这种可能性也不会变成现实。世界各地发现的由野兽哺育长大的孩子就是有力的证明。早期隔离实验（也称剥夺实验）和现实生活案例都证明，正常的人类生活环境对婴幼儿心理发展具有重要的影响作用，被早期剥夺环境的孩子是无法发展出正常心理的。

（二）社会生活条件和教育制约心理发展的水平、方向和个体差异

婴幼儿心理发展与动物心理发展有本质不同。动物发展靠本能和成熟，以及直接经验；而婴幼儿发展不仅受成熟和直接经验的影响，更主要的是受学习（间接经验）、文化传递、群体经验，以及社会生活条件和教育的影响。在同一个社会环境中，婴幼儿所处的环境是千差万别的，环境的多样性甚至超过遗传模式的多样性。即使同卵双生子也有各自不同的环境，如在胎内所处的位置、出生顺序及成人对其不同的要求等，这些不同会形成婴幼儿不同的个性。社会越进步，教育对婴幼儿心理发展的作用越明显。婴幼儿心理发展不能仅仅依靠自己的直接经验，教育就是指引并促进婴幼儿通过学习而得到心理的发展。

（三）对婴幼儿来说，家庭环境是最重要的因素

对婴幼儿来说，家庭环境是首要的、最直接的、最重要的因素。家庭环境一般指家庭的物质生活条件、家长的职业和文化水平、家庭人口和社会关系，以及婴幼儿在家庭中的天然地位。这些因素大多是家长一时难以改变或难以控制的，相对比较稳定。

在家庭环境中，对婴幼儿心理发展起最大影响作用的是家庭教育，包括家长的教育观点、教育内容、教育态度和教育方法。这些因素是家长能够并且应该自觉控制的。0～3岁婴幼儿所接受的教育大多来自家庭，家庭生活的方方面面都会对其产生潜移默化的影响，父母的教养方式和态度更是婴幼儿发展的重要影响因素，其作用在后面的章节中会详细介绍。

三、主观因素

环境不能机械地决定婴幼儿心理发展，必须通过婴幼儿心理内部因素来实现。婴幼儿不是被动地接受外界因素影响，其本身也积极地参与并影响其自身的发展过程，年龄越大，主观因素对其心理发展的作用也越大。无论是经典的心理发展理论，还是当代的前沿科学研究都证实婴幼儿心理发展是主客体相互作用的结果。

影响婴幼儿发展的主观因素指婴幼儿自身的生物和心理特征，以及自身实践活动。生物及心理因素的作用在各章节中有详细论述，在这里主要介绍一下自身

实践活动的影响。

婴幼儿的自身实践活动指对物的操作、与人的交往，以及游戏、学习、生活等活动。活动本身不是心理，但与心理发展密不可分，婴幼儿的心理发展是在活动中实现的。我国心理学者陈帼眉指出，每个年龄阶段都有一种对心理发展起主要作用的活动：

（1）0～1个月，生命活动。新生儿首先要先生存下来，心理才可能发展。

（2）1个月至1岁，亲子交往。对婴儿来说，对其心理发展起至关重要作用的活动是与成人的交往，这种交往主要是在婴幼儿与其直接照料者之间进行的，并伴随着一种情感关系，被称为亲子关系。亲子交往是婴儿心理发展的首要条件。

（3）1～3岁，实物操作，即操作实际物品的活动。这个时期，幼儿与成人之间的直接交往逐渐被一种间接的交往方式所代替，这种间接交往是通过一种中介性活动——成人指导或与幼儿共同从事的实物操作——而实现的。幼儿语言尚在形成过程中，发展水平不高，往往不能理解成人的语言，所以实物操作就显得尤为重要，幼儿在摆弄物品、玩具的过程中获得直接经验，通过亲身实践来认识世界。

（4）3～6岁，游戏活动。游戏是幼儿最喜爱的活动，是促进幼儿心理发展的最好形式。

总之，婴幼儿发展是生物因素、环境因素、主观因素相互作用的结果。我们不仅要关注影响因素有哪些，更应关注各因素所起的作用及带给我们的启示。生物因素的影响意味着要考虑到生理上是否成熟，不能拔苗助长；环境因素的影响启发我们要尽量为婴幼儿营造良好的学习环境和成长环境，要给婴幼儿创设和睦安定的家庭环境，提供优质的早期教育；主观因素的影响提示我们，婴幼儿虽然年龄小，但也是一个独立的个体，要关注并尊重个体差异，因材施教；年龄特征的存在意味着我们要遵循婴幼儿身心发展规律和特点实施教育；关键期和敏感期的存在给我们带来教育的契机，让我们的教育事半功倍。婴幼儿心理发展是多种因素相互作用的结果，只有从不同角度综合分析，才能获得全面的认识和把握。

第四节　婴幼儿心理发展的研究方法

研究方法一般包括三个层次：①研究范式，即研究的思想体系；②研究方式，即贯穿于研究全过程的程序与操作方式；③具体方法，即收集数据资料的方法。本节所介绍的研究方法是指收集数据的具体方法。

过去，对婴幼儿心理的研究很少。一个原因是婴幼儿还不具备语言表达能力和自我反思能力，即使3岁末期言语能力开始发展，也不足以拥有心理实验所需的能力要求。另一个原因是实验方法的限制，直接测量婴幼儿心理发展是非常困难的。这使得人们对婴幼儿知之甚少，对婴幼儿能力的估计普遍偏低。但近几十年来，随着科学技术水平的不断提高，特别是儿童早期发展和神经科学的飞速发展，研究者借助多种先进仪器和研究技术，对婴幼儿有了更多的认识。

纵观婴幼儿研究可以看出，早期的研究只限于观察，如达尔文、普莱尔、蒙台梭利、陈鹤琴等心理学家在生活中对婴幼儿进行自然观察。后来出现了实验研究，如鲍尔比、安斯沃斯等人对婴幼儿依恋的实验观察。到了20世纪90年代，研究技术有了突破性进展，特别是无创伤性脑成像技术的研发，使得对儿童发展的研究更深入、更严密、更科学，许多发达国家都成立了专门的婴儿实验室，获得了丰硕的研究成果，这些研究成果改变了人们过去对婴幼儿的看法，发现婴儿所具备的心理能力超乎我们想象，发现婴幼儿是积极主动而非被动的，会与环境发生积极的互动并对其进行主动探索。

一、早期研究的简要回顾

最早对婴幼儿进行科学观察的是德国生理学家及精神生物学家威尔金·普雷耶（Wilhelm Preyer，1841—1897），他以婴儿传记的方式进行研究，对自己的孩子进行了长期系统的追踪观察，写出了《儿童心理》一书，尽管这些观察是描述性的，但却是第一批系统记录婴儿行为发展的资料之一。

英国生物进化论创始人达尔文（Darwin，1809—1882）也是婴幼儿研究的先驱。他以日记的形式详细记录了自己的儿子多迪出生第1年在感觉、认知和情绪方面的发展轨迹，并于1877年出版了他的婴儿日志。根据自己的观察，他还发表了一篇有关动物和人类情绪表达的重要论文。达尔文从物种进化研究的角度首次强调了婴幼儿行为的发展本质。

20世纪，奥地利精神病学家、心理学家西格蒙德·弗洛伊德（Sigmund Freud，1856—1939）将婴幼儿心理研究带进了新纪元，他提出成人精神病的根源在于婴幼儿期的经历，强调了解婴幼儿及其早期经历有助于理解成人的心理疾病。虽然他根据成人的资料来推想婴幼儿期经历，是为了进行心理治疗，但其理论加强了人们对婴幼儿早期经历的重视。

20世纪30年代，瑞士心理学家让·皮亚杰（Jean Piaget，1896—1980）开辟了婴幼儿发展研究的新领域。他以自己的三个子女为研究对象，系统地观察了他们从出生到18个月的发展过程。后来，他将观察成果汇编成《儿童智慧的起源》和《儿童的现实建构》两本著作。迄今为止，这两本著作依然是婴幼儿心理研究的重要参考文献。他非常重视婴幼儿期心理的发展，认为要想探究知识的起源、心理的起源及人类心理个体发展的发展性等问题，必须要研究婴幼儿的心理发展。皮亚杰的研究促进了当代婴幼儿基础研究的兴起。

对婴幼儿研究做出突出贡献的另一位先驱者是美国心理学家阿诺德·卢修斯·格赛尔（Arnold Gesell，1880—1961）。他首次对婴幼儿动作变化进行了系统观察，精确记录下具有里程碑意义的动作发展。他从婴儿出生开始，对其进行了持续长达多年的追踪观察，运用照相、录像等手段记录了大量具有研究价值的婴幼儿动作发展过程，在此基础上分析婴幼儿行为模式的特征，从而揭示出动作发展的规律。在大量临床观察和数据分析的基础上，积累了较为全面的有关婴幼儿正常行为的生态发生学资料。他发现，婴幼儿动作发展顺序和发生时间具有一定的可预测性，而且认为这种可预测性发展主要是循序渐进的身体生长和大脑成熟的产物。由此，他提出成熟势力说，并对婴幼儿养育提出了科学化建议。

二、观察法

由于婴幼儿不能用语言进行交流，不能理解研究者的指示语，不能听指令完成相关的任务，更不能报告自身的内部状态，无法用儿童与成人心理研究方法进行研究，所以，观察法特别适合于婴幼儿研究。从上述早期研究回顾可以看出，观察法是最早被运用于婴幼儿心理发展的研究方法，也是最基本、最常用、最易于操作的研究方法。

观察法是指根据一定研究目的或要求，在一定时间内借助感官或科学仪器收集研究对象的行为变化，并做出详细的记录，然后对其进行分析，从而了解研究对象心理活动的方法。观察法是研究过程中收集数据最常用的方法。

观察法的种类较多，下面介绍一些用于婴幼儿研究的比较常见的观察法。

（一）实验观察法

实验观察法指在实验室条件下，研究者根据研究目的创设一定情境，较为严格地控制无关变量、操作自变量，测量记录婴幼儿的反应，通过分析得出科学的结论的方法。例如，玛丽·安斯沃斯对婴幼儿依恋的研究采用的就是实验观察法，她设计出陌生情境，在保持其他条件恒定的情况下控制变量，对母亲在场与不在场时婴幼儿的行为表现进行了详尽系统的观察和比较，从而发现婴幼儿具有不同的依恋类型。

（二）自然观察法

自然观察法指的是在自然条件下，也就是在婴幼儿的日常生活、游戏活动、学习活动、社会交往过程中，对其言语、表情、动作、活动等外部行为进行观测，如实记录下来，并对其进行分析，从中探究婴幼儿心理与行为发展特点和规律的方法。例如，达尔文的《一个婴儿的传略》、普莱尔的《儿童心理》等著作都是运用自然观察法获得的研究成果。自然观察法又分为许多具体的观察法，现从中选取五个介绍如下。

1. 日记描述法

日记描述法，又称儿童传记法，此种方法只有一个总的观察目标和方向，或者一个大致的观察内容，是研究者对观察对象进行长期的跟踪观察，并采用日记的方式记录观察对象的行为表现的方法。这是一种纵向的观察描述，着重记录观察对象出现的发展性变化，适用于研究婴幼儿的成长与发展。例如，我国儿童心理学家陈鹤琴所著《儿童心理之研究》就是在生活中对自己的孩子进行长达808天的观察，通过记录日记获得资料而写成的。

拓展学习

陈鹤琴的观察日记片段[1]

第7月

第27星期

第186天

（63）他盯着看他两个堂兄做投子的游戏，后来把他抱到别的地方去，他还转头向着投子的地方。

（64）手眼动作的联合：①醒着躺在床上的时候，把一块手巾放在他头上遮着他的眼睛，他就用右手抹开，再放上，他又抹开，第三次他就表现出不高兴的样子。②他看见桌上有东西，就伸手来拿。③拿一件东西放在他的眼前，他就伸手来拿，因他动作不很灵敏，不能如成人的活动，所以第一次费了5秒半的工夫才拿着那件东西，第二次费了3秒，第三次费了7秒。

---

[1] 《陈鹤琴全集（第一卷）》，58页，南京，江苏教育出版社，2008。

拓展学习

（65）惧怕多人及鼓掌声：今天下午他母亲抱他到某女校赴交际会，刚入门时看见许多的人和听见鼓掌的声音，他就大哭。这个惧怕，是下面三种事实激成的：①生疏的环境；②许多生疏的人；③鼓掌的声音。

（66）他无论拿了什么东西，都要放在嘴里。

2. 轶事记录法

与日记法一样，轶事记录法也是描述性的，但它不像日记法那样连续记载婴幼儿行为的发生发展，而是着重随时随地记录某种有价值的行为及研究者感兴趣的事例。观察者发现研究对象在某一自然情境中表现出来的独特的、有价值的典型行为和事件，随即进行描述性记录。轶事记录法不受时间限制，不需要特殊的情境，不需要特殊的步骤。这种方法无一定框架，简单易行。

3. 时间取样法

时间取样法是专门观察和记录在规定的时间间隔内观察对象的特定行为表现及相关事件的方法。在时间取样观察中，研究者通常以一定的时间单位来记录若干可以量化的行为。如每天一次或数次，每次在规定的时间内进行，以若干分钟为一个时间单位，每次观察一个或若干个时间单位。观察过程中，对观察内容进行分类或计分。例如，要对 5 岁儿童注意分散行为进行观察，我们可以把一个30分钟的教育活动划分为 6 段，每段 5 分钟，记录每段时间内儿童注意分散的表现（东张西望、摆弄衣角、小声讲话、上厕所等）。

拓展学习

采用时间取样法观察幼儿的社会行为 [1]

采用时间取样法对3岁幼儿社会行为的观察研究。

对在一间特定设计的房间里"自由玩耍"的幼儿进行录像，每个幼儿拍摄记录100分钟。研究者观看录像带，并每15秒对每个幼儿的行为进行系统的编码记录：

（1）不做事：什么也没做，或者只是单纯看着其他幼儿。

（2）独自玩：单独玩玩具，而对其他幼儿的活动不感兴趣，不受其他幼儿的影响。

---

[1]　桑标：《儿童发展》，59页，上海，华东师范大学出版社，2014。

（3）共同玩：与其他幼儿在一起，但不做任何参与活动。

（4）并行玩：在其他幼儿旁边玩相似的玩具，但不与其他幼儿一起玩。

（5）群体玩：与其他幼儿一起玩，彼此分享玩具、作为群体的一员参与到游戏中。

在上述分类编码的基础上，研究者可以归纳出幼儿社会行为的特点。

4. 事件取样法

事件取样法注重观察某些特定行为或事件的完整过程。事先选定某种或某类事件作为观察目标，在观察中等待该事件的发生，然后观察并记录事件的全过程。观察前需要先选择要观察行为或事件的类型，如对婴幼儿社会性行为（争吵、相互交往、依赖、利他行为等）的观察，观察时应等候所选择行为或事件发生再做记录。如要对婴幼儿攻击性行为进行观察，我们可以选定 7 名3～4岁幼儿（3女4男）作为观察对象，然后等待争抢玩具事件的发生，再对其进行观察与记录。

5. 临床观察法

临床观察法是观察、测验、临床诊断的综合运用，通过对婴幼儿进行观察、谈话、实物操作，对得到的数据进行分析，从中探索婴幼儿心理发展规律。例如，皮亚杰就是借助于临床观察法发现儿童认知发展特点和规律的。皮亚杰将访谈、观察、实验结合起来，依据研究目的，先设计出一个谈话主题（如对偶故事）或者一个实验任务（如守恒实验），然后观察婴幼儿的行为反应，从中分析婴幼儿心理发展的特点和规律。

上述分类是相对的。各种观察之间相互交叉、相互渗透、相互补充，单独运用某种观察都有其局限性。因此在实际观察时，应综合运用各种方法，才能获取最有价值的资料。

三、实验法

传统意义的实验法是指对研究的某些变量进行操纵和控制，创设一定的情境，以探讨心理发展的原因和规律的研究方法。其基本目的在于揭示变量间的因果关系。常用的实验法有两种：自然实验法和实验室实验法。

自然实验法是在自然环境下进行实验，有目的、有计划地控制某些条件的实验方法。

实验室实验法是在特别设置的实验室里，通过控制变量或利用专门的仪器设备进行研究的方法。

针对婴幼儿的实验研究，主要是对婴幼儿进行系统的行为测定，并对行为的周围情境进行控制，通过对婴幼儿行为反应的系统性测定进行归纳与分析，从而推测他们的大脑中可能正在发生什么，以及他们有什么样的感受、知觉或想法。

拓 展 学 习

婴幼儿既不会说话，也不会按照研究者的指令去完成任务，那么科学家是如何了解婴幼儿心理发展的呢？怎样对婴幼儿进行心理学实验研究呢？随着科技的发展，科学家发明了许多巧妙的方法对婴幼儿进行系统、可靠、可重复性的研究，要了解这些方法可扫描文旁的二维码。

四、心理生理法

快乐、悲伤、爱、看、听、说等不仅仅是外显行为和内在体验，也是大脑各特定区域的神经化学反应，而且外显行为和内在体验之间还存在特定关系。婴幼儿的感知、思维、情绪情感不是超越身体运行的纯精神现象，而是建立在物质身体特别是脑的活动上。心理生理法就是借助对脑成像、脑电活动等生理指标的记录来研究婴幼儿的心理活动的。

心理生理法也属于实验室方法之一，它旨在通过测量生理指标、生理过程，来了解生理活动与行为之间的关系，探索大脑活动与婴幼儿心理发展之间的关系，从而深入了解婴幼儿心理发展机制。这种方法对于那些不能清楚地报告内部体验、不能按主试指令完成任务的婴幼儿来说非常适用。以下是三种当今应用于婴幼儿心理发展研究的技术。

（一）脑电图（electroencephalogram，EEG）

将电极固定在头皮上，以此来获取大脑的电生理活动，记录下脑电波的图像就是脑电图。不同的唤醒状态都与脑电波相联系，如婴幼儿高兴或悲伤的情绪状态都可以从脑电波上反映出来，这就可以使研究者对婴幼儿心理体验有所了解。

借助事件相关电位（event-related potentials，ERP）可以分析与特定事件相伴的脑电波。研究者认为ERP方法更适用于对年幼儿童的研究，所以近年来被广泛应用于婴幼儿视觉定向与注意的研究、语言发展的研究等。例如，当一个在说英语的家庭中长大的3个月大的婴儿听到英语、意大利语和荷兰语时，会表现出不同的脑电波模式，这既说明婴儿能够区分这三种语言，同时也说明不同的语言会牵涉不同的脑区。

（二）功能性磁共振脑成像（functional magnetic resonance imaging，fMRI）

功能性磁共振脑成像是一种有效的心理生理学研究方法，用此种方法可以获得激活脑区的功能图像，这些图像提供某些能力的特定脑区的精确信息。在使用时，研究者会给婴幼儿呈现一个刺激，然后通过电磁侦测到大脑血液的变化，并产生激活脑区的计算机成像。此方法被用来研究有严重学习情绪问题儿童的脑组织和脑功能随年龄发生的变化。

（三）眼动仪

眼动仪借助眼球追踪技术，可测量到婴幼儿眼睛注视的区域及观察的时间，从而对婴幼儿认知发展特点进行研究。

第五节　婴幼儿心理发展概览

0～3岁是人一生中发展变化最快的时期，在这短短的3年时间里，婴幼儿取得了其他年龄段所不具备的发展成就，这些发展成就构成了今后发展的基础。就像婴幼儿处于发展的过程中一样，我们对婴幼儿心理的了解也处于发展过程中，目前对婴幼儿发展的了解并不是很深入，要想勾画出婴幼儿心理发展的全貌尚不可能，本节只是以时间为线索列举出婴幼儿主要的心理发展要点，以领域为线索列举出不同心理发展领域的主要发展成就，以求对婴幼儿发展有一个概览性的介绍，为学习各领域发展特点做铺垫。

一、婴幼儿心理发展要点（以时间为线索）

（1）刚出生：①刚出生时就具有一定的本领，以无条件反射方式适应陌生的环境，在此基础上形成条件反射，心理开始发生。②在心理发展过程中，出现最早、发展最快、最先达到比较完善水平的是感知觉，刚出生的新生儿具备各种感觉能力，这些感觉能力是其认知发展的开端和基础。③刚出生的婴儿具有先天情绪反应能力，这些情绪反应具有适应生存的意义，并且对后来的发展影响很大。

（2）2～3个月：婴儿发出主动的社会性微笑。

（3）4～5个月：①手眼协调能力出现，能够伸手抓物，这是婴儿认知发展的重要指标。②因果关系的认识、有目的的动作开始出现。

（4）6个月：①独坐。②预测性惧怕开始形成。

（5）8个月：①独自站立和爬。②婴儿获得客体永久性概念，皮亚杰认为客体永久性概念的出现是婴儿期最重要、最基本的心理变化。③7～8个月出现分离焦虑和陌生人焦虑，依恋关系形成。④社会性参照能力出现。

（6）12个月：①独立行走，1岁左右绝大多数的婴儿学会了行走，这是动作发展过程中很重要的里程碑。②1岁左右婴儿开始说出第一个有意义的词，标志着开始讲话，言语真正形成，这是心理发展又一个具有重大意义的里程碑。③开始学习使用工具。

（7）18～24个月：①想象力的萌芽。②自我意识萌芽。③符号表征能力出现，真正的思维开始出现。

二、不同心理领域的发展成就（以领域为线索）

我国心理学家孟昭兰从以下八个方面概括了婴幼儿心理各领域发展的主要成就：

（1）身体系统的生长与成熟，达到摆脱成人携带、能独立地移动自身位置的能力，去实现随意活动。

（2）神经系统的发育成熟，达到神经细胞数量增长和神经连结构造基本完成，以保证婴幼儿随意运动的实现；脑的功能区域的划分和成熟，以保证言语活动、愿望意向表达，以及对空间、方位和形象的表征。

（3）言语能力发展，达到包括初步掌握规范化的语法规则，以保证为基本生活所需的口语理解与表达的基本言语交流功能。

（4）认知能力发展，达到在表象记忆水平上，在动作中进行思维操作，以保证生活中的探索和认知需要的满足。

（5）自我的发展，达到把自己与外界、他人区分开来，以保证对客体的要求和意愿的实现。

（6）情绪的发展，各种基本情绪已具备，以保证婴幼儿在环境变化中的有效适应。

（7）个性的发展，个体稳定的气质特征明显定型和性格倾向的初步显露。

（8）社会性发展，通过依恋成人、与他人交往，发展对新异性探索和对威胁性回避的社会技能，以保证婴幼儿的初步社会适应能力。

孟昭兰指出，上述八个方面的发展有先有后，相互联系又参差不齐，并非在同一时间内达到。但总体上，在2~3岁均可实现。

学习检测

一、名词解释

心理发展的年龄特征　关键期　敏感期　观察法
婴幼儿心理发展　脑可塑　髓鞘化

二、简答题

1. 简述婴幼儿心理发展的一般特点。

2. 结合生活实际说一说影响婴幼儿心理发展的因素有哪些？这些因素各自起什么作用？

3. 出生头3年对婴幼儿发展起重要作用的活动有哪些？尝试说明你会如何通过这些活动促进婴幼儿发展。

4. 查找文献资料或心理学家专著中与婴幼儿观察相关的资料并摘录下来，说一说观察方法对研究婴幼儿发展问题的优势。

5. 出生后脑发育体现在哪些方面？为何脑发育离不开环境刺激的支持？

6. 简述早期动作发展的规律、特点及意义。

7. 简述婴幼儿心理发展要点。

8. 简述3岁前婴幼儿各个心理领域的发展成就。

9. 请你在图1-7中用不同颜色标识出脑的主要结构：大脑皮层、边缘系统、脑干、小脑，并说明其主要功能。

10. 请你在图1-8中用不同颜色标识出大脑皮层的四叶：额叶、顶叶、颞叶、枕叶，并说明其主要功能。

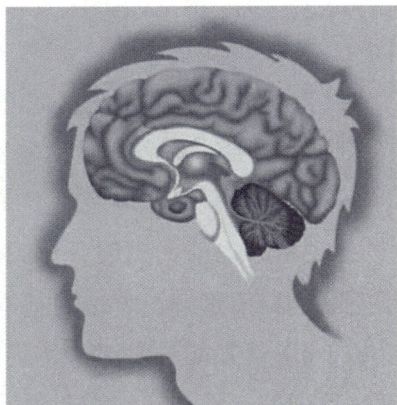

图1-7　脑的主要结构

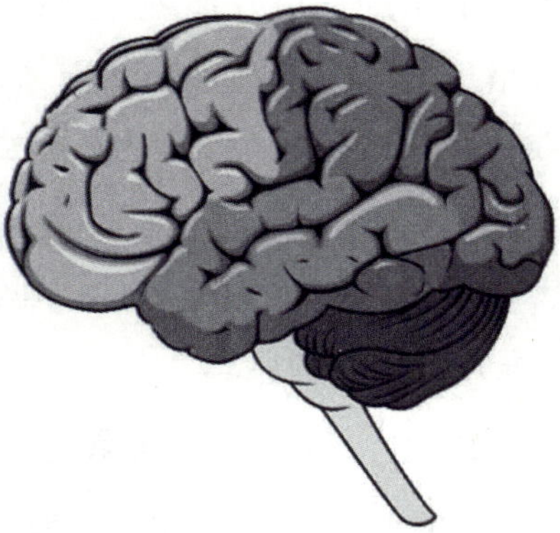

图1-8 大脑皮层

分享讨论

1. 行为主义创始人华生曾说过一句话："给我一些健壮的孩子，在我的特别环境里教养他们，我可以任意选择一个训练，可以使之成为任何专家：医师、律师、画家、企业家，同样也可使之成为乞丐、盗贼，不管他们祖先的才能、嗜好、品性和种族是怎样的。"

你认为华生的这句话有道理吗？为什么？请说明你的理由，与同学们分享各自的观点和看法。

2. 1970年，在美国加利福尼亚州发现了一位名叫基尼的3岁女孩。刚被发现的时候，她不会说话，不会与人交往，严重营养不良，胳膊和腿都不能自如活动，走路一瘸一拐，对其进行测查发现她的智商只相当于1岁婴幼儿的智力水平。经调查了解到，基尼的父母患有精神疾病，她自婴幼儿时期起就被父母关在自家后院的一个小房子里，每天只有哥哥把饭食送到房间里，没有人与她说话，也没有人与她玩耍。虽然基尼被发现后，人们对她进行了精细的养育和教育，甚至还请了一位语言学家专门教她语言，但是直到13岁，她仍然不能像同龄孩子那样正常地说话及与人交往。

请你运用本章知识对基尼的案例进行分析，与同学们一起讨论：基尼的案例说明了什么？

实践体验

1. 练习撰写观察记录

在日常生活中，如何运用观察法对婴幼儿进行观察？观察记录怎样写？以下观察记录表及表格里的提示能够帮助你更好地练习观察和撰写观察记录。请你在观察之前，仔细阅读学习表格里的内容，在观察之前做好相应的观察准备，然后带着你的观察计划，到家庭、托幼机构或公共场所，选取一名婴幼儿作为你的观察对象进行实地观察，针对你要观察的内容，选择照片、录音、录像、文字等多种形式记录婴幼儿的行为表现，然后尝试运用相关心理学知识对你的观察记录进行分析，体验观察研究的过程并做适当的反思。

表1-2   婴幼儿观察记录

观察日期	标明年、月、日。之所以要记录日期，有两个原因：（1）为了对婴幼儿的发展水平、表现等做前后对比，如果想过一段时间再做一次观察，这个记录的日期就是一个时间轴。（2）记下观察日期，可以准确算出婴幼儿的年龄，这样就可以将观察到的结果与理论上的心理发展年龄特征或者常模做比较	观察者	你的姓名
观察对象	（1）姓名。建议以代号记录婴幼儿的姓名，如名字的首字母。记代号的好处是，以后要是把观察记录拿出来交流，该记录能起到保护婴幼儿隐私的作用。（2）性别。（3）年龄。为了算出婴幼儿的实足年龄，你需要了解婴幼儿的出生日期。年龄记录要精确到几岁几个月，1个月以内的婴儿要精确到天		
观察的起止时间	记录起止时间能让你能容易地算出婴幼儿在一次活动上的时间长度		
观察项目	观察项目应写出你想观察、探究的发展领域，它是比较宽泛的。如一名3岁幼儿的言语行为		
观察目标	观察目标应该写出你想观察的具体内容。如亲子游戏中，婴幼儿与母亲的言语交流		
环境描述	观察一定要置于背景之中，因为婴幼儿行为与所处环境关系密切，如母亲在场可能会影响婴幼儿的行为方式。记录下观察时的环境背景，包括什么场所、在场有哪些人、人数是多少、大家在做些什么等		
观察实录	这是观察记录中最重要的部分，一定要翔实、客观，应尽可能在现场记录，并且尽可能采取多种记录方式。整个观察过程要聚焦于你的观察目标所确定的那些方面，因为你不可能记录下婴幼儿所做的一切		

续表

观察结果	概括地叙述你观察到了什么,与你期待发现什么(即你的观察目标)相呼应,也就是说对你的观察做个总结,得出一个结论
分析评价	将你观察的结果与你的目标年龄群体应有的发展水平相比较,做分析时要依据婴幼儿心理发展的年龄特征、发展的常模年龄、权威的发展里程碑,与此同时,还要考虑到个体差异性。也可以运用心理学家的理论观点对你的观察对象的行为表现进行原因分析
教育指导对策	在上述观察与分析的基础上,针对这名婴幼儿的发展状况提出相应的教育指导对策。指导对策可以是针对婴幼儿自身的,也可以是对家长的,或者是针对教师的

2. 对婴幼儿精细动作发展要点的观察

婴幼儿精细动作发展遵循一定的顺序,下表列出了婴幼儿学习使用工具过程中的几个重要的发展里程碑。请你在日常生活中选取一名婴幼儿作为你的观察对象,对其进行追踪观察。对照表中列出的"手部动作技能发展要点",对婴幼儿进行观察,记录下每个发展要点出现的年龄,然后与表中列出的"常模年龄"进行比较。表中最后一列的"动作表现"要尽可能采用照片、录像或文字等多种方式进行记录。最后,尝试对你的观察结果进行分析。

表1-3　婴幼儿手部动作技能观察记录

手部动作技能发展要点	常模年龄	出现的年龄	动作表现
能抓住中等大小的物品,如拨浪鼓	3个半月		
用一只手抓物,然后将之换到另一只手中	4个月		
能够用大拇指和食指配合抓起小物品,如豌豆	7~11个月		
能够搭起两块积木	15个月		
能够照图画出一个圆圈	3岁左右		

3. 对婴幼儿全身动作发展要点的观察

婴幼儿全身动作发展遵循一定的顺序,下表列出了婴幼儿学习独自行走过程中的几个重要的发展里程碑。请你在日常生活中选取一名婴幼儿作为你的观察对象，对其进行追踪观察。对照表中列出的"全身动作技能发展要点"，对该婴幼儿进行观察，记录下每个发展要点出现的年龄，然后与表中列出的"常模年龄"进行比较。表中最后一列的"动作表现"要尽可能采用照片、录像或文字等多种方式进行记录。最后，尝试对你的观察结果进行分析。

表1-4　婴幼儿全身动作技能观察记录

全身动作技能发展要点	常模年龄	出现的年龄	动作表现
有意识地翻身，从趴着翻身成平躺，从平躺翻身成趴着	3～4个月		
能独自坐着	6个月		
能不靠别人帮助自己坐起来	8个月		
能自己在床上或地板上爬来爬去	6～10个月		
能依靠成人搀扶或者自己扶着家具站立起来	7个月		
能自己扶着家具行走（巡行）	8～10个月		
独立行走	12个月		

第二章　与早期发展相关的心理学理论

📖 导言

　　当我们翻看心理学书籍的时候，会发现有很多不同心理学流派、心理学家的理论，每个理论用自己的专有概念体系对心理发展进行解释，角度各不相同，甚至对同一个问题他们的观点也大相径庭。面对众多理论观点，我们应如何看待？没有任何一个理论能够涵盖心理发展的所有问题、给出完整的答案，没有任何一个理论能够解释心理发展的所有方面，每一种理论的提出都是基于不同的假设，在解释心理发展上都有其独特的视角，只能解释心理发展的某一个方面；不过，每一种理论都被证实具有一定的正确性，同时也有一定的局限性。所以，我们不能仅限于了解一种理论或一个学派，而是要汲取每种理论中的优点并加以融合，这样才能对心理发展有一个较为全面的了解。心理发展的全貌就好比是一张拼图，每一种理论就是拼图上的一块拼板，只有把所有的拼板恰当地拼接在一起的时候，才能获得一幅完整的图画。

🏆 学习目标

通过本章的学习，你将能够：

1. 了解与早期发展相关的心理学家。

2. 初步理解并掌握这些心理学家的基本理论观点。

3. 将这些理论观点与早期教育联系起来，说出它们给早期教育带来的启示。

4. 运用这些理论对现实问题进行观察、分析，尝试提出解决对策。

内容导览

- 与早期发展相关的心理学理论
  - 皮亚杰的认知发展理论
    - 心理学家简介
    - 主要理论观点
    - 皮亚杰认知发展论对早期教育的启示
  - 维果斯基的社会文化发展理论
    - 心理学家简介
    - 主要理论观点
    - 维果斯基理论对早期教育启示
  - 埃里克森的心理社会性发展理论
    - 心理学家简介
    - 主要理论观点
    - 埃里克森理论对早期教育的启示
  - 格赛尔的成熟势力说
    - 心理学家简介
    - 主要理论观点
    - 格赛尔理论对早期教育的启示
  - 华生与斯金纳的行为主义理论
    - 心理学家简介
    - 主要理论观点
    - 行为主义理论对早期教育的启示
  - 班杜拉的社会学习理论
    - 心理学家简介
    - 主要理论观点
    - 社会学习理论对早期教育的启示

与早期发展相关的心理学理论

蒙台梭利的儿童发展理论
- 心理学家简介
- 主要理论观点
- 蒙台梭利理论对早期教育的启示

布朗芬布伦纳的社会生态系统理论
- 心理学家简介
- 主要理论观点
- 布朗芬布伦纳社会生态系统理论对早期教育的启示

加德纳的多元智能理论
- 心理学家简介
- 主要理论观点
- 多元智能理论对早期教育的启示

戈尔曼的情绪智力理论
- 心理学家简介
- 主要观点及对早期教育的启示

与早期发展相关的跨学科研究
- 背景简介
- 研究成果及其给早期教育带来的启示

第一节　皮亚杰的认知发展理论

一、心理学家简介

让·皮亚杰（Jean Piaget，1896—1980）是瑞士心理学家和哲学家，发生认识论创始人。1918年获得瑞士纳沙特尔大学博士学位。皮亚杰起初学的是生物学，后转向研究哲学的一个议题——认识论。他认为认识的发生与发展是认识论不可缺少的一个部分，发生认识论就是要探索认识的成长问题。为了探索人类认识的起源，从1921年开始从事儿童心理学的研究，创立了儿童认知发展理论，成为当代最有影响力的儿童心理学家。皮亚杰著述甚丰，主要著作《儿童的语言和思维》《儿童的判断和推理》《儿童逻辑的早期形成》《游戏、梦和模仿》《儿童心理学》《发生认识论原理》等。

二、主要理论观点

皮亚杰的认知发展理论关注的是智力发展，他认为智力（intelligence）发展是有机体与环境之间相互作用的结果，即儿童自身的生理成熟与儿童对环境的适应（adapt）之间的相互作用。心理发展既需要经验，也需要成熟。

皮亚杰对"为什么孩子们都犯同样类型的错误"感兴趣，认为错误的出现是儿童认知发展水平的反映。为了弄清儿童是如何思考的，他将观察和灵活的提问结合起来，发明了临床法（clinical method）。皮亚杰六十年如一日，运用临床观察法，先是对自己的三个孩子进行观察，之后与其他研究人员一起对成千上万的儿童进行观察，收集了大量的数据，从司空见惯的现象中寻找规律，提出了独特的认知发展阶段论，该理论被认为是到目前为止具有权威性的、较为完整和系统的认知发展理论。

拓展学习

皮亚杰对儿童心理发展的观察研究

皮亚杰的研究方法很简单，他的研究基于观察，通过这些观察，皮亚杰探索儿童认知发展的规律，从中获得大量的发现。

在日常生活中、在人行道上、在公园里、在自己家中与三个孩子在一起的时候，他总是在进行着研究，六十年如一日。皮亚杰大部分时间都花

拓展学习

在观察孩子们的游戏上，有时在一旁静静观看，有时也会参与其中；他给孩子们讲故事，同时也倾听孩子们自己讲故事。皮亚杰不仅仅观察，还会给孩子们提出很多问题，例如："为什么这东西是这样而不是那样？""你走路的时候，为什么太阳会跟着你一起走？""两个杯子里的水哪个更多？""为什么这个杯子里的水多？"他还创编了许多谜语和难题让孩子们去猜。就是在这些司空见惯、触手可及的日常生活现象中，皮亚杰获得了惊人的发现，他把人从出生最初的几个星期到少年时期的认知发展图景编织起来，创立了一套理论，深刻地揭示了认知发展的秘密。

皮亚杰通过观察发现了儿童建立守恒概念的时间。皮亚杰常常让儿童看两个一模一样的杯子，里面盛着同样多的水，然后，当着儿童的面，把一个杯子里的水倒入一个细长的容器里，再问儿童："哪个容器里装的水多些？"7岁以下的儿童几乎总是说，细长的容器里的水多些，可7岁以上的儿童却认识到，虽然容器的形状变了，但水是一样多的。皮亚杰认为，7岁以前的儿童没有建立守恒概念，思维受事物外部特征的影响，所以7岁之前的儿童会认为细长的容器里水多一些，不守恒是前运算阶段思维发展的特点。到了7岁之后，守恒能力发展起来了，思维不再局限于事物的外部特征，所以实验中他们能够按照容器中水的实际容量回答问题，守恒是具体运算阶段思维发展的特点。

（一）建构主义发展观（constructivism）

皮亚杰的建构主义发展观是对发展机制的解释，回答的是发展变化是如何进行的？皮亚杰认为，发展就是个体在与环境不断相互作用中的一种建构过程；从发展机制上讲，认知发展就是内部心理结构不断变化的过程；儿童认知发展源自儿童与环境之间的积极互动，儿童不是被动的接受者，儿童所具有的好奇心和主动性使之与周围环境积极互动，儿童的认知发展是有机体与环境之间相互作用的结果。皮亚杰用图式、同化、顺应、平衡等概念来解释这个发展变化的过程。

1. 图式（schema）

图式是指动作的结构或组织，这些动作在同样或类似的环境中由于重复而引起迁移或概括，发展成为内部的心理结构即认知结构。图式是动态的可变结构，皮亚杰认为，认知发展始于一种与生俱来的适应环境的能力，即最初的图式，在婴幼儿身上表现为一些简单的反射，如握拳反射、吸吮反射等，也就是说最初的图式是一些本能的动作，为了适应周围环境，婴幼儿需要不断地丰富和完善自己的认知结构，从而形成了一系列的新的图式，图式的变化、发展与完善是通过同化和顺应两个过程完成的。

2. 同化（assimilation）

同化是指当儿童面对一个新的刺激情境时，利用已有的图式把新刺激整合到自己的认知结构中，换句话说，新情境、新事物能够被儿童用已有的图式来理解，能恰好地"放入"（fitted in）已有图式中，儿童能做出相应的反应，这个过程叫作同化。

3. 顺应（accommodation）

顺应是指当儿童不能将新刺激整合到原有图式中时，就会改变原有的认知结构以适应新的情境。并不是所有的新情境都能被原有图式所同化，当儿童不能利用原有图式解释或接受新的刺激情境时，儿童就会对自身已有的图式做出相应的改变，以便能够适应新情境。

4. 平衡（equilibration）

平衡既是一种状态，又是一种过程。当我们把平衡看作一种状态时，指的是两种状况：一种是指原有图式同化新事物获得成功的状态；另一种是指改变原有图式或创立新图式以适应新事物的状态。

当我们把平衡看作一种过程时，指的是恢复平衡的过程，即当儿童不能运用已有图式整合新经验时，就会体验到一种不舒服的失衡感，于是，他就会建构可以整合新经验的认知结构使自己恢复平衡。

皮亚杰认为，心理发展就是个体通过同化和顺应以适应日益复杂的环境而达到平衡的过程，个体也正是在平衡与不平衡的交替中不断建构和完善认知结构，实现认知的发展。皮亚杰把发展看作儿童认知系统与外部世界之间的平衡过程，而这种平衡是通过同化和顺应完成的。由此可见，儿童适应现实世界就是发展。

以吸吮为例，新生儿一出生就拥有吸吮反射能力，这是最初的图式。随后，当新生儿接触到母亲的乳头、奶瓶、大拇指时，就发展出了吸吮乳头、奶瓶、大拇指的各种图式，这是同化的过程，即用已有的图式来应对环境中的新事物。再后来，母亲给了新生儿一个杯子，他发现用吸吮动作不能很好地喝到杯子里的水，于是，他会改变舌头和嘴部的动作，即改造原有的吸吮图式来应对新经验（用杯子喝水），这就是顺应的过程。同化和顺应共同促成了平衡，寻求这种平衡成为儿童认知发展的动力。

图式
- 图式指动作的结构
- 图式是儿童理解世界的基础
- 婴儿与生俱来一些动作图式
- 图式是动态发展的

运算
- 动作内化为头脑中的操作就是运算
- 运算是高级的心理结构，要到认知发展的第三阶段才出现
- 儿童用运算结构来理解事物间的复杂关系、处理图式间的逻辑关系
- 运算是阶段划分的主要依据

儿童认知发展是主动建构的过程

建构什么

如何建构

平衡

新情境

不平衡

同化／顺应

平衡：（1）原有图式同化新事物获得成功的状态；（2）改变原有图式或创立新图式以适应新事物的状态

同化：当儿童面对新情境时，能把新刺激整合到已有的图式中，这个过程叫作同化。同化只能引起图式的量的变化

顺应：主体的图式不能同化客体时，儿童就要调整原有图式或创立新图式去适应新情境，这个过程就是顺应。顺应引起图式产生质的变化

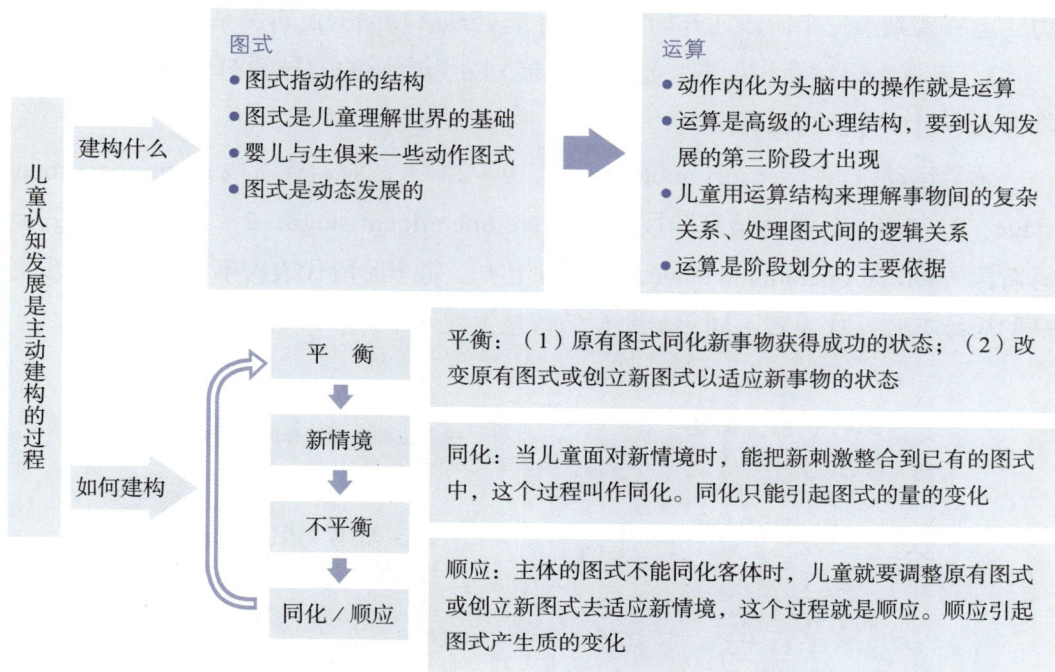

图2-1　皮亚杰的建构主义发展理论解释发展机制

（二）认知发展阶段论

在建构主义观点基础上，皮亚杰以一个平衡化建构过程来解释儿童认知发展，提出认知发展阶段论。该理论要点如下。

1. 认知发展发生于儿童与环境之间的积极互动（active interaction）

儿童不是被动接受，他具有好奇心（curious）和主动性（self-motivated），只有儿童与周围环境积极互动，才会产生对世界的理解。通过互动（interaction）每个儿童必须搭建自己理解世界的认知结构，即图式和运算。

2. 认知发展就是要建构图式和运算

图式（schema）是指动作的结构，是理解世界的基础，有些图式是与生俱来的，在此基础上又发展出更高级的图式，图式不是静态的而是动态发展的。运算（operation），亦即心理运算，是指"儿童能够在心灵中产生逻辑思维的活动"，是高级的心理结构。运算实际上就是在头脑中进行操作。"动作的内化就是运算"，动作内化为运算，即在头脑里进行动作（思维），这种思维具有逻辑性，是可逆的。如最初用数手指的方式进行计算，然后用笔算，最后内化为心算。再如，最初根据实物进行直观形象思维，逐步内化过渡到头脑里的抽象逻辑思维。皮亚杰以运算作为划分认知发展阶段的标准，认为在前两个阶段不具备运算能

力，运算要到第三个阶段才开始出现，才能处理事物间的逻辑关系。

3. 皮亚杰以运算为标准，把认知发展划分为有质的差异的四个阶段，每个阶段都发展出一种新的运算模式

感觉运动阶段（sensory motor stage，0~2岁）；前运算阶段（pre-operational stage，2~7岁）；具体运算阶段（concrete operational stage，7~11岁）；形式运算阶段（formal operational stage，11岁以上）。每个阶段代表着不同质的、逐步提高的思维方式，代表着不同年龄儿童的智慧发展水平。

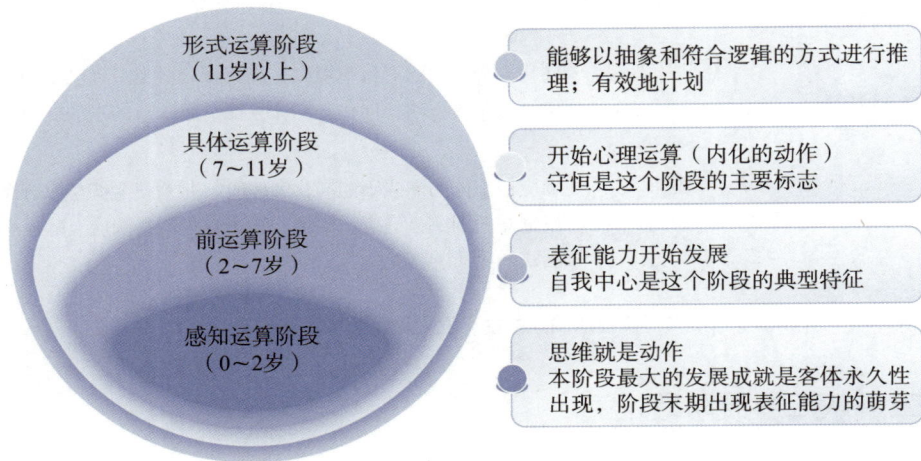

形式运算阶段
（11岁以上） —— 能够以抽象和符合逻辑的方式进行推理；有效地计划

具体运算阶段
（7~11岁） —— 开始心理运算（内化的动作）守恒是这个阶段的主要标志

前运算阶段
（2~7岁） —— 表征能力开始发展 自我中心是这个阶段的典型特征

感知运算阶段
（0~2岁） —— 思维就是动作 本阶段最大的发展成就是客体永久性出现，阶段末期出现表征能力的萌芽

图2-2　皮亚杰的认知发展阶段

4. 认知发展阶段之间关系的阐述

发展是一个分阶段的过程，每个阶段都是一个统一的整体，而不是各自孤立的行为模式的总和；每个阶段有其典型的行为模式，标志着该阶段的行为特征；阶段与阶段之间不是量的差异，而是质的差异。

发展的阶段性不是阶梯式，而是具有一定程度的交叉重叠；前一阶段的行为模式总是整合于后一阶段之中，前后不能互换；每一个行为模式源于前一个阶段的结构，由前阶段的结构引出后阶段的结构；前者是后者的准备，并为后者所取代；从根本上讲，四个阶段是连续的，每一阶段是前一阶段的延伸，是在新的水平上把前阶段进行改组，并以不断增长的程度超越前阶段；认知的整体结构是整合的，而且各阶段间不能彼此互换。

各阶段出现的年龄因各人智慧程度和社会环境的不同而有所差异，可能会提前或推迟，但阶段的先后顺序不变。

（三）认知发展的影响因素

皮亚杰认为，影响儿童认知发展有四个基本因素。

1. 成熟

第一个基本因素是成熟，指的是机体的成长。皮亚杰认为，儿童心理的生长同身体的生长分不开，儿童神经系统和内分泌系统的成熟，一直延续到16岁。成熟对整个心理发展起到的作用是为发展提供可能性，是某些行为模式出现的必要条件。不过，可能性要变为现实必须通过练习和经验。

2. 练习和经验

第二个基本因素是儿童对物体做出的动作练习和习得经验。皮亚杰认为经验包括两类：物理经验和逻辑-数理经验。物理经验指由外界物体本身引起的经验，如感知觉；逻辑-数理经验是指个体作用于物体，旨在理解动作间相互协调的结果，这类经验是主体作用于客体而产生的构造性动作，在这类经验中，知识来源于动作而非来源于物体本身。

3. 社会经验

第三个基本因素是社会经验，指的是社会上的相互作用和社会传递。皮亚杰认为，儿童的社会化就是一个结构化的过程，即使在他很年幼看似非常被动的社会传递的情况下（如学校教育），如果缺少儿童主动的同化作用，这种社会化作用仍将无效，而儿童主动的同化作用则以其是否具有适当的运算结构为前提。

4. 平衡过程

第四个基本因素是平衡过程。皮亚杰认为，儿童心理发展是一个逐渐发展的过程，其中每一新的变化都要依赖于前面的变化，在前阶段到后阶段的过渡中，都有一个内部机制的存在，这个内部机制便是平衡过程，平衡过程具有自我调节的意义。皮亚杰认为，平衡这个因素是必需的，它可以调和成熟、个体经验和社会经验三个方面的作用。

三、皮亚杰认知发展论对早期教育的启示

皮亚杰的理论对婴幼儿认知能力的培养具有重要的指导意义。在婴幼儿养育实践中，成人应该遵循这样一个原则：即婴幼儿认知能力的发展是一个不断的量变到质变的过程，并表现出发展的阶段性。成人对婴幼儿认知能力的培养应注重个体认知发展所处的阶段，因材施教，超阶段教育对婴幼儿并无益处。此外，皮亚杰认为，影响认知发展的主要因素有四个：成熟、练习和经验、社会经验及具

有自我调节作用的平衡过程。这四个因素是认知发展的条件，但它们本身都不是充分条件，全面把握和运用四个因素的作用是教育的关键所在。

第二节　维果斯基的社会文化发展理论

一、心理学家简介

列夫·维果斯基（Lev Vygotsky，1896—1934）是苏联心理学家，社会文化-历史理论的创始人，曾就读于莫斯科大学法律系，沙尼亚夫斯基大学历史-文化学系。他有着广泛的学科兴趣，同时在多个领域进行研究，钻研哲学、政治经济学、美学、心理学。大学毕业后任多所学校的教师，讲授文学、美学、逻辑学、心理学等课程，后又到苏联心理研究所工作，成为专职心理学研究人员。维果斯基揭示了高级心理机能的社会起源于中介结构的理论观点，强调文化、社会对儿童认知发展的影响。他还注重对教学进行了研究，提出的"最近发展区"概念，认为教学应该走在发展的前面，显示了教师的地位，提出教师是儿童发展的促进者。他的思想体系成为当今建构主义的重要基石，1925年撰写的学位论文《艺术心理学》受到心理学和艺术界的高度重视；后来又撰写专著《教育心理学》《学龄前期的教学与发展》等；1930—1931年撰写的《高级心理机能的发展》成为他创立社会文化历史发展理论的最主要的代表作；此外还著有《儿童期高级注意形式的发展》《思维和语言》等。

二、主要理论观点

维果斯基从社会-文化的视角解释儿童的认知发展，认为儿童是通过社会互动过程来学习和发展的；同时，他还特别重视语言的作用，认为语言是儿童学习和思考的心理工具，交往活动内化为儿童的思想，社会交往活动主要是由言语来进行的。此外，他还强调成人或稍大一些同伴的指导作用，当儿童跨越最近发展区时，这种指导最为有效，后来研究者在此基础上发展出"支架理论"。

（一）儿童是通过社会互动来学习与发展的

维果斯基认为心理发展有两种截然不同的过程：一个是"自然发展过程"，即心理的种系发展过程，这个过程受生物进化规律所制约的自然发展过程；另一个是"文化历史发展过程"，即心理的人化过程，这个过程是在心理自然发展过程基础上，逐步产生各种高级心理机能的过程，这些高级心理机能是动物所不具备的，只有人类拥有。这个过程不受生物进化规律的制约，而是受社会文化历史发展规律的制约。

维果斯基认为儿童心理是在活动中发展起来的，特别是在社会交往的过程中发展起来的。各种高级心理机能都是这些活动与交往形式不断内化的结果。维果斯基认为，任何一种高级心理机能在儿童的发展中都是两次登台：第一次是作为集体的活动、社会活动，亦即作为心理间机能而登台的；第二次才是作为个人活动，亦即作为儿童思维的内部方式，作为内部心理机能而登台的。

（二）高级心理机能的发展离不开语言

高级心理机能是以符号系统为中介而进行的，人的心理过程是以符号作为工具（或媒介）而实现的。维果斯基认为心理是赋予经验以意义的过程，而理解意义不仅需要语言，而且还需要掌握使用语言的文化背景。所以，心理发展包含掌握具有系统语言结构的高级文化，依赖社会的不断互动作用。因此，维果斯基理论的核心问题是如何通过社会文化交往来掌握文化符号工具（语言），从外到内获得系统全面的思想。

正像人类的物质生产活动需要使用工具，"精神生产"也需要工具——一种特殊的工具——心理工具。这种心理工具是社会活动和社会文化历史发展的产物，这是其文化历史发展理论的重要原理，也是其理论得名之所在。维果斯基认为高级心理机能是借助于语言或符号而发挥作用的，正像人要借助物质工具进行劳动操作一样，人也需要借助"心理工具"进行心理操作，而这心理工具就是语言符号，这样，语言符号就成为心理操作的工具。

维果斯基关注思维与言语发展。他将言语分为外部言语和内部言语。外部言语（vocal speech）指的是有声言语，它与内部言语之间，无论在功能上还是结构上有着明显的不同。内部言语（inner speech）在思维活动中非常重要，因为语言与思维关系密切，儿童所掌握的言语结构成为他思维的基本结构，因此儿童思维发展受制于其语言。

维果斯基认为，思维和言语在个体发生的过程中具有不同的根源；在婴幼儿的言语发展中，有一个前智力阶段（pre-intellectual period）；而在思维发展中，有

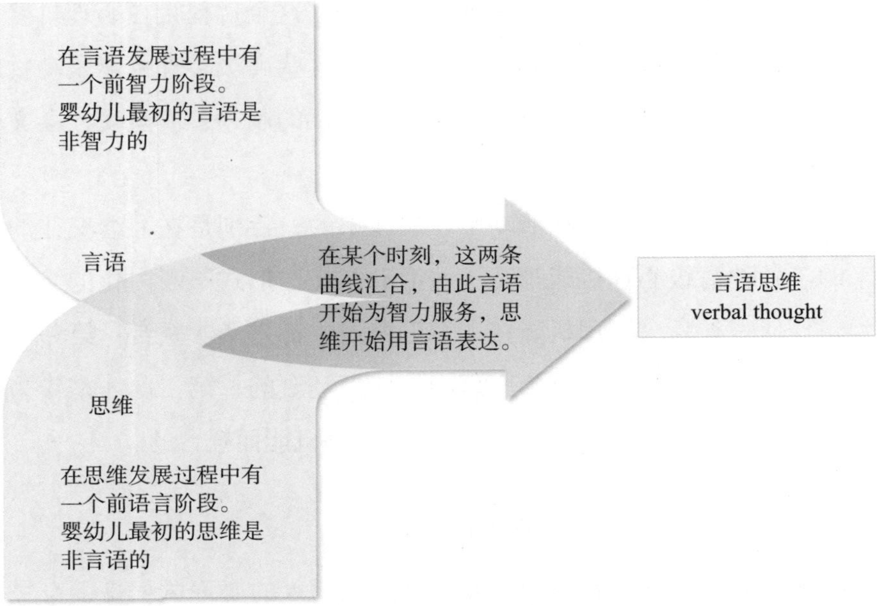

图2-3　维果斯基论思维与语言发展的关系

一个前语言阶段（pre-linguistic period），婴幼儿最初的思维是非言语的，而最初的言语是非智力的，思维中有很大一块领地是与言语没有直接联系的，无论是儿童还是成人，均存在非言语的思维、非智力的言语；在某个时刻之前，两者沿着不同的路线发展，彼此之间是独立的；在某个时刻，这两条曲线汇合，于是思维变成了言语的东西，而言语则成了理性的（rational）东西。

在人生初期，思维和语言沿着各自的路线发展，到了2岁左右言语和思维发展的两根曲线汇合在一起了，言语开始进入智力阶段、开始为智力服务，思维也开始用言语表达。两条发展线路相交的最明显表现就是，婴幼儿发现每件东西都有自己的名字，并且突然对词语抱有很大的好奇心，对每件东西都要问："这是什么""那是什么"。正因此，婴幼儿的词汇量在这个时期飞速增加。

（三）儿童发展的实质

在活动和交往的过程中，随着对符号系统的掌握，使儿童在最初的低级心理机能基础上，形成高级心理机能。低级心理机能（如感知觉、机械记忆、不随意注意、情绪、形象思维等）是生物进化的结果，在这些低级心理机能基础上"盖起"高级心理机能的大厦，如在机械记忆基础上发展出逻辑记忆，在不随意注意基础上发展出随意注意，在形象思维基础上发展出逻辑思维。

这些高级心理机能概括起来有两个特点：心理的随意机能和心理的抽象机能。需要强调的是，这些高级心理机能是文化历史发展的结果，不同于低级心理机能（种系发展的产物）。

在儿童发展过程中，不仅各种心理机能各自发生质的变化，而且这些高级心理机能之间也相互作用、重新组合起来形成高级的心理结构。维果斯基称之为"心理系统"或"意识系统"。他还进一步指出，这是两条性质不同的发展路线，但在儿童个体发展中却相互融合、交织渗透在一起了。

（四）最近发展区

最近发展区（zone of proximal development，ZPD）是指独立解决问题所确定的实际发展水平，与在成人指导下或与能力更强的同伴合作解决问题所确定的潜在发展水平之间的距离。"最近"意味着在附近，这个区域意味着儿童处于这样一种状态：差不多能够自己独立完成某项任务，但还不能完全依靠自己来完成，在这种状态下，如果有成人的指导或者年龄稍大些的同伴的帮助，就能使儿童很快跨越这个区域，从而得到发展。

最近发展区的概念实际上是把教学与发展相互联系在一起，探讨的是有效教学与儿童发展之间的关系。有效教学必须同时考虑到儿童的今天和明天，即教学不仅必须要以儿童一定的成熟水平作为基础，而且必须把着眼点放在儿童的未来。教师不仅要了解儿童的"现有发展水平"（儿童独立完成作业的心理水平，传统的智力测验测的就是这种水平），更要了解儿童的最近发展区，最近发展区显示的是儿童发展的最大可能性，在最近发展区的教学才能有效地推动儿童的发展。他认为，教学就是人为地推动发展，教学应该是在发展的前面引导儿童的发展，教学的作用就是要引导儿童发展的方向、内容、水平、速度和智力活动的特点。教学创造着最近发展区，儿童的第一发展水平与第二发展水平之间的动力状态是由教学决定的，最近发展区是教学设计的重要依据。

（五）学习的最佳年龄期

维果斯基指出儿童发展的每个年龄段都有各自不同的、特殊的可能性，同时学习某种东西总有一个最佳年龄或敏感年龄。他不仅强调儿童必须达到某种成熟度才能开始学习某种科目，而且还强调，对教学来说存在最晚的最佳期。例如：如果一个年龄达到 3 岁的儿童由于某些原因没有掌握言语，并且从 3 岁起才开始学说话，那么，3 岁儿童学说话要比 1 岁半儿童困难得多，维果斯基认为这种过晚的教学不会起到那种在最佳期所产生的促进发展的作用。由此看来，只有在最佳学习期内实施教学才能达到促进发展的目的。

（六）强调社会环境的作用和儿童的活动

维果斯基十分强调社会环境的作用，认为社会环境是教育过程的真正杠杆，教育过程是三个方面的积极过程，即学生积极、教师积极以及把学生和教师联结起来的环境的积极。这里的社会环境既包括宏观环境，如社会生活条件、文化历史背景，也包括微观环境，如儿童所处的家庭、学校、班级、同伴等。他认为环境的作用不是机械的，而是要通过儿童的活动与内化，一切高级心理机能最初都是在人际交往中以外部动作的形式表现出来，而后经过多次重复和变化才内化成内部智力动作，而内化的桥梁则是活动。因此，在教学过程中，儿童的活动才是基础，而教师的活动仅在于指导和调节儿童的活动，教师是教育环境的组织者，是教育环境与受教育者相互作用的调解者与监督者。可见，维果斯基强调儿童在教学中的主体地位，儿童不是被动地接受环境的影响，不是被动地接受教师的教学，儿童的学习是主动的过程。维果斯基认为，教育过程中的一切都来自学生的个人经验，而教师的积极作用在于以不同的方式塑造、裁剪、整合对儿童进行教育的社会环境的各种因素，个体发展过程中儿童自身的活动与教师的活动缺一不可。

（七）论个性及其形成

维果斯基十分重视个性的研究，探讨了儿童个性的发展。他认为个性及其发展问题是整个心理学的中心，个性形成是教育的根本任务。个性不是与生俱来的，而是由于文化发展的结果产生的，因此个性是一个历史的概念。儿童个性的产生与自我意识分不开，所以培养儿童良好的自我意识非常重要。同时，他还强调言语、交往在个性形成中也具有重要作用。

三、维果斯基理论对早期教育启示

第一，创设婴幼儿交往环境。维果斯基理论强调社会交往在发展中的积极作用，所以，努力创设良好的亲子互动环境、同伴交往环境，让婴幼儿在与更有能力的同伴在交往过程中发展潜在的、更高的心理能力，这些社会交往有助于婴幼儿发展。

第二，注重婴幼儿的主体性。维果斯基把活动看作儿童主体和环境的中介，只有通过这个中介才能实现发展。因此，早期教育要摆正成人与婴幼儿的地位，在吸引婴幼儿参与活动之前，必须使婴幼儿对该活动产生兴趣，使之将自己投入到活动中，让其亲身体验、亲身尝试、亲身参与，让婴幼儿成为主体，而成人则对其给予指导、引导。培养婴幼儿的自主性是早期教育的关键。

第三，最近发展区是教师教学的重要依据之一。最近发展区的概念从教育的视角描述如何在婴幼儿最佳发展时期提供更好的教学。最近发展区的大小是心理发展潜能的重要标志，也是婴幼儿可接受教育的程度的重要标志。依据维果斯基最近发展区理论，在评价婴幼儿发展水平方面，不应仅限于评价其独立操作的水平，更要关注其在不同层次的帮助下能够达到的水平。在早教方案设计时考虑最近发展区，从婴幼儿本身已具备的能力入手，鼓励同伴间交往互助。最近发展区强调学习先于发展，强调成人的帮助指导作用。这给我们带来启示，婴幼儿的发展离不开成人的引导，而如何引导成为早期教育要解决的首要问题。后来提出的支架理论（scaffolding）提出了引导的方法，这个理论被布鲁纳（1978）用来表示母亲为了维持同孩子的谈话并间接促进语言习得，在言语活动上做出的努力。这是典型的婴幼儿学习说话期间与成人之间的交往互动。现有发展水平的确定可以通过不同年龄段的智力测验获得。潜在发展水平可参考心理学领域里各个发展阶段理论，通过能力倾向测验、各领域学习发展路径等获得。

第四，在出生头三年，尽可能多地为婴幼儿提供富于刺激的、适合他们活动水平的有趣物品，如可以摇响的铃铛、可以吸吮的安抚奶嘴、可以追踪的微笑面孔。还可以让他与年长的伙伴在一起游戏，如混龄游戏，以"师徒关系"（大孩子带小孩子）学习新技能，从而使婴幼儿从有经验的人们那里得到支持和指导。

第五，为婴幼儿提供富有挑战性的学习环境。在婴幼儿学会独立行走之前，首先鼓励他学会独站和扶着成人的手行走，接着鼓励他只牵着成人的一只手行走，最后让他在没有扶持的情况下单独走向前方张开手臂准备拥抱他的父母。对他每一次点滴的成功，特别是他的坚持不懈都要及时地表扬和鼓励，并在这个过程中让父母和孩子共享欢乐。

第三节 埃里克森的心理社会性发展理论

一、心理学家简介

爱利克·埃里克森（Eric Erikson，1902—1994）是美国儿童精神分析学家、医生。他临床生涯的开端是一名儿童分析师，师承于弗洛伊德的女儿安娜·弗洛伊德，在维也纳精神分析研究所接受精神分析的训练，先后在维也纳和美国进行儿童精神分析的教学、研究与实践。后成为新精神分析学派最为重要的代表人物。他根据其自身人生经验及长期精神分析的实践，从心理治疗所观察到的众多案例中收集数据，在弗洛伊德理论基础之上，提出了解释人生全过程发展的著名理论——心理社会性发展理论，该理论也被称为人格发展阶段理论。埃里克森的心理社会性发展阶段模型被广泛运用于理解个体一生的发展过程，他提出的每个阶段发展危机主导着这个年龄阶段个体的发展。他的主要著作有《童年与社会》《游戏与理智》《青年、变化和挑战》《洞见与责任》等。

二、主要理论观点

自我的发展是埃里克森的研究主题，埃里克森关注儿童发展，认为所有人最初都是儿童，所有人都起步于摇篮，人类所拥有的漫长童年期，既让人类获得生理能力和心理能力的提升，同时也在人类身上留下了情绪不成熟（emotional immaturity）的残渣，表现为在成人身上成熟与幼稚并存。精神分析的目的就是要从人生早期的发展状况来探究各种冲突的根源：心灵在成熟和幼稚之间的冲突、现在与过去的冲突。

对于儿童自我的发展，埃里克森既考虑生物学影响，同时也注重文化和社会因素，认为在儿童与周围环境的交互作用中，自我逐渐形成，个人得到成长。他注重心理发展的进程，甚至从历史学的视角看待发展，将儿童放在整个人生的生命周期中加以考察，认为自我是按着一定的成熟程度分阶段地向前发展，进而提出人生发展的八个阶段，以及每个阶段的发展任务，创立了心理社会性发展理论（psychosocial developmental theory）。

（一）将心理社会性发展分为八个时期，简称人生发展八个阶段

埃里克森认为，人格的发展必须经历八个固定不变的阶段（见表2-1）。这些阶段的顺序是由遗传决定的，每个阶段能否顺利度过则是由环境决定的。八个阶段之间彼此相互联系，构成一个阶段系统。

表2-1　人生发展八个阶段

阶段	年龄	发展任务
1	0～1岁	基本信任对不信任

续表

阶段	年龄	发展任务
2	1～3岁	自主对羞怯怀疑
3	3～6岁	主动对内疚
4	6～11岁	勤奋对自卑
5	12～18岁	自我同一性对角色混乱
6	18～30岁	亲密对孤独
7	30～60岁	繁衍对停滞
8	60岁以后	自我整合对绝望

（二）每个阶段都有一个特定的发展任务，这些发展任务是受社会文化制约的

每个阶段都有两个对立的"关键力量"同时存在，并且贯穿于人的一生。个体的每一步发展都需要它们的参与，两个力量缺一不可。每一种关键力量都有可能在特定阶段占据优势、占据主导地位，每个阶段的发展任务就是解决两者之间的对立与冲突，使之保持平衡。对立冲突的解决不是按照"无或有"原则进行，而是以"积极或消极"之分，也就是看两极双方哪一个成分体验居多。积极的一方体验居多，就是积极解决；消极的一方体验居多，就是消极解决。如第一阶段的两个关键力量是基本信任对不信任，应该发展出婴儿对这个世界的信任感，换句话说，出生第1年，要使基本信任感这个关键力量占据主导地位，但同时，婴儿也需要学会一些不信任来保护自己免受伤害。

（三）每个阶段身心发展顺利与否都与前一个阶段的发展有关，前一个阶段顺利发展是随后各阶段发展的基础

每个阶段都有一个重要的发展任务（两个对立的关键力量之间的平衡），在这个发展任务解决之前，两个关键力量的冲突持续存在；解决之后，冲突化解，就会顺利进入下一个发展阶段；如果解决不好，这个冲突就会持续到接下来的所有阶段，对接下来的阶段发展产生影响，出现发展障碍和行为问题。

前一阶段任务完成的好坏，对后一阶段有着直接的影响；同时，后一阶段的成就，又可以补偿前一阶段的缺憾。

（四）每个阶段发展任务的积极解决之后，随之而来的是在人格中形成一种人格品质，健康的自我就是以这八个品质为特征

对应于八个阶段，随危机解决而获得的人格品质分别是希望（hope）、意志（will）、目的（purpose）、能力（competence）、忠诚（fidelity）、爱（love）、关心（care）、智慧（wisdom）。

三、埃里克森理论对早期教育的启示

埃里克森的理论将婴幼儿心理发展放在生命全过程这个大的背景下，使我们站在更广阔的视角来看待人生初期心理的发展。埃里克森对第一阶段和第二阶段发展的论述对婴幼儿养育和教育有着十分重要的价值和意义。这个理论重视社会文化因素在发展过程中的作用，强调环境对发展的影响和作用，认为发展是自我和社会生活相互作用的结果。对于3岁前婴幼儿来说，父母的养育方式对其心理发展具有举足轻重的作用，孩子能否顺利解决每个阶段的发展危机、解决得如何，主要取决于父母的教养行为。埃里克森抓住婴幼儿心理发展的本质，从父母养育的角度提出相应的解决危机的办法，这就为家庭教育、早期教育提供了心理学理论基础，为我们促进婴幼儿健康发展提供了心理学依据。

（一）基本信任对不信任（trust vs. mistrust）（0～1岁）

埃里克森把"基本信任对基本不信任"看作是一生的核心冲突，它们构成了生活的核心问题。出生第1年发展的首要任务是确立一个持久的模式，用这个模式来解决基本信任和基本不信任之间的核心冲突。在这个阶段，婴儿对其身处的世界及周围的人要发展出信任感，他们需要在信任与不信任之间达到一种平衡。信任能促使他们与家人形成亲密关系，不信任能使得他们形成自我保护。

信任在婴儿身上的最初表现是：容易被喂养、容易入睡、情绪容易放松。婴儿的首次发展成就是：他自愿让母亲远离自己的视线，不会带着过度的焦虑或愤怒，因为对发展出信任感的婴儿来讲，母亲已经变成一种内心确证的存在和外在可预见性的存在。婴儿获得信任感，意味着他足够信任他人、可以学习依靠他人、不需要提防养育者从他身边离开或抛弃他于不顾。

埃里克森指出，婴儿早期经验的信任并不取决于食物的绝对数量或者爱的表露程度，而是取决于母婴关系的品质。婴儿的信任感来自母亲的关注与关爱，或者更确切地说，取决于母婴之间在情感态度上的相互调节及积极的社会性互动。

这个时期婴儿的健康不单纯依赖于食物，而更重要的依赖于照料者行为的质量。母亲对孩子需求的敏感性、关注度及能否及时回应都是建立婴儿信任感的关键因素。如果母亲在喂奶时温柔地抱着孩子，耐心地等待孩子吃到足够的奶水，对孩子的反应敏感并给予积极的回应，孩子得到温暖、负责、充满深情的照料，基本信任与不信任的心理冲突就会得到积极地解决，就会形成对世界和他人的信任感；反之，如果孩子没有得到及时、良好的照顾，或受到苛刻的对待，就会发展出对世界及他人的不信任感，今后容易形成退缩的行为反应，以此来保护自己。简言之，发展信任感的关键因素是养育者对婴儿需求的敏感性、及时回应及一致的照顾。

在人生的最初阶段建立了信任感，将来就可以在社会上成为易于信赖和自足的人，否则就会成为不信任别人和苛求无厌的人。它是今后各个发展阶段，特别是青年期的自我同一性的发展基础，会直接影响到今后的情感及社会性的发展。

（二）自主对羞怯、怀疑（autonomy vs. shame and doubt）（1~3岁）

这个阶段的发展任务是解决自主对羞怯、怀疑之间的冲突。

自主与意志相关。随着自我意识的出现，幼儿有了自己的意愿，也有了从自我意愿出发做事情的需求。幼儿开始用自己的判断取代父母的判断，开始从外部控制转向内部控制，要自己做主、自己做决定，自己做出选择，于是，自主性开始发展。这个阶段的幼儿常见的行为反应是"不！""我自己做！"表明他们特别希望能够自主地进行选择和做事。这个阶段的幼儿具备了饮食、排便的自理能力，同时又能听懂成人的言语，感到自己对环境有一定的影响力，开始"有意志"地决定做什么或不做什么。

羞怯是指意识到自己被他人关注但并没有对此做好准备，这时希望他人不要注意他、注视他，不愿被人看到的感觉。脸红、感觉丢脸、想找个地缝钻进去等就是羞怯的典型表现。怀疑是指被他人控制、支配、侵犯的感觉。这个阶段，幼儿虽然出现了自主性，但由于其能力有限，他不能为自己行动的结果负责，责任感也没有发展起来，所以一旦行动失败他就会出现羞怯和怀疑。

埃里克森认为幼儿从自控、自尊中获得了持久的意志和骄傲，从失去自控、被过多控制中获得了羞怯和怀疑。可见，在这个阶段幼儿的父母要在坚定性和灵活性之间做出的平衡。父母要掌握控制的分寸很重要，一方面要给予孩子适度的控制，另一方面要给予孩子一定的自由。这个时期孩子的自主与父母的控制之间产生激烈的冲突，第一个反抗期出现，西方称之为"可怕的两岁"，很多孩子在2岁时都表现出某种程度的叛逆。如果父母允许孩子在适当的情境下合理自由地选择、自己做决定、自己做事情，并且没有强迫或羞辱孩子，孩子就会发展出自主感，如鼓励2岁的孩子自己洗手、用勺子自己吃饭、收拾玩具。当他们尝试这些新技能失败时，父母不去指责，而是理解他并耐心地等待与指导，这样孩子从父母这样的教养方式中就发展出自主性；反之，如果父母在这个阶段对孩子限制过多、过分保护、批评和惩罚过多，就会让孩子感到被强迫，产生羞怯感，对自己的能力产生怀疑。这个阶段父母要将孩子自我意志的表达看作正常、健康地寻求独立的努力，而不要看作倔强、不听话与叛逆，帮助其学会自我控制，增强其胜任感，避免过多的冲突，这样就能帮助孩子顺利地度过这个时期。

（三）主动对内疚（initiative vs. guilt）（3~6岁）

这一时期的心理冲突是主动对内疚。

主动性意味着幼儿的活动是在主动的、充满活力的、始终在做的过程中。主动性是在自主性的基础上增加了承担、计划和执行任务的一种品质，从而显得活跃和"在行动中"，表现在言语上和行动上不断地探索和扩展他的环境。如果在这个过程中，与他人发生冲突，侵入他人的范围，就会产生内疚感。

这个阶段强调家庭关系的重要性，最关键的是父母要为孩子树立良好的同性榜样，让孩子有个认同的对象，否则孩子一旦找不到学习的榜样，长大后就会出现性别混乱。在这个时期，如果幼儿表现出的主动探究行为受到父母的鼓励，就会形成主动性，这为他将来成为一个有责任感、有创造力的人奠定基础。如果父母讥笑孩子的独创行为和想象力，那么他就会逐渐失去自信心，使之更倾向于生活在别人为他安排好的狭窄圈子里，缺乏自己开创幸福生活的主动性。如果父母对孩子的要求过高，孩子就可能体验到失败，产生内疚感。

对这个时期的孩子来说，最主要的活动就是游戏，埃里克森将这个时期称为游戏期，强调游戏的重要性，通过游戏发展孩子的主动性，游戏在解决各种矛盾中发挥出自我治疗和自我教育的作用。

总之，埃里克森认为，信任感的建立来自0~1岁时期温暖、敏感和及时的高质量照顾；自主感的产生来自1~2岁时期对本能冲动的合理控制，如果婴幼儿在最初几年没有形成对照料者的充分信任及健康的自主感，长大后就难以建立亲密关系，过度依赖他人，并怀疑自己应付新挑战的能力；主动性则是3岁后在父母的鼓励下逐渐形成的。

第四节　格赛尔的成熟势力说

一、心理学家简介

阿诺德·格赛尔（Arnold Gesell，1880—1961）是美国著名的心理学家，婴幼儿发展研究领域的先驱。1906年在麻省的克拉克大学心理学系获得哲学博士学位，1911年到耶鲁大学任教，建立了儿童发展的临床诊所。他编制的测量婴幼儿行为发展量表（即耶鲁量表，或称格赛尔发展量表）成为当时儿科临床和儿童心理发展研究的一个重要知识来源，是重要的婴幼儿智力发展测量工具，适用年龄为出生后第4周至3岁，曾被广泛应用于医学界的儿科、儿童发展心理学等研究领域。主要著作有《儿童发展传记》《儿童生活的最初五年》等。

二、主要理论观点

（一）成熟势力理论

格赛尔的成熟势力理论，认为支配婴幼儿心理发展的因素有两个：成熟和学习。他把发展看作一个顺序模式的过程。这个模式是由机体成熟预先决定和表现的。环境因素起支持、影响和特定化作用，但是它们并不能产生基本的形式和个体发展的顺序。只有当结构与行为相适应的时候，学习才可能发生。在结构得以发展之前，特殊的训练是没有多少成效的。这种论断源于他的"双生子爬梯"的实验研究。

拓展学习

"双生子爬梯"实验

1929年，格赛尔首先对一对双生子T和C进行了行为基线的观察，确认他们发展水平相当。在双生子出生48周时，他开始对T进行了持续6周的爬楼梯、搭积木、肌肉协调和运用词汇等方面的训练，而对C不做训练，期间T比C更早地显示出某些技能。到了第53周，当C达到爬楼梯的成熟水平时，格赛尔对他开始集中训练，发现只要少量训练，C就赶上了T的熟练水平，到55周时，T与C的能力已没有差别。

这个实验说明，提前学习对婴幼儿发展并没有太大作用，因为他的生

拓展学习

> 理成熟还没有达到所需要的水平。技能的学习在某种程度上依赖于婴幼儿生理的成熟水平。婴幼儿的心理发展依赖于婴幼儿大脑与神经系统的成熟程度。脑和神经系统的成熟是婴幼儿心理发展最直接的自然物质前提。

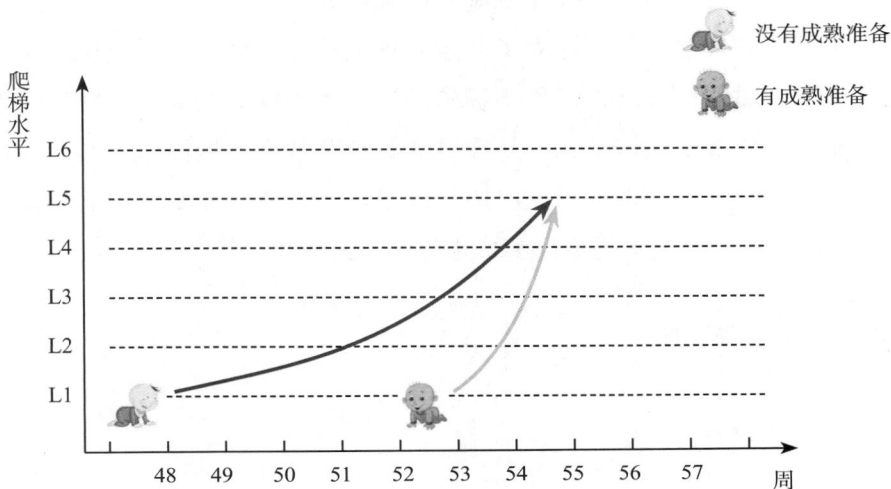

图2-4　格赛尔的"双生子爬梯"实验说明学习依赖于生理成熟所提供的准备状态

格赛尔根据这一研究以及长期临床经验，创立了心理发展的"成熟势力理论"，认为在没有达到成熟水平之前，训练婴幼儿学习和掌握某种技能效果欠佳，学习依赖于生理的成熟，脱离了成熟的条件，学习本身并不能推动发展。

至于环境的作用，他认为环境会改变最初的行为模式，环境会决定行为发生的实际场合、频率等相关内容，但环境本身不会改变基本行为发展的进程，因为这个进程是由内在的成熟机制决定的。

（二）关键期

格赛尔认为，个体发展过程中有一定的发展关键期或敏感期。婴幼儿早期动作、语言等心理发展与他们的生理成熟具有一定的相关性。当某种生理机能达到成熟水平时，婴幼儿心理能力的发展更具敏感性或更具感染力。如果在婴幼儿对阅读领域有较高敏感性的特定时间内去教他，或许效果会好得多。对此，应该了解和抓住婴幼儿心理发展的关键期，对婴幼儿进行相应教育。

（三）心理成长的本质

格赛尔认为心理成长（mental growth）并不是一个抽象难以捉摸的概念，心理成长是一个真实、具体、遵循一定规则的过程，心理有一定的结构，且能从婴幼儿反应的模式和行为的模式中反映出来，也就是说，婴幼儿内在的心理发展过程可以从外在的行为显示出来。基于这种观点，格赛尔进行了大量的观察测量，积累观察性数据，根据婴幼儿特有的行为模式界定出不同的发展成熟梯度，并提供一系列发展常模，概括出不同阶段心理成长的方向和趋势。

格赛尔确定的每个常模都从四个主要的行为领域加以描述，这些行为模式都是可见的、可观察的、翔实具体且可用于诊断和评估的，这四个行为领域描述如下：①运动行为，包括姿势反应、抓握、肢体移动、一般肢体协调性和特殊动作技能。②适应性行为，调整性行为的总和，包括知觉、定向、手工行为、语言等行为，这些行为反映婴幼儿接受新经验并能从旧经验中获益的能力。③语言行为，包括所有与自我对话、戏剧表演、交流和理解有关的一切行为。④个人-社会行为，包括婴幼儿对他人及社会文化的反应，针对家庭生活环境、自己所有物、社会群体、社会习俗做出的行为调整。

三、格赛尔理论对早期教育的启示

格赛尔理论非常全面细致地描述了出生头三年婴幼儿心理成长的发展变化，清晰、详细地描述了婴幼儿在运动行为、适应性行为、语言行为、个人-社会行这四大板块的行为表现。格赛尔尤其关注出生的第1年，详细记录了出生第1年里每一个具有发展意义的成长点滴。格赛尔的数据来自日常行为观察和临床行为测验，不仅科学严谨地描绘出一幅完整、有序的婴幼儿心理成长蓝图，而且具有极强的实用性和操作性，其提供的常模可用于成人对婴幼儿发展水平进行评估、对婴幼儿进行发展性诊断及了解婴幼儿发展水平，并在此基础上及时调整教养行为，使之与婴幼儿发展相匹配，增强教养的科学性和适宜性。婴幼儿发展描述及发展性诊断测验可以详见《婴幼儿生活的最初五年》一书。

格赛尔的理论给我们的最大启示：好的教育应尊重婴幼儿的实际水平，过分超前的教育或过度的潜能开发，对婴幼儿来说既是一种浪费，也是一种无效劳动，更有可能是对婴幼儿的"有形的摧残"。

第五节　华生与斯金纳的行为主义理论

一、心理学家简介

约翰·华生（John Broadus Watson，1878—1958）是美国心理学家，行为主义创始人。大学期间曾师从杜威学习哲学，后转向心理学。毕业后曾先后在芝加哥大学和约翰·霍普金斯大学从事心理学教学和研究工作。1913年发表题为《一个行为主义者所认为的心理学》的论文，该论文被认为是行为主义心理学创立的宣言。1915年当选美国心理学会主席。1916年开始对婴幼儿心理进行研究，这是以婴幼儿为实验对象的最早尝试。1919年出版代表作《行为主义观点的心理学》，在该书中系统阐释了行为主义理论体系。1929年出版《婴儿与儿童的心理照顾》，成为第一位把行为主义学习理论应用到发展的心理学家。

伯尔赫斯·弗雷德里克·斯金纳（Burrhus Frederick Skinner，1904—1990）是美国心理学家，新行为主义学派的主要代表人物之一。1931年毕业于哈佛大学心理学系，先后在哈佛大学、明尼苏达大学等多所院校任教。20世纪50年代在程序教学、行为矫正等方面的研究成果备受瞩目。1971年被美国时代杂志评为美国在世的心理学家中最有影响、在人类行为科学中最有争议的人物。主要著作有《科学与人类行为》《言语行为》《超越自由与尊严》等。

二、主要理论观点

（一）华生对行为主义的界定

华生认为心理学研究应该限定在我们所能够观察得到、能够阐述其规律及真实的心理领域，也就是人的所言所行，把人的行为而不是意识当作心理学的研究对象。华生把有机体适应环境的一切活动都称为"行为"，行为的基本成分是"反应"。通过刺激-反应的联结，有机体形成用来适应环境的反应系统。把引发有机体反应的外部或内部的变化称为"刺激"。最基本的刺激-反应的联结称为"反射"，任何复杂的行为，说到底就是一系列反射活动。华生把这个思想简化为一个公式：S→R（刺激→反应），这个公式成为行为主义理论的标志。华生认为运用S→R理论可以塑造婴幼儿的行为。在这样的心理学观念基础上，华生从研究婴幼儿的早期行为入手，探寻早期行为的现象、特点和规律，进而从中发现心理的本质。

（二）华生关于婴幼儿情绪发展的观点

华生认为情绪是身体对特定刺激做出的反应，是一种模式反应，在华生看来情绪也属于行为，只不过这种行为是内隐的，主要是内脏和腺体系统的动作或一些变化的特定模式。

华生认为婴幼儿与生俱来三种最基本的情绪模式：怒、怕、爱。在这三种情绪模式基础上，通过条件作用婴幼儿在环境中习得各种复杂的情绪反应。为了证明自己的理论，华生和同事做了一个经典实验——小阿尔伯特实验，证明了条件作用在情绪形成中所起的重要作用，说明情绪发展的机制就是条件反射。在此基础上，华生又以一位3岁孩子为研究对象，通过实验证明重新实施条件作用或解除条件作用是消除不良情绪反应的有效方法。

拓 展 学 习

华生的小阿尔伯特实验

华生选取一名9个月大的名叫阿尔伯特的男孩，实验开始时，华生让阿尔伯特观看并触摸白鼠、兔子、狗、猴子、有头发和没有头发的面具、棉絮等物品，发现小阿尔伯特对这些物品并不感到惧怕。

大约两个月后，也就是当小阿尔伯特11个月大时，华生和他的助手开始实验，他们在小阿尔伯特面前呈现一个白鼠，当小阿尔伯特看见白鼠伸手触摸它时，实验人员就在小阿尔伯特身后用锤敲响一个铜锣，声音非常大。小阿尔伯特被突然发出的巨大响声吓到了，于是大哭起来。经过几次这样的白鼠与锣声同时呈现，当白鼠再次出现在小阿尔伯特面前时，即使没有铜锣声，小阿尔伯特也会感到非常害怕，哭着转身希望逃离白鼠。显然，他已经将白鼠与巨响建立了联系，通过条件作用形成了对白鼠的惧怕。

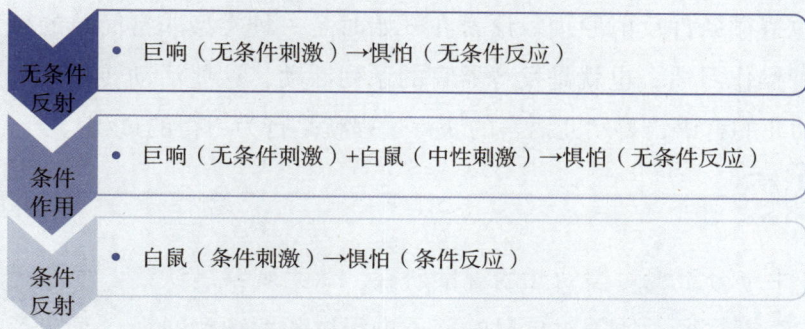

无条件反射	• 巨响（无条件刺激）→惧怕（无条件反应）
条件作用	• 巨响（无条件刺激）+白鼠（中性刺激）→惧怕（无条件反应）
条件反射	• 白鼠（条件刺激）→惧怕（条件反应）

图2-5 经典性条件作用的过程

在形成对白鼠的惧怕反应之后的第17天，华生发现，当将一只兔子带

拓展学习

> 到房间时，小阿尔伯特也变得不安，当看到毛茸茸的狗、大衣上的毛、白色胡须圣诞老人的面具时，小阿尔伯特都表现出惧怕反应。这证明对白鼠的惧怕已经泛化了。
>
> 华生（1924）的另一个实验证明通过经典条件作用还可以消退婴幼儿的惧怕：一个名叫彼得的男孩，对兔子有惧怕反应。实验者先把兔子同一个无条件正性情绪反应（吃糖）相结合，以后在彼得吃糖的时候，把兔子一步步地移向他。最后，彼得高兴地同这个小兔子一起玩。从此，他很少出现惧怕兔子的反应。
>
> 从伦理角度，华生的小阿尔伯特实验遭到严厉批评，不过，这个实验确实提供了以条件作用的方式习得情绪的实验依据。

华生特别强调家庭是婴幼儿情绪发展的主要环境，主张对情绪的研究应把重点放在儿童身上。他详细研究了引起婴幼儿情绪反应的家庭因素，哪些情境会使孩子啼哭，哪些情境使孩子欢笑，不良照料会引发啼哭，受褒扬的孩子会欢笑。他反对父母对孩子实施惩罚和体罚，认为惩罚不是科学的方法，不利于健康发展。总之，婴幼儿情绪是由家庭造就的，父母是孩子情绪的培育者，今后孩子是快乐健康、品质优秀，还是悲观病态、品行不佳，这些情绪生活和倾向在3岁的时候就已经打好了基础。

（三）华生关于婴幼儿思维与言语发展的观点

行为主义否认意识，认为心理的实质就是行为。在华生看来，思维和言语是一致的，言语是有声的思维，思维是内隐运作的言语，即无声的言语。他认为言语的形成也遵循条件反射原理。语言在开始时是一种类型非常简单的行为，它实际上是一种操作习惯，也就是发音器官的系列活动，这些活动转化为行为之时就表现为婴幼儿的言语，婴幼儿语言的获得过程就是行为习得的过程。

拓展学习

> 华生十分重视对婴幼儿的观察研究，认为观察是认识心理的直接途径，他曾对自己的孩子进行过长期细致的观察，从中了解婴幼儿心理发展的过程和特点。想了解华生

对自己的孩子做过哪些观察吗？他又是如何对观察到的现象进行分析和解释的？请扫描二维码了解更多内容。

（四）华生关于婴幼儿习惯的观点

华生认为，习惯的形成实际上是形成一系列的条件反射。一个习惯的形成大约需要120天。影响动作习惯的形成取决于两个因素：年龄、练习的分配。年龄越小，习惯形成就越快；分散练习（学习）比集中突击练习的效果好，即使在一个较短的时间内集中学习，也应该在中间留出一段时间间隔，这样学习的效果会更好。当习惯形成并巩固之后，实际的视觉、听觉、触觉等刺激就变得不重要了，因为习惯了的动作本身的动觉刺激足以引起下一个运动反应。内部语言习惯（即思维）就是一个典型的例子。华生认为培养孩子的良好习惯并形成习惯系统，是教育的重要内容之一。

华生认为早期行为习惯对长大后人格发展有着重要的影响，早年形成的习惯会一直保留，并在成年之后显露出来，特别是那些早年形成的不良习惯会成为健康人格发展的障碍，所以，人生早期养成孩子良好的行为习惯至关重要。

（五）斯金纳的操作性条件反射理论

伯尔赫斯·弗雷德里克·斯金纳提出操作性条件反射这个新的概念丰富了华生的行为主义理论。

操作性条件反射这个概念是斯金纳新行为主义学习理论的核心。斯金纳把行为分成两类：一类是应答性行为，这是由已知的刺激引起的反应；另一类是操作性行为，是有机体自身发出的反应，与任何已知刺激物无关。与这两类行为相应，斯金纳把条件反射也分为两类。与应答性行为相应的是应答性反射，被称为S（刺激）型（S型名称来自英文simulation）；与操作性行为相应的是操作性反射，被称为R（反应）型（R型名称来自英文reaction）。S型条件反射是强化与刺激直接关联，R型条件反射是强化与反应直接关联。斯金纳认为人类行为主要是由操作性反射构成的操作性行为，操作性行为是作用于环境而产生结果的行为。在学习情境中，操作性行为更有代表性。斯金纳很重视R型条件反射，因为这种反射可以塑造新行为，在学习过程中尤为重要。

斯金纳认为，某种行为产生的可能性大小取决于它产生的后果。如果行为发生后，得到强化，那么它在将来发生的可能性会增加；反之，则会减少。也就是说，行为的后果决定了行为发生的概率。例如：躺在床上的孩子偶然露出的微笑使得妈妈走到床前和他玩耍，接着，爸爸也做出了同样的回应。这种情况反复多次出现后，孩子就了解到自己的微笑能带来父母的关爱，于是他会主动地再次展露微笑来引起父母的关注。这就是一个典型的操作性学习的过程。

拓 展 学 习

斯金纳箱及其操作性条件反射原理

斯金纳关于操作性条件反射作用的实验，是在他设计的一种动物实验仪器即著名的"斯金纳箱"中进行的。箱内放进一只白鼠或鸽子，并设有一个杠杆或按键，箱子的构造尽可能排除一切外部刺激。动物在箱子内可自由活动，当它按压杠杆或啄键时，就会有一团食物掉进箱子下方的盘中，动物就能吃到食物。箱子外有一装置记录动物的动作。偶然一次压杠杆得到食物，就会导致动物压杠杆或啄键的频率的增多，从而使动物学会了通过某一操作来得到食物的方法。斯金纳将其命名为操作性条件反射或工具性条件作用。

斯金纳把动物的学习行为推广到人类的学习行为上，他认为虽然人类学习行为的性质比动物复杂得多，但也要通过操作性条件反射。操作性条件反射的特点是：强化刺激既不与反应同时发生，也不先于反应，而是随着反应发生。有机体必须先做出所希望的反应，然后得到"报酬"，即强化刺激，使这种反应得到强化。学习的本质不是刺激的替代，而是反应的改变。斯金纳认为人的一切行为几乎都是操作性强化的结果，人们有可能通过强化作用的影响去改变别人的反应。

斯金纳在对学习问题进行了大量研究的基础上提出了强化理论，十分强调强化在学习中的重要性。强化就是通过强化物来增强某种行为的过程，强化物就是增加反应可能性的任何刺激。斯金纳把强化分为积极强化和消极强化两种：积极强化是获得强化物以加强某个反应，如给予食物、表扬就属于积极强化；消极强化是去掉可厌的刺激物，是由于刺激的退出而加强了那个行为，如婴儿因尿布湿了而大哭，这时母亲拿走湿尿布，就会鼓励孩子在下次尿布湿了的时候再次以大哭方式告知母亲，这个过程就是消极强化。需要注意的是，惩罚不是消极强化，惩罚是通过带来不愉快的事情（如打屁股）或者撤销积极的事情（如不让看电视）来压制某一行为（如打碎杯子）。

斯金纳认为人的行为大部分是操作性的，任何习得的行为都与及时强化有关，因此，可以通过强化来塑造婴幼儿的行为。如孩子咿咿呀呀地跟妈妈说话，如果妈妈对之习以为常而不予以及时回应，也就是不给予及时强化，那么这个孩子很可能就不再对人咿咿呀呀了，这样就会影响到孩子语言的发展。再如，孩子玩完玩具后将玩具收拾好，每当孩子放好玩具时，母亲就给他一个奖励（表扬、糖果、新玩具等），这样就强化了孩子的好行为。

斯金纳强调练习的重要性，练习之所以重要是因为它在婴幼儿行为形成中为重复强化的出现提供了机会。例如：培养婴幼儿独立生活的能力，成人可利用一日生活的各个环节让孩子做一些力所能及的自我服务劳动，对良好的行为给予及时表扬，进行强化。

三、行为主义理论对早期教育的启示

华生提出的婴幼儿教育原则在今天看来仍具有实践意义，他反对体罚，重视家长教育行为对孩子的影响，注重身心教育，强调从小培养良好行为习惯的重要性，这些观点为当今婴幼儿早期培养提供了科学合理的建议。

斯金纳强调强化是塑造行为和保持行为强度所不可缺少的，他指出良好的行为并非一蹴而成，而是一步一步学得的，在学习过程中强化起着重要的作用。这些观点可以应用到婴幼儿的教育过程中，为成人合理利用强化原理塑造婴幼儿行为提供了科学指导。斯金纳的行为矫正理论能够帮助我们有效应对婴幼儿的不良行为习惯。斯金纳认为操作行为也是易于消退的，只要不对该行为进行强化，婴幼儿的不良行为便会消退。如有的孩子喜欢用哭来要挟家长，当他的要求得不到满足时就放声大哭。许多家长一见小孩哭心就软了，总是上前对小孩说："宝宝，别哭了，别哭了……"结果小孩的哭非但没有停止，反而越哭越厉害，其中家长的安慰成了一个条件刺激，强化了孩子哭的行为。其实，遇到这种情况，家长最好不要对他的哭给予任何语言上或行动上的强化，这样，孩子以哭来要挟家长的行为就会减少直至消失。

总之，行为主义学派强调行为研究的重要性，强调重视观察研究婴幼儿的行为，通过强化、模仿等原则来建立婴幼儿良好的行为，消除不良行为，这在实践层面上具有指导意义。

第六节　班杜拉的社会学习理论

一、心理学家简介

阿尔伯特·班杜拉（Albert Bandura，1925—　　）是美国新行为主义心理学家，是世界最杰出、最富有影响力的心理学家之一。班杜拉研究了儿童大量的社会学习问题，提出了观察学习说、社会认知说和交互决定论，并由此形成了颇具影响的社会学习理论（social learning theory），并于1977年出版《社会学习心理学》一书，该书是社会学习理论及其研究成果的一本总结性的著作。这一理论试图阐明人怎样在社会环境中进行学习，从而形成和发展他的个性特点，探讨了个人成长过程中认知、行为与环境三因素及其交互作用对人类行为的影响。

二、主要理论观点

（一）直接学习

班杜拉将社会学习分为直接学习和观察学习两种形式。直接学习是指从自身行为的结果中进行的学习，通过直接经验获得新的行为模式，即儿童对刺激做出反应并受到强化从而完成的学习过程。班杜拉认为传统行为主义所说的从行为结果进行的学习是无需意识的参与，这种从直接经验进行学习的方式在婴幼儿身上非常有效，因为不需要对早期经验进行加工。

不过，对于具有高级认知能力的儿童和成人来说，直接学习缺少了一个中间变量——认知，事实上，行为的结果大多是通过思维的中介影响来改变人的行为的。于是，他提出了另一种学习方式——观察学习。

（二）观察学习

观察学习是班杜拉社会学习理论中最重要的基本概念。班杜拉认为个体并不是通过强化（奖惩）而是通过观察他人的行为来完成学习过程的，这是班杜拉社会学习理论的核心观点。

观察学习（observation learning）是指通过观察榜样示范（model），在内心排练、在行为上模仿所观察到的他人行为而进行的学习。班杜拉认为，大多数人的社会行为都是通过对榜样示范的观察而学会的，这种学习无须自己亲身实践，而是从观察别人的行为及行为结果中学会了如何行动。特别对于年纪幼小的孩子来说，观察学习在塑造其社会行为方面起着非常重要的作用，班杜拉用波比娃娃实验充分证明了这一点。

拓 展 学 习

波比娃娃实验

班杜拉最著名的研究是对儿童攻击性行为的实验研究。他的假设是儿童通过观察和模仿成人，尤其是家庭成员学会了攻击行为。为了证明这个观点，班杜拉于1961年进行了著名的波比娃娃实验。

实验对象是3～6岁儿童，男孩36名，女孩36名。将这些儿童分成三组，每组由12名男孩和12名女孩组成。第一组儿童，没有观看成人榜样示范；第二组儿童，会观看攻击一个塑料充气娃娃的成人示范行为，他用手击打，用脚踢，用木槌击打，把娃娃扔到空中还使用攻击性言语；第三组儿童，观看的是一位平静地与充气娃娃玩耍的成人示范行为。

观看之后，研究者把每个儿童单独安排到一个房间，在房间里除了有波比娃娃之外，还放置了其他一些玩具。

实验结果发现，第一组没有观看过成人攻击性行为的儿童，几乎没有对波比娃娃进行任何攻击。第三组观看平静成人示范的儿童，很少出现任何身体和口头上的攻击性行为。值得注意的是第二组观看成人示范攻击性行为的儿童，他们会出现大量的攻击性行为，其中，有的儿童会模仿他所看到的成人行为对波比娃娃施以攻击性行为，有的甚至还会超越简单模仿，创造出新的攻击性行为，如有的孩子会用枪指着波比娃娃的头，尽管之前成人并没有示范使用枪械的行为。

班杜拉通过这个实验证明，儿童攻击性行为通常是通过观察和模仿其他人的行为而获得，观察学习过程的确存在。

班杜拉认为随年龄增长，观察学习有一个发展过程。①在发展早期，婴幼儿的榜样学习基本上限于即时模仿，所模仿的也都是简单的动作，仅仅是动作的再现。②随着儿童把经验符号化，他们对复杂的行为模式的延迟模仿就增加了。对于婴幼儿来说，父母反复的示范作用要比简略的示范作用更有助于提升他们的模仿能力。③从2岁开始，婴幼儿进入表征模仿阶段，在观察学习中，有三种不同的示范形式：身体动作的直接演示、图形表征、言语描述，无论哪种示范形式都需要婴幼儿具有一定的表征能力。观察学习不同于做中学，做中学需要从自身的反复实践中获得直接经验，而观察学习则无须亲身实践，而是从观察榜样示范中获得替代性经验。所以，2岁时表征模仿能力的出现无疑使婴幼儿获得替代性经验成为可能，这有助于其进行更复杂的观察学习。

拓展学习

　　　　班杜拉不仅提出了观察学习这个概念，而且还对观察学习的过程进行了深入分析，剖析学习过程的每个阶段，他的分析能够帮助我们更深入地了解婴幼儿观察学习的过程。想了解班杜拉对观察学习过程的详细分析吗？请扫描文旁二维码了解更多内容。

　　班杜拉把观察学习作为人类行为借以改变的重要机制，尤其以解释社会行为的发展而著称。他认为婴幼儿从很早就开始在观看成人的活动中按成人的活动行事。最初应当说是靠简单的模仿，以后模仿行为会在模仿对象不存在时单独出现，如摆弄积木的技能、放娃娃上床睡觉、给娃娃穿衣的技能等，在出现象征性游戏以前，在婴幼儿的观察学习和模仿活动中就提供了经验。

（三）相互决定论

　　班杜拉认为，心理发展是环境、行为及心理过程这三种因素之间的一种连续不断的交互作用（reciprocal）的结果，这三个因素之间是相互影响、相互依赖的。这与日常观察到的现象相一致，孩子与父母之间交互强化的过程其实是很常见的。孩子的合理要求有时会因父母很忙或不感兴趣而没有得到父母的回应和理睬，于是孩子会吵着试图得到父母的关心，但仍然没有得到相应的结果，这种情境就会使孩子愈发加剧吵闹的行为，以至于父母感到厌烦。亲子之间的互动发展到这个地步，孩子就会对父母施加强迫控制，最终以父母被迫对孩子做出关心而终止孩子吵闹行为，父母这样做实际上就强化了孩子吵闹行为。因此，父母的这些行为反应无意中训练了孩子使用强迫的方法。由于孩子得到了父母的关注，父母也得到了暂时的安宁，因而，双方的行为都得到了强化，但从长远角度看，这种相互作用和影响对双方都没有好处。可见，在婴幼儿社会学习过程中，儿童自身、儿童行为与环境不是各自独立地发挥作用，而是相互依赖、互为依存，行为部分地决定着哪些环境影响将发挥作用、起作用的形式如何，环境影响也部分地决定着哪些行为能够发挥作用、得到发展。所以，当我们分析儿童的社会学习时，要考虑到在其社会交往中，交往双方中一方的行为会激起另一方的特定反应；反过来，这些特定反应又促进了彼此之间的交互反应。在社会学习中，不存在父母单方面的控制，亲子之间是互动关系。

三、社会学习理论对早期教育的启示

观察学习对处于早期认知发展阶段的婴幼儿来说起着特别重要的作用。通过观察学习，婴幼儿既可以获得良好的行为习惯和亲社会行为，也有可能习得不良的行为习惯及攻击性行为。特别在当代多媒体互联网时代，榜样示范作用更不容忽视。电视节目、网络、电脑游戏中有很多不良行为甚至暴力行为的示范，如果婴幼儿经常接触这些内容，无疑会模仿这些行为，以观察学习的方式学得不良行为。所以，成人应该合理利用这些大众媒体，给予婴幼儿良好的影响。以电视为例，电视是潜在的教育形式，电视上的角色常常会成为婴幼儿模仿的榜样，因此，要为婴幼儿细心筛选电视节目，选择适宜婴幼儿观看的内容，让电视上出现的人物起到积极的示范作用。电影、动画片、书籍、游戏也是这样。

社会学习理论重视亲子之间的交互作用，认为发展是婴幼儿与环境相互作用的结果。在婴幼儿社会学习中，要考虑到亲子交往中，任何一方的行为都会给对方带来影响，社会教育不能只是父母单方面的控制与要求，更不能使用强迫的方法，而应为孩子创造良好的家庭氛围，在和谐的亲子互动过程中培养与发展。观察模仿是婴幼儿主要的学习方式，父母要为孩子做出良好的榜样示范，因为即使婴幼儿没有表现出模仿行为，观察学习也能发生。从出生开始，婴幼儿就在不知不觉地进行观察模仿，他们会模仿父亲或母亲的行为方式，渐渐地成为他们自己对特定情境的反应方式，所以，父母要为孩子树立良好的榜样。

第七节　蒙台梭利的儿童发展理论

一、心理学家简介

玛利亚·蒙台梭利（Maria Montessori，1870—1952）是享誉全球的意大利教育家。1896年大学毕业，成为意大利历史上第一位女性医学博士。蒙台梭利大学毕业后从事特殊儿童教育，后转为致力于正常儿童教育。1907年创办第一所"儿童之家"，开始了闻名世界的教育实验活动，她在长期的教育实验活动中，通过大量认真的观察和深入的思考，得出一个重要结论：童年时期是人生中的一个最重要的时期；除生理的发展外，儿童心理的发展更需要得到重视。因为儿童正是通过自己的努力形成个性，从某种意义上来说，儿童成了自己的创造者。她提出"儿童是成人之父"，如果成人忘记自己曾经是一个儿童，那么他就不能给儿童提供一个适宜发展的环境，就不会克服他自己与儿童之间的冲突，儿童的心理就会产生畸变，并将伴随其终生。蒙台梭利对于儿童心理有独到的见解，她对儿童心理发展的看法是她全部教育思想的基础。蒙台梭利的教育思想对当代世界儿童教育的改革和发展产生了极为重要的影响。她所创立的、独特的教学法风靡了整个西方世界，深刻地影响着世界特别是欧美先进国家的教育。主要著作有《童年的秘密》《有吸收力的心灵》《发现孩子》等。

二、主要理论观点

（一）有吸引力的心灵

蒙台梭利认为婴幼儿具有内在的敏感性，这使得婴幼儿具有惊人的从环境中吸收印象的能力。这种内在的敏感与冲动使得他们成为积极的观察者和学习者，他们积极主动观察周围环境，利用各种感官去感知外部世界，不断地探索环境，在探索过程中吸收并获取经验，在这种探索中享受到的喜悦与成就感又成为进一步探索与学习的动力。

蒙台梭利称这种内在力量为"有吸引力的心灵"或"吸收性心智"，它能够帮助婴幼儿主动积极地选择、尝试、摸索，快速了解和学习新事物，婴幼儿就是在"吸收性心智"的驱动下进行学习的。蒙台梭利认为婴幼儿的这种内在力量值得成人关注并给予帮助，成人所创设的环境要适合婴幼儿的内在需求和兴趣，将这种潜在的生命力焕发出来并使之发展起来。

（二）敏感期（sensitive period）

基于对儿童的观察，蒙台梭利提出最年幼的儿童已经有了自己的心理生活，早期心理发展虽然是无声无息的，但却是敏感的。蒙台梭利用敏感期来解释婴幼儿完成的令人惊讶和不可思议的发展。敏感期在生物发展过程中可以找到，同样也存在于人类婴幼儿身上。敏感期的存在就是借助一种刺激来帮助婴幼儿获得一种明确的特性并使之发展起来，婴幼儿在敏感期内会很容易地获得某种能力。蒙台梭利基于自己的观察研究，提出九个敏感期，蒙台梭利形容"经历敏感期的小孩，其无助的身体正受到一种神圣命令的指挥，其小小心灵也受到鼓舞"。敏感期不仅是婴幼儿学习的关键期，也是影响其心灵、人格发展的特殊时期。

拓展学习

蒙台梭利提出的九大敏感期

（1）语言敏感期（0～6岁）。婴儿对成人特别是母亲的说话非常敏感偏爱，会关注大人说话的嘴型，并跟随咿呀学语。婴儿具有自然所赋予的语言敏感力，在这段时期很容易学会母语。

（2）秩序敏感期（2～4岁）。幼儿总是通过物体的外部秩序来认识他周围的环境，并理解他自身与环境的关系。对幼儿来说，"秩序"就是指东西应该放在规定的地方。早在1岁半或2岁的时候，幼儿就表现出对秩序的热爱。他们需要自己周围的环境井然有序，一旦他所熟悉的环境消失，就会令他无所适从，所以他们会表现出对秩序的强烈渴望。秩序敏感期的存在可以通过幼儿所遇到的障碍、在他们的游戏中清楚地表现出来。

（3）感官敏感期（0～6岁）。这段时期，婴幼儿自然而然地会运用各种感官来认识周围的事物，具有透过感官分析、判断所处环境中各种事物的能力，从中获得对世界的认识。所以，蒙台梭利设计了许多像触觉板、听觉筒这样的感官教具，以此来使婴幼儿的感官更敏锐，引导他们自己获得知识，促进其认知发展。

（4）对细微事物感兴趣的敏感期（1岁半～4岁）。这个年龄段的幼儿的感觉特别敏锐，他们对色彩和大小很敏感，这就使得他们把注意力聚集在周围环境中最细小的细节上，常常被成人忽略的细节、细小事物却能被幼儿捕捉到，如这个年龄的幼儿会对泥土里的小昆虫、衣服上的细小图案、墙壁上的小孔产生兴趣。

（5）动作敏感期（0～6岁）。这个时期的婴幼儿活泼好动，是运动最活跃的时期。如果在这个时期让婴幼儿多运动，使其肢体动作得到充分发挥，在动作的正确性、熟练度等方面进行训练，他们的动作将会发展得又快又好。蒙台梭利除了关注大肌肉的训练外，还特别强调小肌肉的动作教育，设计了许多精细动作的玩教具以加强对小肌肉动作的训练。

（6）社会规范敏感期（2岁半～6岁）。到2岁半时，幼儿已逐渐脱离自我中心，开始表现出对同伴、群体交往的倾向，这是帮助幼儿建立明确的生活规范、日常礼节的最佳时期，这有助于幼儿日后遵守社会规范，

拓展学习

拥有自律的生活习性。

（7）书写敏感期（3岁半～4岁半）。手是幼儿认识世界的工具，幼儿在写字之前必须具备一些技能。日常生活中各种物品的使用、涂鸦绘画的练习及感官教具的练习，可以增进幼儿大小肌肉的控制能力，间接地发展握笔和书写的能力。

（8）阅读敏感期（4岁半～5岁半）。虽然幼儿的书写与阅读敏感期出现较迟，但如果幼儿在语言、感官、肢体动作等敏感期内进行了充足的学习，其书写、阅读能力便会自然产生。

（9）文化敏感期（6～9岁）。蒙台梭利认为，对文化学习的兴趣萌芽于3岁，强烈的需求到6～9岁才表现出来，这个时期"孩子的心智就像一块肥沃的田地，准备接受大量的文化播种"。

拓展学习

蒙台梭利十分重视观察，她说："在与儿童打交道时，更需要的是观察而不是探究。这种观察必须从一种心理的角度来进行。"在幼儿园里、在家庭生活中、在大街上，蒙台梭利时刻都在进行观察。扫描文旁二维码了解蒙台梭利是如何观察和记录幼儿秩序敏感期的表现的。

（三）准备好的环境

蒙台梭利把环境的准备看作是教育基础。应该为婴幼儿准备什么样的环境？蒙台梭利认为应该从物质和精神两方面为婴幼儿准备好的环境。①物质准备：这个物质环境应该干净整洁漂亮，应该配有适合婴幼儿个性差异、能激发其成长的各类教具，它们应该能吸引婴幼儿动手去触摸、自由挑选并工作，使婴幼儿自动地乐在其中，接受教育。②精神准备：蒙台梭利要求成人在精神上做好准备，一方面要做好理解婴幼儿的准备；另一方面成人要使自己的内心做好准备，如成人对待婴幼儿的态度，蒙台梭利特别强调要去除成人的傲慢和发怒，这就要求成人不断地自我反省，努力消除自身内心的障碍，以免由于自身问题而给婴幼儿准备了不适宜的环境。

在考察了那些正常发展的婴幼儿之后，蒙台梭利提出有三个特别重要的环境条件：①是要把婴幼儿安置在一个愉快的环境里，在那里婴幼儿感到没有任何的压抑；②成人的积极作用，去除傲慢和偏见的"理智的沉静"；③要给婴幼儿提供合适的、吸引人的、科学的感官材料，以便进行感官训练。

（四）工作完善人性

蒙台梭利用"工作"这个词来描述婴幼儿的活动，她所说的"工作"是指对所处环境进行的一种直接、有意识、自主的活动。工作是生长和发展的基础，婴幼儿是通过工作塑造他们自己，没有工作，婴幼儿就不可能形成个性。所以，工作对于婴幼儿来讲是必需的。

蒙台梭利认为婴幼儿具有"工作本能"，他们喜欢做事、喜欢活动。工作是他们对内部需要的满足，是内在生命力的外部表现。工作是为了构建他们自己的内在本质，是生命成长的秘密。婴幼儿工作的目的就是工作本身，他们从自己的工作中得到满足，得到更新，充满精力地工作是婴幼儿工作的特征。

婴幼儿的工作由行动和外部世界的真实物体所组成。没有人能代替他们承担工作，他们必须靠自己进行工作。

婴幼儿的工作遵循着自然的法则，这些法则包括：①秩序法则，即婴幼儿在工作中有一种对秩序的爱好与追求。②独立法则，即婴幼儿要求独立工作，排斥成人给予过多的帮助。③自由法则，即婴幼儿在工作中要求自由地选择工作材料，自由地确定工作时间。④专心法则，即婴幼儿在工作中非常投入，专心致志。⑤重复练习法则，即婴幼儿对于能够满足其内心发展需要的工作，能一遍又一遍地反复进行，直至完成内在的工作周期。

三、蒙台梭利理论对早期教育的启示

蒙台梭利的教育思想和教育实践对早期教育具有极大的参考价值和实践指导意义，她的观点不仅富有哲理而且还具有很强的实践性，可以广泛地应用到日常生活中。她给予我们的启示是非常丰富的，概括地讲主要有以下四个方面：①要了解婴幼儿的心理，了解他们的心灵是如何运作的，从而树立正确的儿童观，要把婴幼儿作为一种精神的存在来对待，尊重婴幼儿生气勃勃的内在动力。婴幼儿不是父母和教师进行灌输的容器，而是一个具有内在生命力、具有主观能动性且发展着的有生机的个体。②教育要顺应婴幼儿的天性，教育要与婴幼儿发展的敏感期相吻合。教育者要为婴幼儿发展创设"有准备的环境"，让婴幼儿在好的环境中自主发展。③重视感官教育，为婴幼儿提供丰富、良好的感官刺激激发他们内在的潜能，借助感官玩教具培养婴幼儿敏锐的感官，进而培养其观察、比较、判断的习惯与能力。④要为婴幼儿精心设计准备一个好的环境，让他们在这个环境中自主活动，利用从易到难的游戏任务，引导他们循序渐进地发展。

第八节　布朗芬布伦纳的社会生态系统理论

一、心理学家简介

尤尔·布朗芬布伦纳（Urie Bronfenbrenner，1917—2005）是美国著名的人类学家和生态心理学家，人类发展生态系统理论的创始人。他在1979年出版的《人类发展生态学》一书中，提出了著名的人类发展社会生态系统理论（theory of social ecosystems），指出了环境对于个体行为、心理发展有着重要的影响。

二、主要理论观点

布朗芬布伦纳认为，儿童是环境不可分割的一部分，儿童行为不仅受社会环境中的生活事件的直接影响，而且也受到发生在更大范围的社区、国家、世界中的事件的间接影响。因此，要研究个体的发展就必须考察不同层级的社会生态系统的特征，探讨儿童与不同层级的社会环境之间的交互作用，儿童发展应该放在更广阔的背景下加以理解。

布朗芬布伦纳提出儿童发展模型，认为人们日常生活的环境或自然生态环境是一种具有嵌套式结构的系统，这个系统具有层次性、动态性、整体性的特点。发展中的儿童嵌套于这个生态系统中，系统与儿童相互作用并影响着儿童发展。该理论从系统论的观点深入细致地分析了影响儿童发展的多重生态环境之间的相互作用、揭示环境与儿童之间复杂的相互影响，指出生物因素和环境因素交互影响着儿童发展。他把环境这个生态系统比喻为俄罗斯套娃，认为环境（或自然生态）是一组嵌套结构，每一个嵌套在下一个中，发展中的儿童处在从直接环境（如家庭）到间接环境（如文化）等几个环境系统的中间或嵌套于其中，每一个系统都与其他系统及儿童交互作用，影响着儿童各个方面的发展。

布朗芬布伦纳把儿童发展的生态环境从内到外分为四个子系统：微系统、中系统、外系统、宏系统，再加上时间维度的历时性系统。

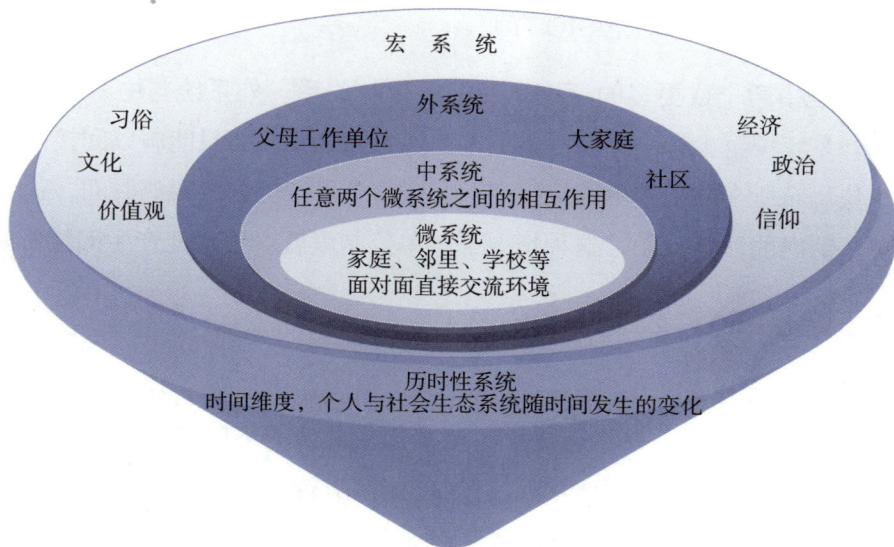

图2-6 生态系统理论一系列嵌套结构模型

（一）微系统（microsystem）

微系统指与个体直接的、面对面水平上的交流系统，如直接作用于儿童的各种行为的复杂模式、角色，以及家庭、学校、同伴群体、工作场所、游戏场所中的个人的交互作用关系。儿童的发展就源于儿童与日常环境之间的双向互动。

微系统包括家庭、邻里、学校、同伴群体，在这个微系统中，每个人都以面对面、直接交流的方式使彼此之间相互影响，是一种双向互动的关系，如母亲养育方式会影响到婴幼儿，同时婴幼儿的气质特征与反应方式也会反作用于母亲。所以，布朗芬布伦纳强调，必须看到微系统中所有关系是双向的，即成人影响着婴幼儿的反应，同时婴幼儿的生物特性和社会的特性也影响着成人的行为。

（二）中系统（mesosystem）

中系统是指两个或多个微系统之间的交互作用。布朗芬布伦纳认为，如果微系统之间有较强的积极联系，发展可能实现最优化；相反，微系统间的非积极的联系会产生消极的后果。如婴幼儿在家庭中与兄弟姐妹的相处模式会影响到他在早教机构中与同伴间的相处模式，如果在家庭中婴幼儿处于被溺爱的地位，在玩具和食物的分配上总是优先，那么一旦在早教机构中享受不到这种待遇则会产生极大的不平衡，就不易于与同伴建立和谐、亲密的友谊关系，还会影响到教师对其指导教育的方式。

（三）外系统（exosystem）

外系统是指两个或更多的环境之间的连接与关系。外系统与中系统的不同之处在于，外系统中至少有一个情境不包含发展中的儿童，而只能施以间接的影响。例如：一位母亲所在的工作单位从制度上保证给予母亲更多的喂奶时间，这位母亲就能有更多的时间照料孩子，这种情况下，单位制度就对婴幼儿产生间接影响。

（四）宏系统（macrosystem）

宏系统是指所有的文化形态，包括习俗、信念、价值观、政治、经济等更大的社会系统。宏系统是一种特殊文化、亚文化或其他更广阔的社会环境的社会蓝图，实际上是一个广阔的意识形态，它规定如何对待儿童、教给儿童什么及儿童应该努力的目标。在不同文化中这些观念是不同的，但是这些观念存在于微系统、中系统和外系统中，直接或间接地影响儿童知识经验的获得。

（五）历时性系统（chronosystem）

历时性系统指的是时间维度。布朗芬布伦纳把时间作为研究个体成长中心理变化的参照体系，将时间和环境相结合来考察儿童发展的动态过程。在儿童发展过程中，所有的社会生态系统都会随着时间的变化而发生变化。微系统随着时间的推移可能会发生很多重要的变化，如父母离婚、失去亲人等。再如，外系统也会发生变化，中国以前施行计划生育政策，如今改变了这个政策，从而导致了家庭模式的改变。这些转变常常成为发展的动力，同时这些转变也会通过影响家庭进程对儿童发展产生间接影响。

二、布朗芬布伦纳社会生态系统理论对早期教育的启示

布朗芬布伦纳的社会生态系统理论有助于我们理解社会环境对婴幼儿心理发展的影响作用。我们都知道环境对婴幼儿发展的影响起着至关重要的作用，以往我们更注重婴幼儿的家庭环境和早教机构的环境，但布朗芬布伦纳社会生态系统理论扩充了我们对环境范围的理解，让我们看到更宽、更复杂的环境，让我们在思考影响婴幼儿发展的环境因素时，不仅要考察婴幼儿身边的环境，还要考察诸如社会、文化这样的大环境。该理论对各系统之间千丝万缕的联系进行了深入细致的分析，这对我们在对环境因素进行分析和把握时更具有指导意义，找出影响婴幼儿发展的各个因素以及彼此之间的关联，从而给予适宜、及时的干预。

生态系统理论强调微系统中的双向互动关系，这就提醒我们在婴幼儿养育过程中如何有效地对其施以积极影响。如母亲给婴儿哺乳，婴儿饥饿的时候会以哭泣来引起母亲的注意，影响母亲的行为。如果母亲能及时给婴儿喂奶则会消除婴儿哭泣的行为。当婴幼儿与成人之间的交互反应很好地建立并经常发生时，会对婴幼儿的发展产生持久的积极作用。但是当成人与婴幼儿之间关系受到第三方影响时，如果第三方的影响是积极的，那么父母与婴幼儿之间的关系会更进一步发展。反之，婴幼儿与父母之间的关系就会遭到破坏。如婚姻状态作为第三方影响着婴幼儿与父母的关系：当父母互相鼓励其在育儿中的角色时，每个人都会更有效地担当家长的角色；相反，婚姻冲突是与不能坚守的纪律和对婴幼儿敌对的反应相联系的。中系统的存在则提示我们要注重家园合作。

布朗芬布伦纳社会生态系统理论将时间维度作为研究个体成长中心理变化的参照体系，关注生活事件，将影响发展的偶然性与必然性两方面的因素结合起来。我们知道，重大的生活事件，尤其是偶然发生的事件，如父母离异或父母的死亡，对婴幼儿发展的影响是巨大的，布朗芬布伦纳强调发展的动态性，这个观点给我们开辟了一个新视角去思考婴幼儿发展，让我们能够在一个更广阔的视野下去把握早期教育。

第九节　加德纳的多元智能理论

一、心理学家简介

霍华德·加德纳（Howard Gardner，1943—　）是美国发展心理学家，世界著名教育心理学家。现任美国哈佛大学教育研究生院心理学，教育学教授，波士顿大学医学院精神病学教授。1972—2000年主持哈佛大学"零点项目"（Project Zero）的研究，最突出的成就是提出了多元智能理论，被誉为"多元智能理论"之父。1983年多元智能理论提出以来至今已经引起世界广泛关注，并成为20世纪90年代以来许多西方国家教育改革的指导思想之一。主要著作有《智能的结构》《多元智能新视野》《重构多元智能》等。

二、主要理论观点

（一）多元智能（multiple intelligences）

多元智能理论认为，以智商来衡量人的智力和才能是有所偏颇的，智商远远没有反映出人的全部智能。在加德纳看来，智能（intelligence）是指人先天所具有和后天培养出来的所有解决问题或创造产品的能力。加德纳认为每个人身上存在相互独立的多种智能，人们不是只依靠一种智能，而是需要运用多种智能的组合来解决问题。他将这些能力命名为多元智能，并且通过科学研究与论证证明了这些智能的存在。

加德纳认为每个孩子都是一个潜在的天才儿童，只是表现方式不同；每个孩子都不只拥有一种智能，而是拥有一组相对独立的智能，只不过由于遗传和生活经历上的差异，每个人都有自己的智能强项和弱项；没有两个孩子拥有一模一样的智能结构，每个孩子拥有独一无二的智能组合，拥有自己独特的智能光谱（Intelligence Spectrum）。

加德纳依据八个判断标准，筛选出彼此之间相对独立的八种智能：语言智能、数理逻辑智能、音乐智能、身体运动智能、空间智能、人际智能、自我认识智能、自然认识智能。不过，他也指出人类所拥有的智能不仅仅是这八种。

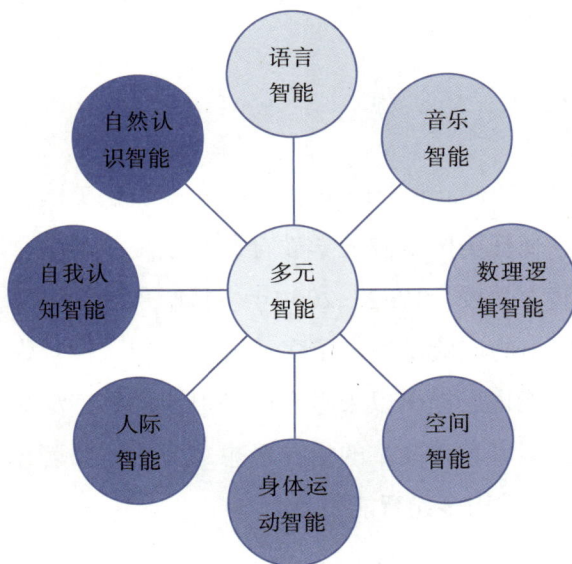

图2-7　相对独立的八种智能

拓展学习

　　加德纳是怎样筛查出这八种智能的？这八种智能分别是什么？在哪些领域需要哪些智能？想具体了解这些问题的答案请扫描文旁二维码。

（二）智能的培育（education of intelligences）

　　加德纳研究发现，如果给以适当的鼓励、培养和指导，每个儿童的智能都可以得到很好的发展，教育就是要帮助儿童发展这些智能。要做到这一点，首先需要对儿童智能进行正确的评估，然后再找到正确的培育方法。加德纳对从古至今、世界范围的教育进行了考察，分析了为什么有些当代的教育努力获得了成功，而其他一些教育则不成功，力求从中找到智能培育的有效途径和方法，例如：他对铃木教学法的分析就能很好地证明在婴幼儿的学习和发展过程中，多种智能之间的相互作用及智能培育的有效途径。

拓展学习

　　铃木教学法世界闻名，加德纳曾经对铃木教学法的实施进行过观察研究，探讨了这种教学法成功的秘诀。想了解铃木教学法成功的秘诀，请扫描文旁二维码。

　　智能与学习不可分，儿童拥有的各种智能既是学习的手段又是学习的信息，既是学习的形式也是学习的内容。儿童的学习需要多种智能的参与，同时，智能从中也得到发展。①在儿童进行的观察学习过程中，空间智能、身体运动智能和人际智能常常显得极为重要，一旦掌握了语言，语言智能也会发挥重要作用。②当今儿童学习时使用的各种手段和媒介众多，包括书籍、图表、地图、电视、电脑、手机、iPad、各种动手操作的玩教具等，正确使用这些媒介需要不同的智能，儿童在运用这些媒介进行学习的过程中，相应的智能也能得到训练和发展。③儿童的学习离不开他人的参与与互动，在家庭中从父母、兄弟姊妹、亲戚那里进行学习，在托幼机构中从教师、同伴那里进行学习，在这个过程中，人际智能、自我认知智能是必需的，同时也会得到培育。④加德纳也强调技能的学习，无论是身体技能、音乐技能、空间技能，很难与文化背景中的人际生活相脱离，如家庭中的亲子关系如果缺少足够的人际智能，儿童的技能学习也会受到阻碍。可见，儿童的学习有赖于多种智能之间的相互作用。⑤不同的文化背景、不同的教育类型、不同的教育方式、不同的教育模式都会培育着、塑造着、改变着儿童的智能组合。例如：当代学校教育使得语言智能和逻辑-数学智能组合的地位凸显，而空间智能、身体运动智能、人际智能的培育减弱，这无益于儿童的全面发展。

（三）多彩光谱项目（project spectrum）

加德纳设计的多彩光谱项目是将多元智能理论运用在教育领域的大胆尝试。他认为，智能的轮廓或倾向在儿童早期就已经显露出来，创建一套测试的方法，有助于我们辨认儿童的智能轮廓，从而增强早期教育的针对性，拓宽教育的机会，在科学研究的基础上开发培育智能的模式和方法。

多彩光谱测试主要用来对儿童的智能轮廓及运用这些智能的早期标志进行测量。该测试假设每个孩子都具有一个或几个领域里发展智能强项的潜力。该测试横跨许多不同的领域，需要孩子们完成15种不同的任务。测试的方式多元化，如测试数字能力的恐龙游戏和公共汽车游戏、测试科学认知的寻找宝物游戏、测试音乐智能的故事活动和音乐感知活动等。

加德纳还创设了多彩光谱教室，让孩子们每天置身于丰富的、可操作的、用于启发其运用多种智能的材料中。教室设置了学习中心，以此提供同伴合作学习的场合与机会。在这样的环境中，孩子们只要学习1年或更长时间，就有充分的机会探索各种不同的学习领域，而每个领域投放多种材料或教材将孩子们各自不同的智能激发出来并加以运用，相应的智能就会得到训练和培育。经过1年左右的时间，教师就能够观察到每个孩子的兴趣和才能，不需要再做特别的评估。在学年末，采用"智能展示"的评估方法，将每个孩子的智能强项和弱项进行汇总得出分析报告，在此基础上提出发展强项、改进弱项的培育指导建议。

三、多元智能理论对早期教育的启示

多元智能理论与教育有着紧密的联系，为智能的训练与开发提供了科学理论的依据。多元智能理论启示我们应该对传统教育进行反思，避免关注或培育的智能过于狭窄。树立多元评价标准，克服以偏概全的现象，尊重每个孩子的智能结构，平等对待每个孩子。多元智能理论让我们对婴幼儿的潜力重新认识，在实施教育之初，教育者要发现婴幼儿的智能轮廓，在此基础上创设开发潜能的教育环境，开展有针对性的教育措施，因材施教。智能培育理论与多彩光谱项目集中体现了运用多元智能理论实施有效的教育干预的有效方式，所提供的具体、可操作的评估方法和培育方法无疑对早期教育实践具有很大的参考价值和借鉴作用。

第十节　戈尔曼的情绪智力理论

一、心理学家简介

情绪智力这一概念最早是在1990年由美国心理学家沙洛维和梅耶共同提出的，后来，哈佛大学心理学家丹尼尔·戈尔曼（Daniel Goleman）于1995年撰写的《情绪智力》一书明确提出人生成功与否，不仅仅取决于智商（IQ），还有情感智商（EQ），情绪智力在生活、事业中起着重要作用。正是这本书使得情商概念尽人皆知。戈尔曼是美国科学促进协会研究员，曾四度荣获美国心理协会最高荣誉奖项，20世纪80年代即获得心理学终生成就奖。他与同事的研究揭示了情绪智力在学习和个性发展上举足轻重的作用，将情感教育带入教育领域，正如戈尔曼所说："情感教育课程的内容着眼于儿童的实际生活，看似琐琐碎碎，而我们未来的教育——健康健全的下一代——正有赖于此。"戈尔曼的主要著作有《情绪智力》《社交商》《绿色情商》等。

二、主要观点及对早期教育的启示

（一）什么是情绪智力和情商

情绪智力（emotional intelligence）是指个人对自己情绪的把握和控制、对他人情绪的揣测和驾驭，以及对人生的乐观程度和面临挫折时的承受能力。衡量情绪智力的商数被称为情商EQ（emotion quotient）。情绪智力把传统的智力拓展到情绪领域，把认知和情绪相互影响、相互渗透、相互促进的关系高度地概括为一种能力。情商是对生活的幸福、事业的成功影响重大的关键因素，它能解释为什么智商很高的人生活并不如意，而智商平平者却获得极大成功。对于儿童，情感教育对大脑的发育更是至关重要，作为父母与教师应充分利用这个机会来发展孩子的情商，情商的技能是可以教给儿童的，是可以后天学会的，而学习的最佳时间始于人生早期。

拓展学习

情绪智力与情绪能力

沙洛维和梅耶认为情绪智力主要包括以下内容。

（1）自我觉知：指当某种情绪刚一出现时便能察觉，并时时刻刻监控情绪变化的一种能力。它是情商的核心。

（2）管理自我：指调控自己的情绪，使之适时、适地、适度。具体地讲是自我安慰及有效地摆脱焦虑、沮丧、愤怒、烦恼等因失败而产生的消极情绪侵袭的能力。这种能力建立在自我觉知的基础上。

（3）自我激励：指服从某个目标而调动、指挥情绪的能力。要想集中注意力、发挥创造力，这一点必不可少。能够自我激励，积极热情地投入，才能保证取得杰出的成就。

（4）移情："感人之所感"，并同时能"知人之所感"，是既能分享他人情感，对他人的处境感同身受，又能客观理解、分析他人情感的能力。这种能力是在自我觉知基础上发展起来的，是最基本的人际关系能力。具有移情能力的人能通过细微的社会信号，敏锐地感受到他人的需要与欲求，从而能做出适当的回应。不能识别他人的情绪是情感智商的重大缺陷，也是人性的悲哀。

（5）处理人际关系：大体而言，人际关系的艺术就是调控与他人的情绪反应的技能。

沙洛维和梅耶只是提出了情绪智力的概念，在他们研究的基础上，后继的研究者们展开了进一步深入的探讨，提出情绪能力这个概念及其所包含的内容，使人们的认识更加深入化。研究者们总结如下。

（1）情绪能力是一个包含多种成分的整体，它涉及多方面的心理功能，主要包括：对自己情绪状态的了解、辨别他人情绪的能力、使用其文化中常用的词汇来描述情绪的能力、对他人情绪体验产生共情的能力、认识到内部情绪状态并不一定与外部表现一致的能力、以适应性方式应对厌恶性情绪和悲伤情绪的能力，以及能够理解人际关系在很大程度上取决于情绪交流方式及关系中情绪的相互性、情绪自我效能感（即能够控制和接受自己情感体验的感觉）。

（2）以上情绪能力的各成分可以归结为一个最基本方面：情绪调节（emotional regulation）。情绪调节分为外部调节和内部调节（自我调

拓展学习

节）两种类型。情绪调节对社会适应、心理健康起着非常重要的作用。

（3）影响情绪能力的因素主要有三个：文化、气质和年龄。每个人从出生起都会身处一定的文化环境中，良好的文化环境有助于培育婴幼儿按照被社会文化所接受的方式表达情绪、行为处事。很多研究发现，有些婴幼儿先天具有情绪调节能力，而有些婴幼儿则缺乏这种能力，调节个体感受的情绪能力明显地受与生俱来的气质类型的影响。不过，情绪能力不是固定不变的，它会随着年龄而发生变化，情绪能力的各个成分是在不同的发展阶段出现和成熟的，如区分他人情绪能力在出生后不久就出现了，从7～8个月开始出现社会性参照，对情绪的理解则要在语言能力发展的基础上才能出现，到了4岁出现了具有里程碑意义的儿童心理理论。

（二）情绪智力的发端始于人生早期

戈尔曼把人生早期视为情绪能力的发端，认为人生初期是塑造人生情感倾向的重要时机，自信乐观或畏惧悲观的人生观是在其人生最初的几年中逐渐形成的；学业的成功在很大程度上取决于人生早期就已形成的情感特质；虽然情绪能力随着年龄增长不断发展，但其基本能力却是在他初到人世间的那些岁月里形成的，以后情绪智力的发展都是建立在这个基础上的。所以，戈尔曼认为人生的最初几年是奠定情绪智力基础的时期。

让婴幼儿获得关键性的早期经验非常重要。早期经验能够改变情绪反应模式、重塑大脑。关键性的早期经验包括：婴幼儿的需求能否得到成人的敏感关注和及时回应，成人对婴幼儿的反应方式，婴幼儿是否有学习处理自己情绪困扰、控制冲动的机会并得到指导、移情的演练等。反之，忽略、虐待、冷漠、粗暴管教、与婴幼儿情绪不相协调都会在其大脑上留下不良、深刻的痕迹。关键性的早期经验有助于构建婴幼儿的情绪交流模式，进而学习如何适宜适度地表达自己的情绪，在这个过程中，成人是关键，特别是父母对待孩子的方式，父母长年累月与孩子互动方式决定了孩子对这个世界的安全感、对自身的看法和对他人的信赖。

（三）在情感启蒙教育中，最重要的是移情能力

移情是最基本的情绪能力。通过移情可以体验他人的情感，感受他人的需要，想象某一行为可能对他人带来的后果，从而更有效地激发友爱行为、抑制可

能对人造成伤害的攻击性行为。移情能力是情商的基本内容之一，是婴幼儿发展高级情感的基础，是助人、分享等亲社会行为的直接原因。

戈尔曼认为，移情的产生可追溯到婴儿期，并提出从2岁开始就应该学习最基本的待人接物之道，培养社会交往技能，例如：坦然直接与他人对话；主动与人接触，而不是一味被动等待；积极交谈，而不仅仅以"是"或"否"一两个字来回答；心存感谢之心，适时适度表达；进出礼让；常常使用"请""谢谢""对不起"等礼貌用语。

（四）婴幼儿对情绪调控的学习

戈尔曼认为，情绪自我调控的学习从婴幼儿时期就开始了，并且贯穿整个童年时代，因为负责情绪调控的神经联结在人生第1年就开始发育。10～18个月是学习情绪调控的关键时期，因为这个时期，前额叶皮质与边缘系统之间的神经联结正在迅速形成，使其成为沮丧情绪的开启或关闭系统。婴幼儿学习情绪自我调节需要长期不断重复的练习，如果婴幼儿在人生初期获得无数次平息情绪的经验，就能够学会自我安抚，逐渐在控制负面情绪的神经通路中形成更强的神经联结，这样，每当婴幼儿感到不安时便能较好地调节自己的情绪。

拓展学习

情绪调节对于成人来说都非常不容易，更何况婴幼儿。婴幼儿是否具有情绪调节的能力？心理学家对这个问题进行了研究和探索，想了解答案吗？请扫描文旁二维码浏览更多内容。

戈尔曼认为，3岁前的婴幼儿主要从自己的照料者那里学会情绪自我调节的方法。婴幼儿的情绪调控能力是有限的，当情绪发作时需要成人及时的照顾，婴幼儿通过观察学习，从自己的照料者那里学会了如何平息自己的情绪。如有经验的母亲听到孩子啼哭，就会轻轻地拍拍他们，或把他抱起来有节奏地摇晃、与他们说话，直到他平静下来为止。这样做有助于使婴幼儿迅速地平静下来。这里要强调的是成人的干预要及时，让婴幼儿感受到自己是被关心的，让他感到他的周围环境是安全的，这样有助于让婴幼儿形成对外部世界的安全感、信任感，同时也有利于婴幼儿学会情绪自我调节的方法。戈尔曼认为，到了2岁的时候，孩子应该能够表达自己的情绪感受，并会采取一定的方法来控制自己的情绪，例如：

碰上不愉快的事会闭上眼睛、捂上耳朵，遇到害怕的事会钻进被窝，在母亲离开时会通过不断地自言自语来自我安慰、注视母亲出现的方向或转移自己的注意力，如找东西吃或看图画书以等待母亲的归来。

拓展学习

影响婴幼儿情绪调节的因素

婴幼儿对情绪的调节能力与其气质有重要联系。由于气质不同，有些婴幼儿的主导情绪是积极的，容易与成人配合；而另一些婴幼儿的主导情绪不稳定，难以与成人合作。成人要尊重婴幼儿正当的情绪表达方式，尊重婴幼儿的情绪体验，对于一些不良情绪表现，要及时引导，不要急躁，更不能体罚，要宽容、有耐心。要知道，大部分孩子要到10岁才能形成一套恰当的情绪控制技巧，如在权威人物面前控制愤怒和急躁。随着孩子控制情绪的技能增加，他才能更有效地适应家庭、幼儿园和其他社会生活，并准备迎接更大的挑战。

另一个影响因素是依恋类型。研究显示，对安全型依恋的婴幼儿来说，容易得到母亲的同情和帮助，面对负性情绪时，既无须回避，也无须拒绝，这样婴幼儿就学会越来越能承受挫折和失败，也能学会用适应性应对的办法来处理问题。但对于不安全型依恋的婴幼儿，遇到痛苦情境时，如果父母帮助不及时，就会导致他们产生恐惧或回避行为；婴幼儿为了维持父母的帮助，就会压抑自己对负性情绪的表达，他甚至会认为"如果我不惹麻烦，妈妈就会和我待在一起"，结果只能使他处于持续的紧张和痛苦的压抑中。

个体学会调控自身情绪的过程实际上是一个不断观察与学习、不断形成新的条件反射、不断接受强化的过程。所以，婴幼儿学习情绪自我调控的关键在于成人。成人应树立一个良好的控制情绪的典范，不要动辄暴跳如雷。成人应多与婴幼儿交谈，其目的是在交谈的过程中，让婴幼儿宣泄情绪体验，指导他形成新的认知方式，学会符合社会规范的情绪表达方式。成人还要掌握与婴幼儿沟通的技巧，比如通过绘画来了解婴幼儿的内心感受、引导他们合理地宣泄情感、对婴幼儿消极情绪进行有效干预。

教给婴幼儿适时、适地、适度表达自己的情绪和情感就是对其情绪能力的训练。培养婴幼儿情绪能力的方法不是对他们批评指责，而是多与他们讨论其情绪感受，理解他们的内心体验，帮助他们解决情绪困惑，指导他们在情绪不佳时做出适时、适地、适度的反应，做出正确的选择，而不是一味地攻击或退缩。

总之，情感学习是一个反复体验、耳濡目染、渐渐渗透、习以成性的过程，重在童年，贵在坚持。

第十一节　与早期发展相关的跨学科研究

一、背景简介

随着科学的进步，当今学科划分日益模糊，取而代之的是各学科之间、各研究领域之间的整合，出现了跨学科的交叉研究领域。在儿童发展领域出现了心理学、认知科学、神经科学、学习科学、教育学的融合，这种融合使我们跨越传统心理学的局限，能够从分子生物学角度探索发展的机制，更深入、更客观地揭示发展的规律，能够汇聚各学科优势、彼此互补、以跨学科领域研究为基础，探索研究成果向教育实践之间的转化，以求应用研究成果、改进教育实践、提高教育质量，促进儿童发展。

拓 展 学 习

如今，对早期发展的研究不仅仅限于心理学领域，而是拓展到了其他学科研究领域，出现了新兴的交叉学科和新的研究领域，多领域的联手研究使得我们对婴幼儿的发展与学习有了更多、更深入的了解。想知道都有哪些新兴研究领域吗？请扫描文旁二维码。

发达国家非常重视神经科学研究成果在教育实践领域的应用。美国第101届国会通过一个议案，命名1990年1月1日开始的十年为"脑的十年"。1995年夏，国际脑研究组织IBRO提议把21世纪称为"脑的世纪"。欧共体成立了"欧洲脑的十年委员会"及脑研究联盟。日本在1996年制定为期二十年的"脑科学时代"计划纲要，提出了"认识脑，保护脑，创造脑"的计划。中国也提出了"脑功能及其细胞和分子基础"的研究项目，并列入了国家的"攀登计划"。如今应用研究成果、改进教育实践、提高教育质量成为当今世界各国教育发展的趋势。

在几十年理论与实践结合的过程中，人们逐渐认识到在应用研究成果的同时也须避免"神经神话"（neuro myths），一些打着脑科学旗号进行"基于脑"的学习与干预方案过分夸大、曲解研究结果从而带来负面影响。专家认为，目前人们对脑科学应用的预期远远超过了研究现状，单纯的神经科学研究成果不能直接应用于教育实践，而是要将神经科学与教育研究结合起来，通过认知心理学在神经科学与教育之间发挥媒介作用，将神经科学的发现转化和运用到教育实践中，MBE和学习科学的兴起就是为了这种转化而做出的努力，力求搭建起研究成果转化与应用的桥梁。

二、研究成果及其给早期教育带来的启示

（一）发展与学习

发展与学习是两个不同的概念。发展更倾向于由内在机制所控制的过程，而学习则更多涉及由外部因素引起的持久变化。发展是学习的基础、前提条件；学习则促进发展。

以往主要是从两个层面对婴幼儿发展进行理解和描述的，一个是以行为主义为代表，依据外显行为进行推测；另一个是以皮亚杰和维果斯基为代表创立理论来对发展进行理论性描述。如今，随着科学对发展机制的深入研究，从分子生物学层面揭示脑发育的机制从而揭示发展的内在机制，进一步探索特定的早期经验如何促进婴幼儿的发展。当代发展认知神经科学告诉我们：①脑和心理的变化即为发展。婴幼儿的发展与脑发育密切相关，从发展机制上讲，婴幼儿发展体现在脑发育变化的过程中。②婴幼儿发展是一个主动的过程。主动意味着婴幼儿（主体）与环境（客体）之间的相互作用。③发展是遗传倾向与个人经验持续交互作用的过程和结果。发展是基因和环境的各个层面之间相互作用的建构过程，心理能力的发展是基因与环境间复杂的相互作用的结果，发展不是遗传与环境的简单组合，而是彼此之间复杂的相互作用，发展既是一个过程也是一个结果。

日常生活中的"学习"一词，指的是在学校读书受教育。过去，作为心理学的术语和重要研究课题，对"学习"的理解主要有以下几种观点：①行为主义把学习定义为在刺激和反应之间建立联结的过程。②认知学派认为学习是认知结构的改变。③人本主义学派认为学习是自我概念的转变。④建构主义认为学习是主动建构内部心理表征的过程。当今学习科学告诉我们，学习是指学习者因经验而引起的行为、能力和心理倾向的持久且深刻的变化，获得经验的过程就是学习的过程。发展认知神经科学研究发现，经验改变大脑，特别是早期经验起到关键性

作用；人一生中发展最快、可塑性最强的时期是在0～18岁，而且年龄越小，发展的可塑性就越大。

上述关于发展与学习的理论观点带给我们的启示是：①婴幼儿始终处于变化中，所以我们要用发展的眼光看待婴幼儿，婴幼儿所表现出的当下特定的行为绝不是一个孤立的行为，而是其整体发展进程中的一部分。影响发展的因素不单来自遗传，也不单来自环境，而是来自两者持续、交互的作用。②学习不仅包括知识、技能、能力等方面的变化（由不知到知、由不会到会），还包括情感、态度、行为模式、理解力、判断力、价值观等方面的变化。所以，我们不能仅仅关注婴幼儿学会儿歌、学会唱歌、学会跳舞、学会算术、学会画画，而忽视婴幼儿的态度、体验、情感、社会性、个性等方面的学习。再有，学习所带来的变化，有些是眼睛看得到的，有些是眼睛看不到的。看不到变化是因为没有立刻反映在行为上，它可能需要较长时间才能体现出来。例如，1岁前婴幼儿的语言学习就是一种潜在的、不知不觉、非正规的学习，婴幼儿虽然没有开口说话，但语言学习已经发生，这种学习叫作内隐学习。再比如，观察学习是婴幼儿主要的学习方式，这意味着婴幼儿的学习不仅限于教室，还有在日常生活中，对于婴幼儿来讲学习无处不在。我们应当学会看到那看不见的内在学习过程。③早期教育就是要帮助婴幼儿更好地学习，通过学习促进发展。

（二）大脑神经突触生长呈倒U形的模型理论

神经科学研究发现，早期大脑神经突触联系形成最为迅速。在人出生后的20年里，神经突触密度的变化呈倒U形，即刚出生时低，童年期达到高峰，而成年后则又降低下来。突触密度与智力水平直接关联。从出生到10岁，随着突触联系和密度迅速增加，与此相关的技能和能力也随之迅速发展，一直持续到成年后才逐渐衰退。婴幼儿的脑之所以可塑性非常强，原因就在于他们拥有比成人多得多的突触，这样就可以通过早期经验对神经通路进行重组，婴幼儿时期是突触生长高峰时期，也是学习收获最多和智力发展最充分的时期。

神经突触生长呈倒U形理论对开展早期教育提供了科学依据。婴幼儿时期正是突触生长的高峰期，在这个时期，多姿多彩的环境刺激对早期大脑发育具有显著的影响，丰富的环境刺激可促进突触和神经网络的形成，应尽早地、适当地让婴幼儿的大脑接受外界感官信息的刺激，让每次的色彩与光线、声音与旋律、感觉与体验都成为加强神经细胞之间联结的有效刺激，创造一个能激活突触连接的丰富多彩的环境，为婴幼儿创造足够的机会，使他们有兴趣并对周围事物做出积极的反应，获得对发展有益的早期经验。

这个理论给我们带来的另一个启示是：在人生早期应该为婴幼儿提供一种有激发性的、高质量的照顾，即那些来自日常生活的、自然的、能与婴幼儿建立情感纽带联系的照顾。早期教育要注意的是，最能让婴幼儿受益的不是专门的课程，而是日常生活经历，是他们每天接触的景象、声音、气味、触摸，是亲子之间的对话、互动、情感信息的交流，家里和周围环境中的各种事物恰恰是婴幼儿最佳的学习材料，正是这些刺激使婴幼儿大脑的神经网络建立成型。

这个理论还启示我们要保护婴幼儿的脑，积极维护婴幼儿脑的健康状态。充足的睡眠、积极的情感体验、身体运动、日光浴、清新的空气、艺术欣赏等都是有益于脑健康的因素。在婴幼儿时期特别要关注营养，脑的重量不到人的体重的2%，而需要消耗的能量却占到人体营养的15%～20%，脑功能的发挥与营养密切相关，所以要注重对婴幼儿的脑进行充分的营养补充。例如：多吃富含抗氧化剂的食物（水果和蔬菜），对脑有巨大的保护作用；适当进食鱼或海产品，脑最需要的脂肪酸是鱼油中的 ε-3系脂肪酸，突触和树突的生长、神经元对信息的加工都需要这类脂肪的参与，对于正处于脑发育阶段的婴幼儿来说尤其需要它。

（三）早期经验的重要性

神经科学研究发现，突触修剪和突触生成都取决于环境和经验。环境和教育不能单独起作用，脑如果不进行加工，即婴幼儿不去主动参与，就产生不了经验，教育就起不到预期的效果；也就是说，必须引发婴幼儿的经验，教育（环境）才能起作用。

什么是经验？哲学家赫胥黎曾说：发生在你身上的事不算是你的经验，你如何处理那件事，那才是你的经验。神经科学认为，经验并不仅是环境本身的功能，而且是环境与发展中的脑之间复杂的、双向的交互作用的结果。学习心理学则认为，经验不仅指外部环境刺激、个体的练习，而且包括个体与环境之间复杂的交互作用。依据前人对经验的各种解释，我们不妨从早期教育角度给早期经验下个定义：经验不是婴幼儿看到、听到、遇到的事物，而是他对周遭事物的体验和处理方式。早期教育要做的就是丰富婴幼儿的各方面体验，以及与环境互动过程中来自婴幼儿主体的操作与处理方式。早期教育要创设有利于引发婴幼儿经验的环境，为婴幼儿提供的环境要与婴幼儿脑的成熟度相匹配。

拓展学习

早期经验的作用

发展认知神经科学研究发现，并不是所有的经验都能起到促进作用，有些早期经验可以起到促进、改善的作用，而有些早期经验则会起到损害的作用。良好适宜的环境刺激能更有效地促进脑结构发育和脑功能的发展；环境刺激过度、刺激不足或在消极的情绪刺激环境中，脑的结构和功能的正常发育将受到严重阻碍。

研究发现，在12个月之前，如果给予非母语语言的言语语音的额外经验，则辨别非母语语音的能力这一能力将被保留下来；如果没有这一特定领域的经验，辨别非母语语音的能力的大门就会关闭。

对先天患有白内障的婴儿，如果在出生的头6个月内就将白内障去除并植入新的晶状体，仅仅几分钟的视觉经验就会使婴幼儿的视敏度发生巨大变化；反之，白内障未被治疗的时间越长，视觉经验越少，结果就越糟糕。

众多研究证明，爬行经验促进早期认知发展。婴儿爬行经验促进了儿童深度知觉、恐惧情绪、客体永久性、巡行、空间定向、共同注意等方面的发展。

如果年幼的儿童暴露于他们的脑还不能加工的信息面前，信息不会产生与年长儿童同样的经验。以看电视为例，长时间观看电视会导致婴幼儿的脑发育受损，原因在于年纪幼小的婴幼儿的脑无法将屏幕上的画面与喇叭中的声音组合起来，如果长期看电视会发展出不清晰的脑结构。看电视不能给予视觉系统以适宜的刺激；看电视时，视线不会移动，而视线移动正是阅读中关键的技巧；"电视画面每5~6秒变化一次，广告画面变化更快，使得脑的高级区域（额叶）没有足够的时间来加工这些图像"；"在户外看物体时，眼睛可以接收到各种不同频率的光波，而电视显像管中的磷产生的波长是非常有限的；电视还减少了儿童的脑形成表象的机会"。

（四）在最佳发展期内提供适宜的环境与教育

与脑发育过程中的关键期和敏感期对应的是婴幼儿成长过程中的最佳发展期。婴幼儿发展并不是等速的，在不同时期发展的速度不尽相同。特定的心理能力在特定的时期内更易形成与发展，如果在最佳发展期内为婴幼儿提供适宜的环境与教育，无疑会极大促进婴幼儿的发展。

早期教育要探索的是如何在婴幼儿神经系统发育最快速的时期提供适宜的环境和经验，思考适宜的教育内容、教育方式和教育时机。

1. 适宜的教育内容

适宜的早期教育内容应该是尽可能地让婴幼儿从日常生活中获得经验，教育内容应该来源于日常生活，重在婴幼儿的亲身体验，并从中学会处理新情境的方式与方法。

2. 适宜的教育方式

适宜的教育方式应该是为婴幼儿提供通过自身的主动活动进行建构性学习的机会，构建能让婴幼儿亲手操作、亲身体验、主动参与的亲子活动和游戏活动。

认知心理学研究表明，信息输入的途径不同，大脑加工的特点也不同，以视觉方式输入具有加工容量大、速度较快的特点，而以听觉方式输入具有加工程度较深的特点；此外，与单一通道的信息输入相比，多通道信息输入可以使认知加工更为高效。所以，在婴幼儿可接受的范围内，多感觉通道输入、多种类型刺激、多样化的活动有助于婴幼儿积极调动不同脑区进行加工，从而获得更好的学习效果。为此，在亲子活动或游戏活动的组织上，要将婴幼儿主动参与和亲手操作结合起来，让他们手脑并用，婴幼儿主动程度越高、亲手操作物品和认知材料的机会越多，记忆学习效果就越好。

3. 适宜的教育时机

要在适宜的时间提供适宜的教育环境，即到什么时期应该给他什么样的教育。做到这一点颇为不易，需要了解婴幼儿脑发育进程，还要具备一定的教育技巧，创设能与婴幼儿脑发育相匹配、能引发婴幼儿经验的环境。例如，研究证实婴幼儿大脑最先成熟的是感觉皮层，其次是与感觉运动相关的脑区，与这个阶段脑发育相匹配的教育策略就是对 3 岁前婴幼儿应以感官教育为主，保护他们的感官，使他们的感官得到充分发展，创设丰富的视觉环境、听觉环境、触摸环境、运动环境，让婴幼儿运用自己的感官获取经验。

学习检测

一、名词解释

同化　顺应　图式　强化　最近发展区　观察学习

二、简答题

1. 简述皮亚杰的建构主义理论和认知发展阶段论。

2. 简述维果斯基的主要理论观点。

3. 依据埃里克森对第一阶段和第二阶段的论述，你认为3岁前儿童教养应注意哪些问题？请你尝试给家长提出一些指导建议。

4. 简述格赛尔的成熟势力说。

5. 班杜拉的社会学习理论给你带来哪些启示？

6. 简述华生对婴幼儿言语、情绪、行为习惯发展的观点。

7. 简述斯金纳的操作性条件作用理论。

8. 简述蒙台梭利的儿童发展理论。

9. 简述布朗芬布伦纳的主要理论观点。

10. 简述多元智能理论的主要理论观点。

11. 在出生头三年如何开展情感教育以促进婴幼儿情商发展？

12. 跨学科研究领域的研究成果给你带来哪些启示？

分享讨论

以下是蒙台梭利的两个观察案例，请你运用本章知识点对这两个案例进行分析，在日常生活中留心观察是否也存在类似的现象，将你的分析与观察结果与同学们分享。

1. 在我们的学校里，如果任何一个东西没有被放在规定的地方，2岁大的儿童就会注意到它，并把它放回去。有一个2岁的儿童，在放学后把所有的椅子沿着墙壁放好。在这个工作过程中，他看上去是若有所思的。有一天，他倚靠着一把大椅子，无法决定该怎么办，经过思考后，他把这把椅子放在与其他椅子相隔不远的地方，实际上，那里也是这把椅子经常放置的位置。又有一次，一名大约4岁的儿童在把水从一个容器倒入另一个容器时，误把一些水洒在地板上，但他自己并没有看到。这时，一个年龄更小的儿童拿着一块抹布坐在地板上，当水洒到地板上时，他就马上擦干净，那个大约4岁的儿童并没有注意到这种情况。当他停止倒水时，那个年龄更小的儿童问："你还有吗？"那个大孩子惊讶地问："还有什么？"

2. 有一天，我与一群旅行者一起穿越那不勒斯的尼禄洞穴。看到其中一位年轻的母亲带着她1岁半的孩子。由于孩子年龄太小而不能自己步行走完地下洞穴的整个行程。没过多会儿孩子就累了。母亲只好抱起他。抱着孩子走路使她感到热了，于是，她脱下外套并把它搭在自己的手臂上，这时，孩子开始哭起来，而且哭声越来越大。他的母亲努力使他安静下来，但一点儿用处也没有。周围的人也加入想帮助这位母亲。这个小孩从她母亲的一只手臂转到另一只手臂，但他仍然在挣扎和哭泣。我们每一个人与他说话或训斥他，但这只能使情况变得更糟。"改变抱的姿势似乎是没用的。"我们中的一个人说，"让我来抱。"他十分严肃地用自己强有力的手臂抱着这个孩子，但这个小孩的挣扎实际上变得更加激烈了。我想，这个小孩的反应肯定是有原因的，于是我走上去对这位母亲说："请允许我帮你穿上外套好吗？"她惊讶地看着我，她被我的话弄糊涂了，但她听从了我的话，让我帮她穿好外套。这个小孩不仅立刻不哭了，而且还停止了挣扎。他说："妈妈，穿上外套！"他把手伸向自己的母亲，并露出了微笑。——外套就是要穿在身上的，而不能像一块布那样搭在手臂上。这位年轻母亲身上的无序现象作为一种不和谐的障碍影响了她的孩子。

🏀 实践体验

1. 在日常生活中体验操作与婴幼儿脑发育相匹配的教养方案

如何为婴幼儿提供与婴幼儿脑的成熟度相匹配的环境？美国心理学家威廉·斯达索博士的建议值得我们学习与借鉴。他认为不同的年龄阶段应该着重施行不同的激发手段，他提供了一份促进大脑发育的日程安排表。

0～1个月：轻微的激发活动。轻微的激发活动（平缓亲切的话语）能够缓解婴儿的焦躁，唤起婴儿的清醒意识。但是如果激发过度，各种手段竞相刺激，会使其大脑系统关闭。如交谈的时候，要排除类似收音机之类的干扰。

1～3个月：明暗对比，像有鲜明对比的画片或物品，有助于处于编码阶段的视觉神经网络的发育。这个阶段婴儿开始区分语言的声音特色，像语调、节奏和音高。这时对婴儿交谈，特别是声情并茂地交谈，有助于这个阶段的发展。

3～5个月：出示一些较为复杂的、放大比例的图案。这时的婴儿主要是依靠视觉来获取外部世界的信息。参照婴儿生活环境中的实际物体，出示一些难度越来越大的复杂图案。把一个放大比例的勺子的图片在其视野内晃动，比仅仅一个实物勺子更能激发婴儿的兴趣。运动的物体容易吸引婴儿的注意力。

5～7个月：演示因果关系的动作。这时婴儿对于因果之类的事物关系更为敏感，如物体的位置及功能。向他们演示并解释转动门把手就能打开门等。

7～8个月：讲述声音与活动之间的关系。大脑这时开始把声音与有关活动或有关物体联系起来。如父母可有意识地向他们讲述，卫生间流水的声音表明可能有人正在洗澡，门铃响了说明可能有客人来等。

8～12个月：教给孩子简单的动作。以往的学习使得婴儿对环境的意识提高到一个新的层次，继而增加了他们的求知兴趣。感官技能和运动技能得到更熟练的协调，这时应当指导孩子学习开水龙头、开灯之类的事情。

12～18个月：创设更为丰富的环境。脑在这一阶段开始进行深入复杂的联想，特别是当孩子直接接触物体的时候。丰富的环境有助于孩子建立这样的联想，了解事物的顺序关系，对不同的事物进行区别、推理。

请你选取一名婴幼儿，在日常生活中实施上述教养方案，观察实施效果并对其进行反思，进一步思考：如何为婴幼儿提供与其脑发育相匹配的教育环境？与同学们一起分享你的实施体会。

2. 棉花糖实验

20世纪80年代哈佛大学进行了一项针对4岁幼儿的研究，这项研究使用了孩子们最爱吃的棉花糖，于是后人称之为"棉花糖实验"（marshmallow test）。

在实验室里，研究者先发给幼儿1块棉花糖，然后告之"你可以马上就吃，也可以不吃。我有事出去一会儿，如果你能做到等我回来再吃，我将再多发给你2块糖"。研究者出去之后，通过单向玻璃观察幼儿的反应，依据幼儿的反应将他们分为能够抗拒诱惑和不能抗拒诱惑两个组，然后对他们进行追踪研究直到大学毕业。

研究结果发现，那些在糖果实验中能够抗拒诱惑、做到延迟满足的孩子，长大后表现出较强的适应力、进取、合群、勇敢和独立；而那些不能抗拒诱惑的孩子，长大后则表现出固执、孤僻、易屈服；在学业能力测试（the Scholastic Aptitude Test，SAT）中，能够抗拒诱惑组的平均得分为210分，明显高于不能抗拒诱惑组。该研究最终得出的结论是：延迟满足能力与成功有较高的相关。

棉花糖实验拉开了情绪智力研究的序幕，继沙洛维和梅耶于1990年首次提出情绪智力概念之后，众多研究者展开了深入的研究，关注并研究情绪能力对发展的影响，获得更多的研究成果。

请你仿照心理学家的做法，在日常生活中选取若干名幼儿也做一做"棉花糖实验"，体验一下实验过程，观察幼儿的反应，尝试运用情绪智力理论进行分析，并与同学们一起分享你的实验心得。

第三章　婴幼儿认知发展

导言

　　婴幼儿眼中的世界是什么样子的？他们是如何看待这个世界的？他们认识这个世界的途径和方式是什么？这些问题涉及认知发展领域的研究主题。心理学家关注婴幼儿感知、注意、记忆、思维和学习等认知过程的发展，近几十年获得了丰富的研究成果，发现过去低估了婴幼儿的认知能力，婴幼儿是天生的学习者，出生后短短的 3 年时间里，能够获得惊人的认知成就。

学习目标

通过本章的学习，你将能够：

1. 掌握认知发展的概念。
2. 理解并掌握婴幼儿感知觉的发生与发展特点及其表现。
3. 理解并掌握婴幼儿注意、记忆的发生与发展特点及其表现。
4. 理解并掌握婴幼儿思维的发生与发展特点及其表现。
5. 掌握婴幼儿想象萌芽的时间及表现。
6. 了解婴幼儿的学习方式。

内容导览

认知发展概述
- 认知和认知发展的界定
- 感知觉
- 注意
- 记忆
- 思维
- 想象

感知觉的发生与发展
- 感知觉对婴幼儿发展的意义
- 视觉的发生与发展
- 听觉的发生与发展
- 触觉的发生与发展
- 婴幼儿的味觉和嗅觉
- 面孔知觉的发生与发展
- 深度知觉的发生与发展
- 形状知觉的发生与发展

注意的发生与发展
- 注意对婴幼儿发展的意义
- 注意的发生
- 1岁前婴儿注意的发展特点
- 1～3岁幼儿注意的发展特点

婴幼儿认知发展

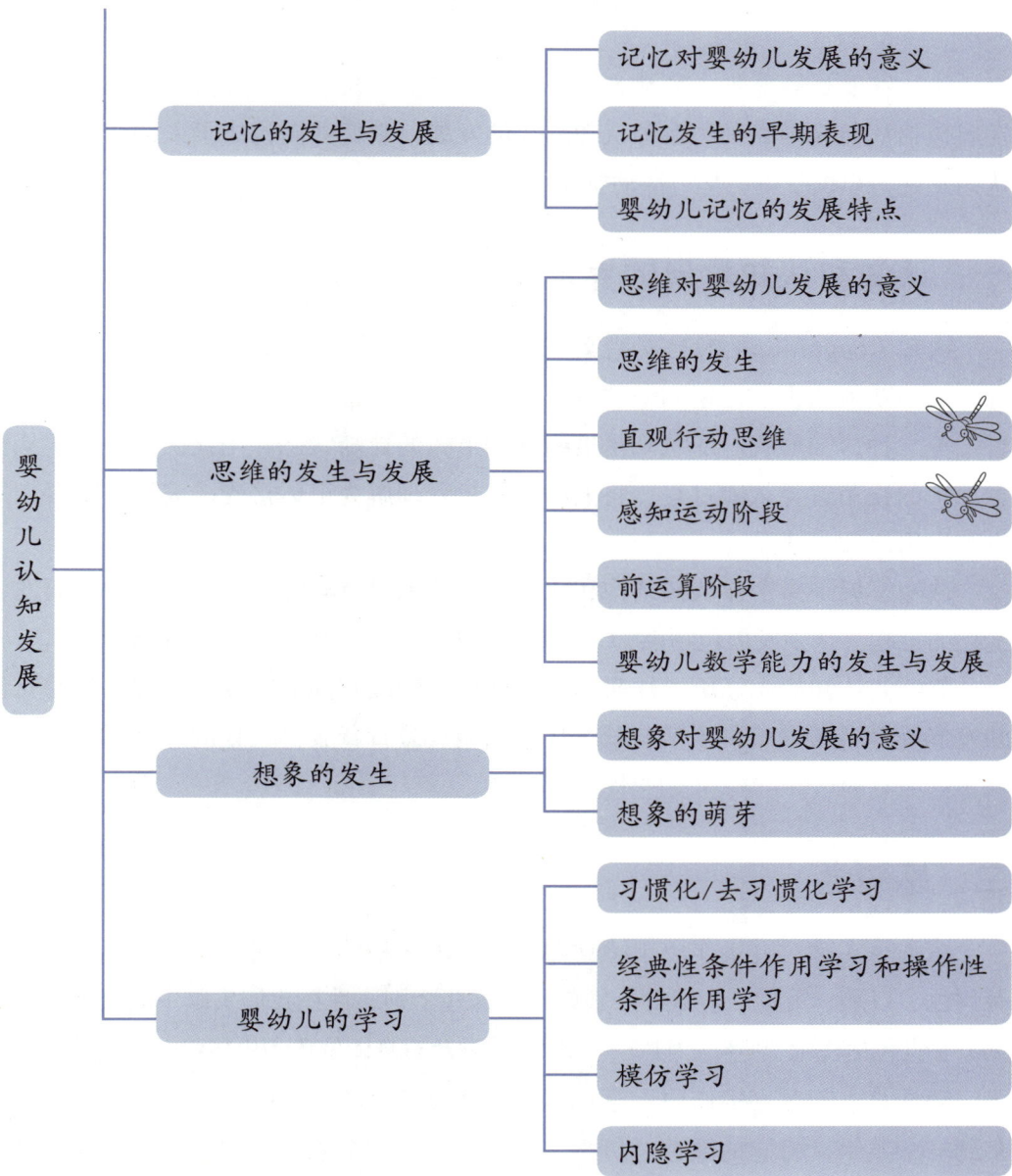

记忆的发生与发展
- 记忆对婴幼儿发展的意义
- 记忆发生的早期表现
- 婴幼儿记忆的发展特点

思维的发生与发展
- 思维对婴幼儿发展的意义
- 思维的发生
- 直观行动思维
- 感知运动阶段
- 前运算阶段
- 婴幼儿数学能力的发生与发展

想象的发生
- 想象对婴幼儿发展的意义
- 想象的萌芽

婴幼儿的学习
- 习惯化/去习惯化学习
- 经典性条件作用学习和操作性条件作用学习
- 模仿学习
- 内隐学习

婴幼儿认知发展

第一节 认知发展概述

认知发展是最重要、最基本的心理发展领域，是其他心理发展的基础。认知发展包括从初级到高级的多种认知形式的发展，它们共同构成了人的认知世界。认知发展与知识获得、学习活动密切相关。

一、认知和认知发展的界定

认知（cognition）源自希腊文，原意是"知识"或"识别"。它既指知识本身，又指获得知识、运用知识的过程。认知过程包括感觉、知觉、记忆、想象、思维等几种认知形式。注意则是这些认知形式的伴随状态。当代认知心理学从信息加工的视角解释认知过程，将人的认知过程理解为个体接受、编码、贮存、提取和运用信息的过程。

认知发展是指个体认知结构和认知能力的形成及其随年龄和经验增长而发生变化的过程。认知发展包括感知、注意、记忆、思维和想象等方面的发展。

婴幼儿认知能力经历了从简单到复杂、从低级到高级的发展过程。婴幼儿认知发展受到遗传素质、生活经验、环境刺激及教育背景等因素的综合影响，并依赖于其原有的认知结构和发展水平。

二、感知觉

感觉是人脑对直接作用于感觉器官的客观事物的个别属性的反映。如苹果具有颜色、口感、重量、形状等个别属性，这些个别属性在我们头脑中的反映就是感觉。感觉包括视觉、听觉、触觉、味觉、嗅觉及对身体位置和机体状态变化的感觉。

知觉是人脑对直接作用于感觉器官的客观事物的整体的反映。例如，当我们拿到一个苹果，将它的颜色、口感、重量、形状等个别属性在头脑中综合起来，并将之称为"苹果"时，就是知觉。信息在大脑里被解释的过程就是知觉。知觉是一个学习的过程。

根据知觉过程中起主导作用的感觉器官，可以将知觉分为：视知觉、听知觉、触知觉、嗅知觉、味知觉等。根据被反映事物的特性，可以把知觉分为：空间知觉、时间知觉、运动知觉及错觉。其中，空间知觉又包括形状知觉、大小知觉、深度知觉、方位知觉等。

拓展学习

感觉的种类

表3-1 感觉的种类

感觉种类		适宜刺激	感觉器官	感受器	心理上的反映
外部感觉	视觉	光波	眼	视网膜的视锥细胞和视杆细胞	颜色、黑白、明暗
	听觉	声波	耳	基底膜上的毛细胞	声音
	味觉	可溶解物质	舌	舌头上的味蕾	甜、酸、咸、苦
	嗅觉	可挥发物质	鼻	鼻腔黏膜的毛细胞	气味
	肤觉	机械性、温度性刺激物	皮肤	皮肤神经末梢	触、痛、温、冷
内部感觉	前庭觉	机械和重力	内耳	半规管的毛细胞和前庭	身体运动状态、重力牵引、身体平衡
	运动觉	身体运动	肌肉、肌腱和关节	肌肉、肌腱和关节的神经纤维	身体各部分的运动和位置
	机体觉	内脏器官活动变化时的物理化学刺激	内脏器官	内脏器官壁上的神经末梢	身体疲劳、饥渴和内脏器官活动

感觉和知觉既有区别又有联系。它们的共同点都是对直接作用于人脑的客观事物的反映，"直接作用"意味着"在眼前"，即通过感官能直接感知到的事物。其区别在于：感觉是对事物个别属性的反映，而知觉是对事物的整体的反映；感觉是收集信息的过程，知觉则是对由感觉收集的信息在头脑中进行解释的过程，所以，感觉是知觉的基础，没有感觉也就没有知觉。不过，事物的个别属性不能离开事物的整体而存在，在现实生活中，纯粹的感觉很少，当我们感觉某一事物的个别属性时，马上就知觉该事物的整体，感觉和知觉总是结合在一起的，因此，我们常把感觉和知觉统称为"感知觉"。

三、注意

注意是心理活动对一定对象的指向和集中。

指向性和集中性是注意的两个基本特性。①注意的指向性是指人在每一瞬间，心理活动选择了某个对象，而同时忽略其他对象。②注意的集中性是指当心理活动指向某个对象的时候，它们会在这个对象上集中起来，并且保持一段时间。"全神贯注"这个词就是对注意这两个特性的描述。

注意本身不是一种独立的心理过程，而是伴随各种心理过程的一种心理状态，是心理过程的共同特性。离开了心理过程，注意便不能独立存在；离开了注意，心理过程也无法进行。

表3-2　注意的种类

特点		无意注意	有意注意
特点	目　　的	没有自觉的目的	有自觉的目的
	意志努力	不需要做意志努力	需要做意志努力
引起或保持的条件	客观条件	刺激物的强度、新异性、运动变化、对比关系	——
	主观条件	人对事物的需要、兴趣、态度、情绪状态、知识经验等	明确活动的目的和任务、培养间接兴趣，用意志力和干扰做斗争，合理组织活动
特　性		初级、与生俱来、不学就会 被动的、不自觉的	高级、后天获得、主动的、自觉的、人所特有的
局限性		难以长时间维持	时间长会感觉枯燥、乏味、易疲劳
有效活动		两种注意共同参与、交替进行，将智力活动和实际操作结合起来	

四、记忆

记忆是过去经验在人脑中的反映。人们感知过的事情、思考过的问题、体验过的情感或从事的活动，都会在人们头脑中留下印象，其中有一部分作为经验能保留相当长的时间，在一定条件下还能恢复，这就是记忆。从信息加工的观点来看，记忆是对信息的输入、编码、贮存和提取的过程。

记忆有许多种类。按记忆内容分为：形象记忆、情绪记忆、动作记忆、语词逻辑记忆。按记忆保持时间分为：瞬时记忆、短时记忆、长时记忆。

记忆过程可以分为识记、保持、再认和回忆三个基本环节。

识记是一个反复感知的过程。它是记忆的第一个基本环节。用信息加工的观点看，识记就是信息输入和编码的过程。识记可以划分为不同的种类。①按照识记时有无明确目的分为：无意识记和有意识记。无意识记是指事前没有预定目的、自然而然发生的识记；有意识记是指具有明确的识记目的、采取相应的识记方法并付出一定意志努力的识记。②按照识记者对记忆材料的理解程度划分为：机械识记和意义识记。机械识记是指对于识记者来说，记忆材料彼此之间没有内在联系而采取简单重复的方式进行的识记；意义识记是指识记者依据材料彼此之间的内在联系所进行的识记。

保持是指通过识记对头脑中建立的印象进行巩固并将之保存下来。保持的对立面是遗忘。遗忘是指对识记过的材料不能再认或回忆，或者错误地再认和回忆。德国心理学家赫尔曼·艾宾浩斯（1885）研究发现，遗忘的进程是不均衡的，识记后，遗忘很快就开始，而且遗忘较多，以后随着时间的进展，遗忘速度逐渐慢下来，到了一定时间几乎不再遗忘，即遗忘的规律是先快后慢。

再认是指过去经历过的事物再度出现时能够确认出来；回忆是指过去经历过的事物不在眼前时能够把它重新回想起来。再认与回忆是识记和保持的结果和证明。

认知神经科学研究表明，大脑皮层的额叶、颞叶及海马与记忆的关系最为密切。

五、思维

思维是人脑对客观事物间接、概括的反映，是以词为中介，通过概念、判断和推理的形式反映事物的本质属性和内在规律。发展心理学中所使用的思维概念要比上述界定宽泛，包含思维的萌芽及向逻辑思维发展过程中的过渡形态。

思维具有两个特性：①概括性。概括就是在大量感性材料的基础上，把一类事物共同属性或规律提取出来。有了概括人才能揭示事物的本质和内在规律性联系，才能对未来进行预测。②间接性。间接是指借助一定的媒介和一定的知识经验对事物进行间接的反映。思维的间接性使人能超越感知觉的局限，认识到那些看不到、无法直接经验的事物，从而扩大了认识的范围和深度。

思维是一个从无到有、从萌芽到成熟的发展过程，其间经历了一系列演变。演变的历程主要表现在以下三个方面：①从思维工具的变化来看，从借助于感知和动作，到借助于表象，再发展到借助于概念。②从思维方式的变化来看，从直观行动思维，到具体形象思维，再发展到抽象逻辑思维。③从思维反映的内容来看，从反映事物的外部联系、现象，发展到反映事物的本质和内在联系；从反映当前事物，发展到反映未来事物。

思维与解决问题关系密切：思维产生于问题，表现在解决问题的过程中，思维的主要作用在于解决问题。心理学上讲的解决问题，是指人们在活动中面临新情境与新课题，又没有现成的有效对策时，所引起的一种积极寻求问题答案的心理活动过程。

思维的存在总要表现在一定的形式中，思维的基本形式有三种：概念、判断、推理。从思维活动本身来看，人的思维有概念形成、理解和问题解决等重要形式。在进行这些思维活动时，都需要运用概念、判断和推理这三种基本形式。

六、想象

想象是在头脑中对已有的记忆表象进行加工改造、创造新形象的心理过程。

首先，想象是以感知过的事物的形象为基础，即想象的基本材料是记忆表象。记忆表象与想象表象不同：记忆表象基本上是过去感知过的事物形象的重现；而想象表象是创造出来的新形象。其次，想象的结果是新形象，这个新形象可以是以前从未感知过但现实生活中存在的、世间目前还不存在但将来可能会存在或根本不可能存在的事物。最后，想象的过程就是对记忆表象加工改造的过程。如鲁迅在谈人物塑造时说："没有专门用过一个人，往往是嘴在浙江，脸在北京，衣服在山西，是一个拼凑起来的角色。"这个拼凑就是加工改造。新形象的构成方式主要有黏合、夸张、强调、拟人化、典型化等。

想象产生需要两个最基本的条件：①头脑中要有相当数量的记忆表象；②具备一定的内部智力操作能力，即对记忆表象进行加工改造的能力。

根据目的性，想象分为无意想象和有意想象：①无意想象。无意想象也称不随意想象，它是没有预定目的，在一定的刺激影响下，不由自主地引起的想象。②有意想象。有意想象也称随意想象，它是有预定目的、自觉进行的想象。

根据新形象的创新程度，想象分为再造想象和创造想象：①再造想象。再造想象是根据词语的描述或非语言（图样、图解、符号等）的描绘，在头脑中产生有关事物新形象的过程。②创造想象。创造想象是不依据现成描述而独立地创造出新形象的过程。与再造想象相比，创造想象具有新颖、独创、奇特等特点。创造想象在人的创造活动中是非常重要，它是一切创造性活动的必要组成部分。

第二节　感知觉的发生与发展

一、感知觉对婴幼儿发展的意义

（一）感知觉是人生最早出现的认识过程，是婴幼儿认知发展的基础

感知觉是婴幼儿认识世界的开端，婴幼儿对事物的认识是从感知觉开始的。感知觉是认知过程的第一个环节，也是最基本的环节，没有感知觉，记忆、思维、想象等高级的认知活动就无从谈起。婴幼儿的感知能力发展得越充分，贮存在记忆中的知识经验就越丰富，思维和想象发展水平提升的可能性也就越大。在所有的心理现象中，出现最早、发展最快、最先达到比较完善水平的是感知觉，它在婴幼儿认知活动中一直占主导地位。

（二）感知觉是婴幼儿认识世界的基本手段

当代研究发现，婴幼儿从出生起就拥有有意义的知觉能力，感知觉架起了心理与外部世界的桥梁，婴幼儿知觉的过程就是学习的过程。婴幼儿从出生伊始就对各种不同感官刺激十分敏感，在掌握语言之前，特别是在人生最初的两年，婴幼儿主要通过感官来认识世界。3岁前的主要发展任务之一就是逐渐形成各种感官的协调活动以此来认识周围事物。即便婴幼儿发展出了初步的思维能力，但他们的思维活动仍需紧紧依靠感知的形象，思维常受感知所左右是婴幼儿思维发展的特点。0～3岁婴幼儿认识世界最基本、最重要的手段就是感知。

（三）早期感知经验对婴幼儿成长至关重要

婴幼儿心理的发展是先天预置的生物结构及功能与后天环境及教养之间相互影响、相互作用、相互结合的产物。遗传是发展的基础，环境和教养是发展的关键。环境刺激贫乏及被剥夺会对婴幼儿发展带来严重的影响，感觉剥夺实验及单调环境中长大的孩子的诸多案例都说明早期感知经验对婴幼儿正常的心理成长和发展至关重要。所以，应当关注并避免对婴幼儿任何感觉刺激的剥夺、对婴幼儿运动的限制及教养条件的缺乏。

二、视觉的发生与发展

（一）视觉敏锐度的发展

视觉敏锐度（简称视敏度，俗称视力）是指眼睛精确辨别细小物体或远距离物体的能力。

婴儿刚出生时就具备视觉能力，但并不成熟。婴儿出生时的视敏度为20/400（准确地说是在20/200~20/600）。20/400这个数字的含义是：正常成人在距离客体400米远处所能看到的视觉特征，新生儿则需在20米处方可看到。通俗点儿说，新生儿有点近视眼，看远处的物体是模糊的，但这并非是因为视力发育不正常，而是因为新生儿视网膜尚未发育成熟。所以，对于刚出生的婴儿来说，视觉刺激的适宜位置应该位于距离其眼睛20厘米左右的位置。不过，婴儿的视敏度在0~6个月发展非常迅速，Courage & Adams（1987）研究发现，6个月左右婴儿的视敏度可达到成人的20/100，2岁接近成人的正常水平20/20。

0~6个月是视敏度迅速发展的关键期，在这个时期，视觉经验非常重要。任何一种感知觉的发展都需要与之相应的、大量的适宜刺激，听觉、触觉、嗅觉等在出生之前就可以获得一定的刺激，但是子宫内缺乏视觉刺激，视觉刺激则需要在个体出生之后才能获得。研究表明，光刺激对视觉系统的发展非常重要，动物实验证明视觉经验剥夺会导致"睁眼瞎"。所以，在视觉发展关键期内一定要丰富婴幼儿的视觉经验。

拓 展 学 习
─────────────────────────────────

戴维·休伯的视觉发展关键期研究

英国神经学家戴维·休伯（David Hubel）和托斯滕·威塞尔（Torsten Wiesel）通过动物实验，在20世纪60年代提出视觉机能发展关键期的概念。

他们以猫和猴子做实验对象，发现这两种动物在出生后最初几个月里，就开始把眼睛看到的外界信号传递到视觉皮层区，进一步处理这些信号。这几个月是这部分突触发育的关键时期。在此期间，如果将刚出生的小猫或小猴子用外科手术缝上眼皮，数月后打开，发现这些小动物无法处理视觉信号，尽管它们的眼睛生理机能是正常的，这就是俗称的"睁眼瞎"，而且被缝合的这只眼睛到视觉皮层之间的突触数量会减少，而另一只没有被缝合的眼睛，由于一直在使用，一直在接收视觉刺激，大脑相应

拓展学习

部位的突触增加了很多。与此同时，研究者还发现，这些早期被剥夺视觉经验的小动物在视皮层的结构也有异于正常的同类。由此，戴维·休伯等人提出了视觉机能发展关键期的概念。

由于这个研究成果具有极其重要的价值，戴维·休伯等人为此获得了诺贝尔生理学或医学奖。

视觉敏锐度是测查新生儿视觉发展的重要指标。测查婴儿视敏度方法是：将两个圆同时呈现在婴儿面前，其中一个是灰色的圆，另一个是黑白条纹的圆，假如婴儿视敏度良好的话，他就会长时间盯着那个有条纹的圆。此外，早期的视觉检查也十分重要，因为能够发现诸如视网膜畸形、先天白内障、弱视等所有影响视敏度发展的问题，如能及早发现及早治疗能最大限度地避免这些因素导致不良影响。

图3-1　测查婴儿视觉敏锐度的方法

（二）颜色视觉的发展

颜色视觉是指辨别颜色细微差异的能力。

辨别颜色依靠的是视锥细胞，人体内有三种视锥细胞：S视锥细胞对波长较短的冷色敏感（如蓝、紫），M视锥细胞对中波长敏感，L视锥细胞对波长较长的暖色敏感（如红、橙、黄）。刚出生的婴儿是不能辨别颜色的，世界被他们知觉为黑、白、灰。从第8周开始，M和L视锥细胞率先开始发挥作用，而S视锥细胞则在3~4个月之后才开始发挥功能。一般来说，婴儿从3个月开始能辨别彩色和非彩色，眼中的世界开始有了色彩。

　　婴幼儿对色彩有偏爱，喜欢饱和度高的颜色（如鲜艳的红色、品蓝），胜过于不饱和的颜色（如浅红、淡蓝）。红色特别能引起婴幼儿的兴奋，对波长较长的橙色、黄色也比较偏爱，但对波长较短的冷色不是十分喜欢。

　　配对、指认、命名是婴幼儿辨认颜色的三种方式（或水平），同时也是测查婴幼儿辨色能力的方法。①配对，即能够按照某种颜色的实物样本，找出与之相同的颜色。例如，让婴幼儿从众多彩色卡片中找出与成人手中颜色一样的卡片。②指认，即能够按照成人说出的颜色名称，找出与名称相一致的颜色。例如，成人说出颜色名称，让婴幼儿找出与该颜色名称一样的卡片。③命名，即能够正确说出颜色的名称。例如，成人拿出一张卡片，让婴幼儿说出颜色名称。研究发现，婴幼儿最先掌握的是配对，因为配对有可供参照的物品，最具体、最形象，可以直接加以对照进行辨别。其次是指认，婴幼儿只通过成人的语言提示或指导找出相应的颜色，没有实物做参照，所以比配对要难一些，需要婴幼儿正确理解颜色名称所指代的是什么颜色。最难掌握的是命名，因为既没有实物做参照，也没有成人语言提示，婴幼儿看到某种颜色能正确说出这个颜色的名称，如果婴幼儿能说出颜色的具体名称，则意味着婴幼儿已经摆脱具体形象的束缚，能够非常容易地识别各种颜色了。这意味着他真正理解和辨认这种颜色了。

　　婴幼儿辨认颜色的正确率和颜色种类，因年龄增长、颜色种类、辨认方式、家长教育等影响因素而存在差异。在对婴幼儿颜色视觉发展状况进行观察和分析时，要注意婴幼儿辨别颜色时发生错误或不能辨认并不代表着婴幼儿一定不具备辨别颜色的能力。影响婴幼儿辨认颜色的因素有很多。可能是注意力不集中，也可能是不愿意进行仔细辨认。对于一些颜色（如古铜色、血红色等）婴幼儿不能辨认可能是因为没有相关的知识经验储备。

三、听觉的发生与发展

（一）听觉的发生

　　研究发现，个体出生之前就已经具有听觉的功能。母亲在怀孕期间，胎儿的听觉系统已经开始发育并发挥作用了，孕期4～6个月，内耳开始能够执行其功能了，胎儿能够听到母体外面的声音且对其有所反应，甚至还能分辨声音。胎内的听觉经验会对出生后的听觉发展产生影响，这种影响表现在：孩子出生时偏好母亲的声音；对在胎儿期听过的故事和音乐表现出现偏好。胎儿在子宫里对声音和语言的早期感知是建立母婴之间联系的基础，这对婴儿早期生存和发展非常关键。胎儿能听到声音对于我们了解早期经验对神经系统发育的影响具有重要启示。

出生第 1 天的新生儿已经有了听觉反应。有研究发现，83.31%新生儿对"嘟嘟"声和尖锐刺激的声音能引起反应，并以眨眼、动嘴、转头和哭闹等反应方式显示出能够区分音调高低、音响大小和声音持续时间的区别；2～3个月的婴儿听到声音时会表现出"倾听"；3～4个月会转头寻找声源；8～9个月能辨别声音，能对不同的声音做出不同的反应，如听到和蔼的声音便微笑，听到严厉的声音会惊哭。

（二）语音听觉

婴幼儿的语音感知对于语言发展具有重要意义，语音听觉是语言发展的开端。

新生儿具有普遍的语音敏感性。在 1 岁之内，婴儿能够分辨所有语言的语音，但如果在0～12个月没有接触不同语言语音的经验，对非母语语音分辨力就会下降。所以，对特定语言的听觉经验对婴幼儿语音敏感性有重要的影响作用。

婴儿对人类的语音特别敏感，可以辨别出不同语音之间的细小差别。2 个月的婴儿可以辨别不同人的说话声及同一个人的不同言语表情。如同样一句话，用生硬的、愤怒的语音语调说出来，与用愉快的、柔和的语音语调说出来，婴儿的反应会有所不同。

婴儿对母亲的声音尤为偏好，对母亲说话的声音尤为敏感。研究发现，婴儿很早就能辨别母亲和其他人不同的声音。当母亲从一个婴儿看不见的地方呼唤其名字时，10～12天的婴儿会转向母亲，而其他女性呼唤他时则毫无反应。母亲对婴儿说话的方式与成人之间的对话方式有很大不同，母亲对孩子说话的特点一般具有高频率、语调夸张、似歌唱节律、缩短的音节和重复性用词等方面的特点，这种说话方式被称之为"妈妈语"。研究发现，4 个月婴儿明显地显示出对"妈妈语"的偏好，表现为注意倾听，并显得格外愉快，而对成人之间的对话无此反应。由于早期听觉加工尚未成熟，婴儿不能很好地将语音从周围嘈杂的声音中分离出来，而"妈妈语"这种夸张的讲话方式能够将语音从背景中凸显出来，从而有助于婴儿语音听觉的发展。婴儿对母亲声音的偏好对其言语发展有着不可低估的价值，它有助于激发母婴之间的语言交流，为其语言发展做好前期准备。这一点在第四章中还会论述。

由于听觉对言语发展至关重要，所以应当定期给婴幼儿做听力检查，尽早鉴别听力损伤，及早发现及早治疗，否则会导致言语发展迟滞。

拓展学习

婴幼儿听觉能力的测查

统计数字显示，每1000人中就有2~3名幼儿有听力障碍。听觉发展不成熟会影响婴幼儿从声音中提取信息，但在人生初期，听觉上的问题很难被发现，所以，对婴幼儿的听觉能力进行早期筛查非常重要。及早发现婴幼儿的听力障碍，及时采取干预措施，方可最大限度减少听力受损对婴幼儿身心发展的影响。

除了通过医疗手段筛查听力障碍患儿，家长还可以通过一些简易方式进行测听，观察婴幼儿的听力行为，与正常婴幼儿做对比，从而判断婴幼儿的听力是否正常。例如，对3个月以内的婴儿可以用响铃玩具进行测查，在他的耳侧轻轻地摇动响铃玩具，如果婴儿出现眨眼反射、惊跳反射、吮吸反射或者出现将头转向声源方向，可视为听力正常。对稍大的婴幼儿可以用打击乐器进行测查，在距离耳边10厘米处轻轻敲打，手鼓250~500赫兹，105分贝；木鱼800~1000赫兹，95分贝；响板3500赫兹，90分贝；铜锣4000赫兹，100分贝。如果婴幼儿能将头转向声源，说明听力正常。8个月到1岁的婴儿，应该能对耳语声和两步距离以外的碗勺撞击声有所反应。

听觉器官的正常发育对言语发展影响很大，甚至是言语发展的决定因素。如果能及早鉴别出听觉障碍，并在婴儿6个月大前实施干预，那么语言技能的发展将得到基本保障，甚至能达到正常婴幼儿的水平。

（三）视听协调能力的发展

婴幼儿的日常生活和各种活动不是依靠单一感官就能进行的，而是需要多种感官协作方可进行，心理学把这种将不同感觉系统中接收到的信息整合为单一且连贯的经验称为"多感官信息整合能力"。

婴幼儿的多感官信息整合能力主要表现在视听协调能力的发展上。

出生后不久的婴幼儿就能表现出视听协调活动，如婴幼儿在听到声音时会将头转向声源，这意味着婴幼儿调整头部位置使双眼平行地对着声源。当声音刺激和视觉刺激出现在不同方位时，婴幼儿则倾向于注视声音刺激来源的方向；而且只要声音和图像刺激来源方向一致，婴幼儿注视的时间会更长。

图3-2　婴幼儿具有整合图像和声音的能力

看电视是一个视听协调的活动，需要将从视觉器官、听觉器官获得的信息在头脑中进行整合。史培基（1976）研究发现，4个月大的婴儿具有整合图像和声音的能力，开始能够对图像和声音进行有意义的联结。研究者让一名4个月大的婴儿同时观看两部影片，两个屏幕并排放置在婴儿面前。一个屏幕中放映的是，一个女性正在玩藏猫猫游戏，她先用手遮住自己的脸，再把手拿开，同时说："宝宝，藏猫猫！"如此不断重复。另一个屏幕放映的是，有一个手用鼓槌有节奏地击鼓。画外音有时与画面相匹配，有时不匹配。研究发现，测试的24名婴儿中，有23名始终都能知道哪个声音是与哪个图像相匹配，行为表现是都能更长时间地注视与声音相匹配的影片。这个实验说明，婴儿在人生头半年中就能对图像和声音进行有意义的联结。

四、触觉的发生与发展

（一）触觉对婴幼儿发展的意义

触觉在婴幼儿发展中具有非常重要的意义：①触觉是最早发育的感觉，也是出生后最初几个月里最为成熟的感觉。新生儿身体各个部位对触摸很敏感，如当触碰新生儿嘴部附近的脸颊时，他们会试图寻找乳头，新生儿也喜欢成人的抚摸，这些都体现了触觉对新生儿的适应生存功能。②触觉有助于刺激早期身体的生长发育，特别是对于早产儿来说，触摸是一种很重要的刺激。③触觉是婴幼儿探索世界的主要方式，特别是2岁前的婴幼儿。④触觉是父母与孩子之间相互影响的基本途径，婴幼儿通过安慰性接触建立依恋关系，对社会性发展具有重要意义。

拓展学习

　　临床医学及心理学研究都发现，抚触对婴幼儿的身体发育和亲子关系建立有很多积极影响。想要了解更多关于抚触的研究结果及抚触对婴幼儿发展的意义请扫描文旁二维码。

（二）婴幼儿触觉的发展

　　婴儿一出生时就有了触觉反应，其先天的无条件反射，如吸吮反射、抓握反射、巴宾斯基反射都是触觉反应的表现。新生儿触觉最敏感的部位是嘴唇、手掌、脚掌、前额、眼睑和手。婴儿触觉的发展主要表现为触觉探索活动的形成，以及在活动过程中与其他感觉的结合上。

1. 口腔触觉探索

　　本能的吸吮反射虽然是一种口腔活动，但还称不上口腔探索，因为它的功能在于进食而不在于辨别刺激物的特征。研究发现，1～4个月婴儿的口腔触觉活动有两种情况，一种是有规律、节奏明显的吸吮活动，另一种则是无明显节奏或规律性，但它却发挥着探索功能。2～3个月的婴儿已经能用口腔探索活动辨认不同的物体。

图3-3　口腔触觉探索

　　个体1岁以前，尤其是手的探索活动形成之前，口腔触觉一直发挥着重要的探索功能。即使在手的探索活动出现后，口腔仍是他认识物体的重要手段。可以说，在1岁半至2岁（甚至有时到3岁），幼儿仍然以口腔触觉探索作为手的触觉探索的补充。我们经常看到幼儿无论拿到什么东西都往嘴里放，这是因为他是在用嘴"认识"物体。

2. 手的触觉探索

婴幼儿期是手的探索活动形成的时期，其形成和发展过程大致经历以下三个阶段。

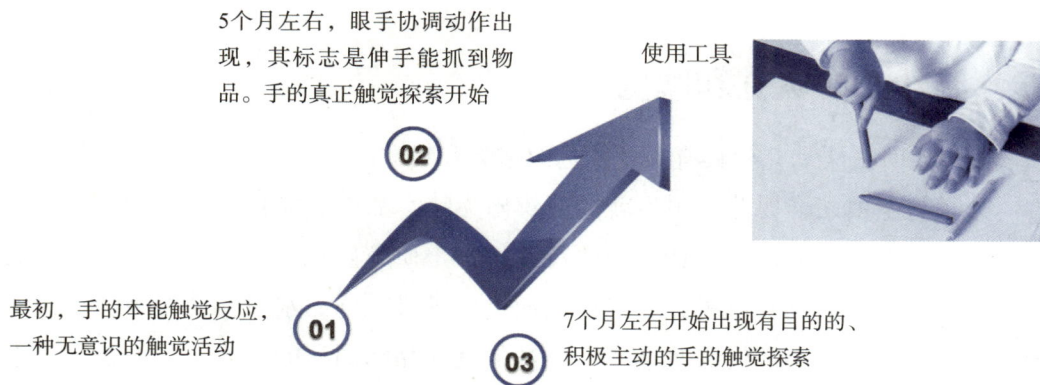

5个月左右，眼手协调动作出现，其标志是伸手能抓到物品。手的真正触觉探索开始

02

使用工具

最初，手的本能触觉反应，一种无意识的触觉活动

01

03

7个月左右开始出现有目的的、积极主动的手的触觉探索

图3-4 手的触觉探索的发展过程

（1）手的本能触觉反应阶段。出生后的新生儿有本能的触觉反应，如抓握反射。手的无意性抚摸是继抓握反射之后出现的手的动作，如婴儿手无意地碰到被子的边缘时，他会沿着边缘抚摸被子。这是一种无目的触觉活动，也是一种早期的触觉探索。

（2）眼手协调阶段。眼手协调是指视觉和手的触觉协调一致的活动。婴儿5个月左右，出现眼手协调动作。眼手协调是出生后头半年婴儿认知发展的重要里程碑，也是手的真正触觉探索的开始。眼手协调出现的主要标志是伸手能够抓住东西。这种动作的产生表明婴幼儿知觉的发展。

（3）积极的、有目的的探索阶段。7个月左右开始出现积极主动地触觉探索。当婴儿学会手眼协调之后，他逐渐会用手去摆弄物体，把东西握在手里，或把它转来转去。再大些的婴幼儿能够用双手去摆弄物体。这时婴幼儿可以从多个角度认识物体，视触觉协调真正起到探索的作用。

3. 触觉与其他感觉的协调活动

5～6个月的婴儿，不仅出现视觉和触觉的协调活动，还出现听觉和触觉的协调。有实验研究发现，让婴幼儿坐在黑暗的房间里，他能够做到：在看不见玩具而只凭听见玩具发出的响声时能够伸手去抓玩具。研究表明，5～6个月的婴儿，其听觉对手的指导甚至比视觉还准确。

　　需要强调的是触觉，尤其是手的触觉，对婴幼儿有极其重要的认知价值。年龄越小，触觉的作用就越大，婴幼儿之所以看见什么东西都想去摸一摸，有时越不想让他动的东西他越想动，主要就在于他有这样一种认识的需要和特殊的认知方式。因此，应该解放婴幼儿的双手，在保证安全的前提下，允许他用自己的方式去认识世界，成人不要过度地限制。

五、婴幼儿的味觉和嗅觉

　　刚出生时，婴幼儿就具有高度发达的味觉和嗅觉能力。

　　味觉与生俱来，婴儿一出生就能分辨出无味、甜味、酸味、苦味和咸味，对多种味道有着不同的面部表情。普西特（1979）研究发现，新生儿对不同味道的食物会表现出不同的吸吮模式，当他们通过奶嘴吸吮到甜水时，会对吸吮动作做出明显调整，他们会放慢吸吮速度，就好像是在品味甜甜的味道。我们在生活中也能观察到，出生不久的婴儿喝到甜水会做出愉快的表情，吃到醋的味道会挤鼻、努嘴，吃到苦味的食物会做出张嘴、伸舌的痛苦表情。婴儿不仅能分辨味道，还表现出对味道的偏爱，新生儿喜欢甜味，不喜欢酸味、苦味和咸味。婴幼儿味觉偏好的发展会一直持续到童年早期。有研究发现，婴幼儿时期食用不同配方的奶粉，到了4～5岁时会表现出不同的饮食偏好。通过母乳喂养、接触健康食物的婴幼儿在断乳后更能接受健康食物。

　　嗅觉是一种较为原始的感觉，嗅觉与人的情绪密切相关。婴儿一出生就会表现出对不同气味做出不同的反应。索斯维南等人（1997）研究发现，当浸有不同气味的棉球凑近出生不到48小时的新生儿的鼻孔时，他们会做出不同的反应，闻到酸味和甜味时的心跳、呼吸和身体动作反应截然不同，闻到甜味时会吸吮和舔嘴唇，闻到酸味是时会撅起嘴巴、皱起眉头、频繁眨眼，闻到苦味会嘴角向下，显得很不开心，甚至吐口水。在生活中，我们也可以观察到新生儿闻到刺激性强的食物会把头转向另一侧，闻到不良嗅觉刺激会产生躲避的行为。这些都表明婴儿很早就能辨别气味。婴儿不仅能分辨不同气味，还表现出嗅觉偏好，他们喜欢母亲的气味。有研究发现，母乳喂养的婴儿能够区分母亲和他人的气味，显示出偏好母亲的气味。婴儿通过嗅觉信息不仅可以识别母亲，还可以识别周围环境中的危险信息，及时发现和逃避危险。所以，保护婴幼儿的嗅觉敏锐性有助于增强他们对周围环境的识别能力。

六、面孔知觉的发生与发展

面孔知觉是最古老的话题之一。婴幼儿面孔知觉的发展对他们的生命是有现实意义的，面孔知觉是婴幼儿认识世界的契机和中介。

帕斯卡利斯等人（1995）研究发现，婴儿出生后的第一个星期，就有能力识别自己的母亲。不过，这种辨别能力是基于头和头发的大概轮廓，而不是面部的结构或特征。

萨拍·帕泰克（1975）和约翰逊（1991）检测婴儿观察面孔时的眼动轨迹发现，1个月婴儿的视线只能沿着面孔图像的轮廓边缘巡视，2～3个月婴儿才开始注意面孔图像的内部结构，开始形成清晰的视觉面孔图像，6～7个月产生对特定人的面孔知觉辨认。

R.范茨（1964）对婴儿视觉偏爱做过研究。他向婴儿呈现两张图片，测量婴儿注视每个图案的时间，如果婴儿对某一对象的注视时间较长，则说明婴儿对这个对象表现出了"偏好"。"偏好"的出现说明：婴儿的知觉系统能够对这两个刺激做出区分，也可以判断婴儿倾向于注意什么。三张图片足够大，对婴儿不会产生视觉敏锐度的问题；且黑色图案的面积是相等的，使刺激量保持相等。将这些图片呈现给4～6个月大的婴儿，结果发现婴儿大多数注视第一张人脸图片，其次是注视第二张人脸颠倒的图片，对第三张非人脸图片则很少注视。

卡根（1974）研究发现，3个月婴儿的知觉加工已在记忆中贮存为表象。婴儿出生后对成人的视觉扫描被多次加工并留下痕迹，对成人面孔的视觉经验从模糊到清晰，形成对成人的面孔知觉，经过成人对婴儿生活的照料，附加上其他感觉，如母亲的嗅、触、听觉的复合加工，婴儿在3个月就形成了对母亲面孔赋予良好意义的认知。婴儿长到5～6个月，不但能认识人，而且能区分不同的人。这时才是认识物象的真正开始。

总体上说，婴儿从2个月起能够知觉人脸，2～3个月的婴儿开始对面孔做出有意义的反应，他们会对熟悉的面孔笑，就好像认识他们。3个月的婴儿已经能够从特征相似的女性面孔中认出自己的妈妈。对3～6个月的婴儿来说，也能对陌生人进行区分，他们喜欢看那些漂亮的成人面孔，而不喜欢那些不好看的面孔。6～7个月的婴儿开始学到了完全根据面部特征辨别不同人的本领。8～10个月的婴儿能够"懂得"妈妈脸上的一些表情，并做出积极地反应。

七、深度知觉的发生与发展

如果婴幼儿想要伸手去抓住玩具，就需要对物体在空间中的位置进行定位。对物体位置的知觉包括对其方向的定位、对其与个体之间距离的知觉。物体方向的定位并不难，但距离却困难得多。物体在视网膜上的成像只有宽度和高度（二维），没有深度。所以，深度知觉的发展有助于婴幼儿获得三维立体世界的认识。

为了了解婴幼儿深度知觉的发展状况，吉布森和沃克（1961）用视崖装置对36名6~14个月的婴幼儿进行实验，结果发现，只有3名男孩子穿越了视觉悬崖，大多数婴幼儿爬到"悬崖"边都拒绝穿越，即使母亲在深侧呼唤，婴幼儿也不会过去，有的哭泣，有的后退躲开悬崖，有的透过玻璃看着悬崖一边拍打着玻璃；而母亲在浅侧呼唤时，几乎所有的孩子都迅速地爬回母亲身边。这个研究表明，大多数婴幼儿对浅侧和深侧的区分是非常明显的，说明6~7个月的婴儿已有深度知觉。

深度知觉受经验的影响比较大，特别是爬行经验，研究发现，会爬的婴幼儿知觉深度的能力明显高于不会爬的婴幼儿，说明早期运动经验对婴幼儿深度知觉的发展具有促进作用。婴幼儿的深度知觉随着年龄的递增、经验的丰富而不断发展。

拓 展 学 习
────────────────────

视崖实验

1960年，美国儿童心理学家吉布森和沃克曾进行了一项旨在研究婴幼儿深度知觉的实验——视觉悬崖实验（简称"视崖实验"）。

研究者设计了一种实验装置——视崖装置：一个高度适于成人操作的长方形平台，平台周围有30厘米高的围板。平台以中间为界分为两半：一半上面铺着红白相间的格子图形玻璃板，视为"浅侧"；另一半的格子图形板面置于离上板面150厘米以下（高度可调），视为"深侧"，但上面铺着与"浅侧"连接着的透明玻璃平面，看上去这一半像深陷下去的悬崖。在深侧与浅侧之间有一个过渡地带，贴有白色胶带，称为"中央板"。

实验的目的就是看婴幼儿是否会避免到"悬崖"那里。如果避免"悬崖"，说明不用教他们就能观察到深度。实验显示，3个月大的婴儿会睁大眼睛好像很害怕，7个月大的婴儿会避免爬上悬崖。但小于3个月的婴儿则没有这种反应。

　　吉布森的实验结论是：6~7个月的婴儿已有深度知觉。

　　不过，在近几年的研究中，研究者将视崖装置与生理指标（如心跳频率）的测量结合起来，使得对婴儿深度知觉的测量大为改善，发现有些婴幼儿在更小的时候（2个月）就开始具有深度知觉。

　　视崖实验是发展心理学的经典实验之一。视崖装置不仅用于测查深度知觉，还可以用来研究婴幼儿的社会交往，特别是母婴之间的交流，如婴幼儿社会性参照能力的发展。

八、形状知觉的发生与发展

　　出生后不久的婴儿已经能够知觉形状，随着年龄增长和知觉物体经验的增加，其形状知觉逐渐发展起来。

　　研究发现，出生不久的婴儿已能对不同图形做出不同反应，表现为注视时间和心律变化的不同及微笑等。婴儿出生后7天就可以区别曲线和直线，3个月大时具有了分辨简单形状的能力，8、9个月以前就获得了形状恒常性。个体2岁以后往往在游戏或日常生活中表现出能够区分辨别一些物体的大小、形状或颜色等属性；也常常说出有关大小、形状和颜色的语词。例如：搭积木时能选取最大的放在底层，而后逐次堆上较小的木块；在看图画时能说出这是"圆圆的""方方的"。2岁多的幼儿会玩圆形的、方形的拼板。但总的来说，3岁前婴幼儿只能粗略地分辨，还不能感知细微的差异，所以，有时他们会硬把大的东西塞入小的匣子里，或者把拼板错误地嵌到形状相近的孔中。

　　我国学者研究发现，2岁7个月到3岁的幼儿在认识物体时，100%按照物体的形状选择，这表明在这一时期幼儿认识物体时，首先注意的是物体的形状，而不是物体的颜色。

　　婴幼儿掌握形状的顺序有一定规律，但同时也存在个体差异。

　　形状知觉是靠视觉、触觉和动觉的协同活动而形成的。物体在视网膜上的投影、观察物体时眼球沿着物体轮廓运动时产生的动觉，提供关于物体形状的信号。在触摸感知物体时，手沿着物体边界的运动，也可以成为形状知觉的线索。所以，让婴幼儿观察并触摸物体有助于形状知觉的形成。

九、方位知觉的发生与发展

方位知觉是指婴幼儿对物体或自身所处位置和方向的知觉，具体包括上下、左右、前后等空间位置的知觉。

方位知觉的发展是按照上下、前后、左右的顺序进行的。一般地，幼儿在3岁已经可以正确辨认上下方位了，4岁时则能够正确辨认前后方位，对于左右方位需到5~7岁才能初步掌握。

研究发现，婴幼儿知觉的发展有赖于经验，特别是动作，通过动作婴幼儿能够获得直接经验，为发展中的婴幼儿提供更多的知觉信息，从亲身动作中获得的经验非常有助于知觉的发展。

十、动作、经验与知觉发展

研究发现，婴幼儿知觉的发展有赖于经验，特别是动作。通过动作（操作）婴幼儿能够获得直接经验，为其发展提供更多的知觉信息。从亲身动作中获得的经验非常有助于知觉的发展。知觉和动作密切相关，两者整合形成一个系统，在这个系统中，从知觉获得的信息指导动作，动作又为婴幼儿提供知觉信息，从而促进其发展。知觉与动作之间的这种联系从刚出生时就开始了。动作能使婴幼儿获得更多的经验，而这些经验是知觉赖以发展的基础。

动作带来经验，经验促进发展，而对发展起促进作用的经验主要指的是婴幼儿亲身动作经验。例如，身体的位移经验有两种：一种是被父母抱着的移动经验（他人生成位移经验）；另一种是婴幼儿自己亲自爬行或行走的移动经验（自我生成经验）。这两种移动经验获得的知觉不一样：当被抱着时婴儿不会看向移动的方向，一般是相反方向，即从父母的肩膀看过去的方向，所获得的主要是视觉经验；而婴儿自己移动时，看的是移动的方向，所获得的不仅仅是视觉经验，还有前庭觉、机体觉（躯体感觉）等信息，这些信息会系统性地关联起来，从而使婴幼儿做出预判，调整自己的动作。这种动作经验与知觉之间的关系在吉布森（1960）的视崖实验中得到了证明，在视崖实验中，所获得的前庭觉和机体觉获得信息使婴幼儿感到害怕，从而在视崖前停下来。

由此看来，在人生早期，爬行对婴幼儿建构经验非常重要。爬行能加强大脑皮层的神经联系，特别是涉及视觉、运动、空间理解等方面的联系，爬行经验越多，越有助于深度知觉的发展，越有助于婴幼儿获得对三维世界的理解。

第三节　注意的发生与发展

一、注意对婴幼儿发展的意义

人只有在觉醒状态下才会有注意行为，新生儿睡眠的时间非常长，觉醒时间非常短暂。研究者推测，婴幼儿之所以需要大量睡眠，特别是快速眼动睡眠（REM睡眠），是因为睡眠对于神经系统的发育具有重要意义，觉醒时间短暂是神经系统和脑发育尚不成熟而避免受过多刺激影响的保护性机制。随着神经系统的发育，婴幼儿的觉醒状态持续时间迅速增加，5～6个月的婴儿在夜间能连续睡眠6～8小时，白天有规律地睡两次，每次2～3小时，其余时间则醒着玩耍。于是，睡眠-觉醒开始出现规律性变化，这种变化标志脑的发育，这就为婴幼儿注意的发展提供了可能。

注意是婴幼儿心理发展中的一个重要内容，是婴幼儿探究外在事物及其内心世界的"窗口"，注意能使婴幼儿有选择地接受外在环境中的信息，及时发觉环境的变化并调节自己的行为，还能使婴幼儿为应付外界刺激而准备新的动作，集中精力于新的情况。

二、注意的发生

（一）原始的注意行为

婴儿一出生就表现出注意行为，巨声、强光、活动的物体及能发出声响的或色彩鲜艳的玩具会使他暂停吸吮的动作和手脚的动作，或引起他视线片刻的停留。这种定向注意（无条件定向反射）就是原始的注意行为，也是无意注意的最初形态。

（二）选择性注意的萌芽

继定向注意之后，出现另一种形式的注意：选择性注意。

婴儿的注意是由外界刺激引起的，但他不是被动的接受者，而是有所选择。清醒时，婴儿总是环顾四周，睁大眼睛到处搜索，对不同的刺激会做出不同的选择性反应。R.范茨等人研究发现，婴儿已能对刺激物表现出一定的选择性反应，具体表现为视觉偏好，他们喜欢看：大而单一的元素（比如一个大圆点）、成圆圈状的线条、纵向的线条、轮廓分明的图像（比如黑白相间的格子）、对比性大的图案和人脸。

三、1岁前婴儿注意的发展特点

1岁前婴儿注意的发展主要表现在注意的选择性上，其基本特点如下。

（一）婴儿注意的选择性具有规律性

婴儿注意的选择性表现为视觉偏好。研究发现，婴幼儿更喜欢看人脸，更喜欢看新鲜的、复杂的刺激物，更喜欢看对称的图像，更喜欢看曲线而非直线，更喜欢看移动的物体而非静止的物体，更喜欢看三维物体，等等。

（二）婴儿注意的选择性呈现两个变化趋势

1. 从注意局部轮廓到注意整体的轮廓

起初，婴儿把注意力放在物体单一、突出的特征上，如三角形的一个角。而后他的注意力逐渐能顾及物体的整体轮廓，也就是能对三角形的轮廓做出较完全的扫视。一般到3个月时能够注意到图形的整体轮廓。

2. 从注意外周到注意内部成分

起初，婴儿注视人脸时主要注视脸的外缘，较少去注意脸的中央部分，因而不能分辨不同人的脸。例如：1个月大的婴儿注视点是在发际线的位置，到了2个月，注视点集中在眼睛和鼻子这个三角区域，这时能够把人的面孔的各部位加以整合，对整个的面孔进行感知。

拓展学习

　　心理学家运用眼动仪对1岁之前的婴儿注意发展过程进行了研究，了解到不同月龄的婴儿具有不同的注意特点，想了解婴儿注意眼动实验研究的更多信息，请扫描文旁的二维码。

（三）经验在注意活动中开始起作用

3个月以后，经验开始对婴儿的注意起作用，最明显的表现是对熟悉的事物更加注意，如婴儿对母亲特别注意。随着年龄的增长，婴儿的选择性注意越来越受到知识与经验的支配。

四、1～3岁幼儿注意的发展特点

1岁以后，幼儿的注意能力继续发展，呈现出以下四个特点。

（一）以无意注意为主

幼儿注意的最明显特点是容易受外界刺激的影响，凡是鲜明、生动、直观、形象、活动、多变的事物，以及与幼儿的经验有关、符合他的需要兴趣的事物，都能引起幼儿的注意。在整个婴幼儿时期，无意注意始终占主导地位，注意的维持时间比较短，很容易从一个事物转到另一个事物上，外界事物的物理特征是引发其注意的主要原因，比较被动。

（二）注意时间延长，注意的事物增加

2岁以后，幼儿的注意能力明显增强，表现在注意时间逐渐延长、注意事物逐渐增多、注意范围越来越广。2岁半到3岁的幼儿，注意时间最多能达到10分钟。

（三）注意的发展开始受言语的支配。

1岁以后幼儿注意发展的重要特征是开始受言语的支配。1岁左右幼儿说出真正意义上的词，标志言语产生。从此，言语活动不仅能引起幼儿的注意，而且支配着幼儿注意的选择性。例如，当幼儿听到成人说出某个物品的名称时，便把注意力指向这个物品，不论这个物品的物理强度如何、是否新异、是否能满足他的需要。

（四）有意注意开始萌芽

在7、8个月时，开始能够注视物体隐藏的地方，甚至能找出隐藏的物体，这说明婴幼儿的注意开始带有目的性，有意注意开始萌芽。

当婴幼儿要独立行动、运用双手摆弄物体，他们在行动中就必须留心周围的事物，在操作中必须注意运用的物体，此外，成人也常对婴幼儿提出要求，如听故事要安静、行走时不要碰到、喝水不要泼洒、吃饭不要撒落，这些因素都促使婴幼儿主动地注意自己的行动和周围有关的事物，这样就促使这个时期出现了一种新的主动性质的注意——有意注意。不过，这种主动的注意还只处于萌芽状态，维持的时间十分短暂，还需要成人不断提醒才能维持。

在 2 岁前后，随着幼儿活动能力及言语理解能力的发展，成人开始要求他做一些力所能及的事情，在完成任务的过程中，幼儿必须使自己的注意力服从于所要完成的任务，这样，近 3 岁时，有意注意就开始萌芽了。

有意注意的发展需要培养，成人对孩子提出的任务要求及日常生活习惯的养成都能影响有意注意的发展。例如，有研究发现，看电视可能会妨碍幼儿注意力的发展，在一项追踪研究中发现，1~3 岁看电视的时间越长，7 岁时出现注意力问题的可能性就越大，每天看电视 3 小时以上的幼儿，在其 6 岁时认知测验得分较低。所以，成人应该限定幼儿看电视的时间。

第四节　记忆的发生与发展

一、记忆对婴幼儿发展的意义

若无记忆，人只能永远停留在新生儿时期，更谈不上心理的发展。记忆对婴幼儿的知觉、思维、学习、情绪情感、人际交往甚至个性等方面的发展起着非常重要的作用。

婴幼儿知觉发展离不开记忆。知觉中包含经验的作用，没有记忆，经验就无法积累下来，知觉也就无法对客体信息进行解释。例如，在图画书中小兔子的身体被花草树木挡住了一部分，婴幼儿依然能认出小兔子，这说明记忆在知觉中起了作用，过去经验弥补了不完整的小兔子形象，帮助婴幼儿在头脑中获得对客体信息的完整解释。

记忆是思维、想象产生的基础。思维发展过程中的一个重要里程碑是"客体永久性"认识的出现，如果没有记忆，客体永久性认识就不可能产生。想象活动离不开表象，而表象是记忆的结果，婴幼儿最初的想象基本上是记忆的简单加工。

婴幼儿学习语言要靠记忆。在语言学习过程中，要将语音、语词、语义一一对应起来，要记住它们之间的联系才能理解词义，词汇量是语言发展水平的重要标志，对词汇的掌握更需要记忆。

记忆还会影响情绪情感的发展。如曾经伸手去摸蜡烛上的火而引起痛觉的婴儿，以后见到火就会害怕，这种怕火的情绪显示了记忆的作用。人生最初几年保留在记忆中的情感体验，决定着婴幼儿今后的行为倾向，进而影响个性的发展。

二、记忆发生的早期表现

（一）条件反射的建立

条件反射的建立常被视为记忆发生的指标。只要婴幼儿对条件刺激物做出条件性反应，就表明记忆的存在。一般来说，最早形成的条件反射是对喂奶姿势的条件反射，出现的时间在出生后10天左右，母亲喂奶时往往先把新生儿抱成某种姿势，然后再开始喂奶，过了一段时间，每当新生儿被抱成这种姿势但奶头还未触及嘴唇时，新生儿就开始吸吮动作，这种现象说明新生儿已经记住了喂奶姿势，把抱姿当作喂奶的信号，这种对喂奶姿势形成的条件反射被认为是最早的记忆。

（二）习惯化

习惯化是指个体不断地、重复地受到某种刺激而对该刺激的反应减少的一种现象。一个新异刺激出现时，婴幼儿都会注意它一段时间（定向反射），随着同一刺激物的反复出现，婴幼儿对它的注意时间就会逐渐减少，甚至消失，这个过程就是习惯化。

习惯化反应的出现表明婴幼儿已习得了这个刺激，这时如果有另外的新异刺激出现，婴幼儿的注意立刻会转向它，对新异刺激的反应恢复和增加，就是去习惯化。

研究发现，出生1~3天的婴儿已经能够形成习惯化，说明有了记忆能力。

（三）认生

6个月左右婴儿出现认生现象，即见到陌生人往往会表现出警惕、表情变得严肃甚至会哭闹。认生是记忆能力的表现。

（四）"客体永久性"认识的产生

当知觉对象从视野中消失时，婴幼儿仍能知道它的存在，这种认识被称作客体永久性。当客体永久性认识出现后，婴幼儿开始寻找从眼前消失的玩具，说明在他的头脑中已经有了对这个玩具的记忆。

（五）延迟模仿行为的出现

出生后不久的婴儿便能学着别人的样子伸舌头、眨眼；半岁多，可以模仿拍手、摆手等动作，这叫直接模仿，即当榜样（原型）在他的眼前时进行的模仿。

当榜样消失后（不在眼前），婴儿所进行的模仿被称为延迟模仿。

延迟模仿出现于18～24个月，24个月的幼儿已获得稳定的延迟模仿能力。例如，一个1岁半女孩第一次看到别的孩子发脾气的样子，回到家后学那个孩子喊叫、顿足的样子，这种延迟模仿行为就是由回忆支持的。延迟模仿某个动作表明婴儿能记住这个动作。

三、婴幼儿记忆的发展特点

（一）出生第一个月的婴儿记忆主要是短时记忆

刚出生的新生儿已经出现了记忆，表现为对刺激的习惯化和最初的条件反射。研究者向新生儿并排展示两个刺激物，其中一个是他熟悉的，另一个是从未见过的，发现新生儿对那个从未见过的新鲜刺激注视时间更长，说明新生儿认出了另一个刺激是以前曾经见过的，是熟悉的，说明他已经有了对这个刺激的记忆。不过，出生不久的婴幼儿，其记忆只能保持很短的时间。

（二）出生第一年长时记忆开始发生并发展

婴幼儿记忆发展的标志是：能辨认出熟悉的人或物；开始有目的行为，如主动去观看、去寻找；6个月出现认生现象，能够分清熟悉的人和陌生的人，表明记忆能力扩展；6个月以后出现大量的模仿动作，其中延迟模仿的产生标志着婴幼儿表象记忆及回忆能力的初步成熟，延迟模仿能力的出现是婴儿记忆能力逐渐走向成熟的一个标志。

（三）婴幼儿的早期记忆大多是内隐记忆

内隐记忆（implicit memory）是指不能表述为语言但能影响行为的记忆，是一种不需要努力甚至是无意识的记忆。

内隐记忆是相对于外显记忆（explicit memory）而言的。外显记忆是能用言语描述的、有意识的，或者可以视觉化为心理意象（mental image）的记忆。例如，能说出从幼儿园到家怎么走，这是外显记忆；说不出来从幼儿园到家怎么走，但却能走到家，这就属于内隐记忆。内隐记忆是知道却说不出来，但却能够从行为中表现出来。婴幼儿学会的习惯和动作技能，很多都属于内隐记忆。

婴幼儿从出生起就具有内隐记忆，婴幼儿能够进行即时模仿和延迟模仿就是内隐记忆的表现。婴幼儿的内隐记忆先于外显记忆出现，其原因在于与外显记忆有关的前额叶要很晚才发育成熟，而与内隐记忆有关的脑区是纹状体和小脑发育比较早，由此也可以看出，脑发育是记忆发展的必要条件。

（四）婴幼儿的记忆以动作记忆和情绪记忆为主

最早出现的记忆——对喂奶姿势的条件反射就是动作记忆。除了动作，婴幼儿还能记住各种情绪体验，如在幼儿园中被关过小黑屋的孩子，此段恐惧的情绪经历不易忘却。可以说：婴幼儿喜爱什么、依恋什么、厌恶什么、害怕什么都是情绪记忆的结果。在出生的头三年，婴幼儿的记忆都带有强烈的情绪性。

第五节　思维的发生与发展

一谈到"思维"，人们第一反应就是"想"，成人一般都是用语言去"想"，那么3岁前的婴幼儿语言能力尚未发展起来，他们会"想"吗？如何去"想"呢？人们很难理解尚未学会说话的婴幼儿有思维能力，不过，心理学研究发现，婴幼儿没有掌握语言之前是可以思考的，只不过他们思考的方式与成人完全不同。本节就介绍：思维什么时间出现？婴幼儿的思维方式是什么？思维是如何发展起来的？

一、思维对婴幼儿发展的意义

（一）思维的产生使婴幼儿的认知过程发生重要质变

思维是高级的认知形式，是智力的核心。思维的发生使婴幼儿的认知发生了巨大的变化，意味着婴幼儿具备了高级认知形式。

思维的发生和发展还引起了其他认识活动的质变：知觉不再单纯反映事物的外部特征，而开始反映事物的意义和事物之间的联系，成为"理解了的"知觉；记忆不再是人与动物共有的低级形式，而开始出现有意记忆、意义记忆和语词记忆；思维自身反映事物的本质特征和规律性联系，其概括性间接性的特征使婴幼儿认识事物、接受教育的能力迅速提高。

（二）思维的发生和发展使婴幼儿的个性开始萌芽

思维的影响不仅仅存在于认知领域，它还渗透在情感、社会性、个性的各个方面，使情感逐渐深刻化，使婴幼儿能够对自己的行为独立做出决断而逐渐摆脱对成人的依赖，能够认识到自己行为的社会后果，萌发责任感和自制力，以及获得自我意识等。总之，思维的发生与发展使婴幼儿的心理开始发展成具有一定倾向的、稳定而统一的整体。

二、思维的发生

思维与其他认识过程相比，最根本的不同在于它的间接性、概括性及解决问题的特征。即使概括水平不高，间接性还不够强，解决问题还很简单，但只要具备上述三个品质，就能称得上"思维"。

概括性、间接性和解决问题是思维发生的指标，依据这个指标，思维发生的时间是在 1 岁半至 2 岁。

思维的发生表现在婴幼儿的动作上。婴幼儿最初对客观事物的间接地、概括地反应是依靠动作实现的，解决问题也表现在动作上，当婴幼儿出现以下动作的时候，就说明思维发生了。

（一）表意性动作

表意性动作就是用动作表达意愿，用间接的手段达到自己的目的。表意性动作反映出婴幼儿的心理有了初步的间接性。

1 岁左右的婴幼儿会用手向成人指出他想要的东西或想去的地方，婴幼儿需要对相关事物之间关系的认识和分析才能做出这类动作。例如，能够意识到自己的目的，又意识到依靠自己的力量还达不到目的，但成人有能力且会帮助自己，于是用动作向成人表达自己的意愿，在这个动作中，手的动作成为一种具有象征功能的符号，使得心理有了初步的间接性。

（二）工具性动作

工具性动作是指按照物体的结构特征和功用来使用物体的动作。工具性动作反映出婴幼儿的心理有了初步的概括性。

1 岁以后，婴幼儿拿到物品不再盲目地敲敲打打，而是开始按照物品的功用做出动作。只有当婴幼儿对物品的功用有了理解，才能够按照物品的结构或功用做出动作，这种带有理解性的动作反映出婴幼儿对于"类"概念的朦胧意识，即对同类物体使用同样的动作，这类动作的出现使得心理有了初步的概括性。

（三）用"试误"方法解决问题

在上述两类动作发展的基础上，婴幼儿开始能够用"试误"的方法寻找解决问题的手段，例如：拉动毯子拿到物品，用棍子够东西，将拉毯子动作迁移到其他场景中（如桌布），这种不用现成的、直接的办法来解决问题的动作属于智慧性动作，这种智慧性动作属于思维的范畴，它的出现标志着思维的发生。

三、直观行动思维

直观行动思维是指在对客体的感知中、在主体与客体相互作用的行动中进行的思维。其思维工具是感知和动作，活动过程即思维过程，它是最早出现的思维方式。

直观行动思维的主要特征是：①思维离不开实物，依赖一定情境，思维是在直接感知中进行的。②思维离不开动作，思维是在实际的行动中进行的。婴幼儿只能在自己动

图3-5　直观行动思维

作所接触的范围内、只能在自己的行动中进行思考，而不能在感知和动作之外进行思考，更不能考虑自己的动作、计划自己的动作、预见动作的后果。直观行动思维又被称为"手和眼的思维"。

直观行动思维是0～3岁婴幼儿主要的思维方式，这使得婴幼儿的思维只能依赖感知和动作的概括，离开了动作就不能解决问题，离开了实物就不会进行游戏。例如，问一个2岁的幼儿如何才能拿到柜子上的玩具，他不是用语言来回答，而是马上去拿来给你。再如，2～3岁的幼儿玩娃娃家，必须要有家居的各种物品玩具，否则游戏就无法进行。由此可见，游戏材料的投放会直接影响到婴幼儿的认知发展。

拓展学习

动作本身不是心理，但对心理发展尤其是思维的发生与发展起着非常重要的作用。婴幼儿早期动作发展与思维发展密切相关，想具体了解婴幼儿早期动作在思维发展过程中的作用，请扫描文旁二维码。

四、感知运动阶段——皮亚杰对0～2岁婴幼儿思维发展的解释

皮亚杰认为，2岁前婴幼儿的思维发展处于感知运动阶段（sensory motor stage）。皮亚杰对0～2岁婴幼儿思维发展的解释能够帮助我们了解思维是如何产生的。

感知运动阶段是皮亚杰对婴幼儿思维发展阶段划分的第一个阶段。皮亚杰指出：在个体生命最初的18个月中，发生了一场"哥白尼式"的革命，即一个普遍的脱离自我中心的过程，使婴幼儿把自己看作是由许多永久客体组成的世界中的一个客体。而在这之前婴幼儿最初的世界是完全以他自己的身体和动作为中心的自我中心主义（egocentrism），他完全是无意识的，因为他还意识不到自己。头18个月的心理发展特别重要，因为在这一时期婴幼儿建成了所有的认知基础，作为他日后知觉发展和智慧发展的起点，同时还建成了一定数量的基本情绪反应，这些将部分地决定着他日后的情感。

皮亚杰认为，从出生到2岁，所有婴幼儿都要经历从简单无条件反射到开始使用象征性符号的六个子阶段，从这六个子阶段我们可以看到动作所起到的重要作用，正如皮亚杰所言"知识来源于动作"，动作是思维的源泉。感知运动阶段是思维的萌芽阶段，在这个阶段初期，婴幼儿所能做的只是为数不多的反射性动作，后来，婴幼儿通过与周围环境的感知运动接触，通过摆弄物体的动作，以及这些动作所产生的结果来认识世界。换句话说，婴幼儿仅靠感知觉和动作的手段来适应外部环境，逐渐形成对世界的认识。

（一）感知运动阶段的六个子阶段

皮亚杰将感知运动阶段进一步划分成六个子阶段，从这六个子阶段中我们可以看到婴幼儿思维是如何发生发展起来的。

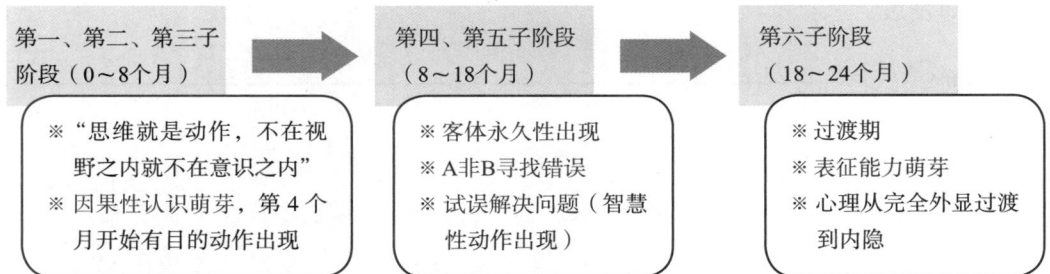

第一、第二、第三子阶段（0～8个月）	→	第四、第五子阶段（8～18个月）	→	第六子阶段（18～24个月）
※"思维就是动作，不在视野之内就不在意识之内" ※因果性认识萌芽，第4个月开始有目的动作出现		※客体永久性出现 ※A非B寻找错误 ※试误解决问题（智慧性动作出现）		※过渡期 ※表征能力萌芽 ※心理从完全外显过渡到内隐

图3-6 皮亚杰感知运动阶段的六个子阶段发展要点

1. 第一子阶段（0～1个月）：原始感觉动作图式的练习阶段

婴儿一出生就以先天的无条件反射适应外界环境，如吸吮反射、抓握反射及哭叫、定向注意等动作。皮亚杰认为这些与生俱来的反射是认知发展的基础，并将这些无条件反射视为最原始的图式。

图式（schema）是指动作的结构或组织，这些动作在同样或类似的环境中由于重复而引起迁移或概括。皮亚杰借用图式这个词指动作结构，而且是一个有组织的、动态的、可变的结构。

通过反复练习，这些与生俱来的图式更加巩固并得以扩展，例如：反复的吸吮不仅使这个动作变得更有把握，而且将之从本能吸吮乳头扩展到吸吮拇指和玩具，在东西未接触到嘴时就做吸吮动作。这样，原始图式不断获得扩展，于是进入第二子阶段。

2. 第二子阶段（1～4个月）：初级循环反应阶段（primary circular reaction）

循环是指某些动作在经过一段时间后再出现的现象，循环反应即一遍遍地重复动作。在这个阶段，婴儿如果偶然做了一个动作产生了有趣的效果，他就会不断重复这个动作，动作—效果—动作这个循环会不断持续下去。如吸吮自己的手指、手不断抓握与放开、寻找声源、用目光追随运动的物体或人等。重复动作是这个阶段的明显特点。

在先天反射动作的基础上，通过循环反应方式，婴儿会不自觉地将个别动作联结起来，形成一些新的习惯动作。例如：在第一子阶段，婴儿已有抓握和吸吮两个图式；在第二子阶段，婴儿通过重复性动作，将抓握和吸吮两个动作整合在一起，用嘴巴吸吮手中抓握的玩具。把单个动作连贯起来，为更复杂的动作打下了基础。同时，开始出现对事情预期的能力。例如，3个月大饥饿的婴儿看到母亲进入房间并走向摇篮时会停止哭泣，这表明他预期到喂奶的时间了。

这个时期通过同化（assimilation）和顺应（accommodation）使各个图式之间协调起来，形成了最初的习得性适应。不过，这个时期形成的习惯性动作还不具有目的性，只是由当前直接感性刺激来决定，所以还不能算作智慧行动。

3. 第三子阶段（4～8个月）：二级循环反应阶段（secondary circular reaction）

在这个阶段，有目的动作逐步形成。平均在4个月到4个半月左右，婴儿开始操作他身边所看到的一切东西，视觉与抓握动作之间形成了协调，婴儿开始把动作本身与动作结果联系起来。例如，这个阶段的婴儿会主动抓住挂在婴儿床上方的一根线，拉动这根线，使线上的铃铛发出响声，接下来，他多次重复这一系列的动作，而每一次动作所引起的效果又会促成这种重复。在这个过程中，动作（手段）与动作结果（目的）产生分化，出现了为达到某一目的而去做某个动作。由此可以看出，婴儿最初的因果性认识产生于自己的动作与动作结果的分化，然后扩及客体之间的运动关系。

在第三子阶段，可以明显看出婴儿已从偶然地、无目的地摇动玩具，过渡到有目的地反复摇动玩具，有目的动作的出现意味着婴幼儿开始认识因果关系，因果性认识开始萌芽，说明他已处在智慧的萌芽状态。不过，这一阶段目的与手段的分化尚不完全、不明确。

4. 第四子阶段（8～12个月）：二级循环反应间的协调阶段（coordination of secondary circular reaction）

在第四子阶段，可以看到比较完备的实际智慧动作。在这个阶段，手段与目的分化并协调，婴儿为了达到简单的目的，能把两种或两种以上的动作协调起来。例如，如果成人把玩具放到坐垫下面，9个月大的婴儿会用一只手提起坐垫，再用另一只手抓取他想要的那个玩具。在这个例子中，提起和抓取原本是两个毫不相干的动作，婴儿将这两个动作协调起来，使之成为一个达到目的的手段。皮亚杰认为，这种二级图式间的简单协调是一种真正的问题解决。

在这个子阶段智慧动作出现，即婴儿开始不依赖于原有的方法而是将已有动作联合起来解决简单问题。例如，婴儿拉成人的手，把手移向他自己够不着的玩具方向，或者要成人揭开盖着玩具的布，这表明婴儿在做出这些动作之前，已有取得玩具的意向。随着这类动作的增多，婴儿运用各动作图式之间的配合更加灵活，并能运用不同的动作图式来对付遇到的新事物，就像以后能运用概念来了解事物一样。婴儿用抓、推、敲、打等多种动作来认识事物，表现出对新环境的适应。这个阶段，婴儿的行动开始符合智慧活动的要求，即对新环境的适应。

在第四子阶段出现了一个重要的发展成就，即婴儿发展出客体永久性概念。客体永久性（object permanence）是指当物体从视野中消失或通过其他感官不能察觉时，婴儿认为该物体依然存在。例如，当9～10个月的婴儿看到成人把玩具藏到幕布后面，他就会注视着幕布并试图用手推到幕布，或者他会主动地绕着幕布爬到玩具消失的地方去寻找，这些动作说明即便婴儿看不到物体，但他内心认为这物体依然存在。客体永久性是皮亚杰理论中的一个重要概念，他认为，客体永久性的获得是感知运动阶段最重要的发展成就，是婴幼儿心理发展的重要里程碑。客体永久性概念的获得意味着头脑中已经形成客体的表象（记忆），婴儿思维不再局限于眼前，这样，即使客体从眼前消失了，也不会从心理消失。客体永久性概念将婴儿从物质世界中解放出来。客体永久性是所有智能的基础。

拓展学习

皮亚杰对客体永久性的解释

皮亚杰认为，8个月之前的婴儿是没有客体永久性认识的，8个月前婴儿的世界是一个没有客体的世界，婴儿对于不能直接感知的物体，在他的头脑中无法进行思考，物体在眼前消失之后，在这个世界上就不再存在了，在婴儿看来"不在视野之内就不在意识之内"。"在4～8个月的时候（第三子阶段），当婴儿正要抓住一个客体时，你用一块布把客体盖住，或把它移动到幕布后面，他只是缩回他已伸出的手；如果客体是他心爱的东西（如他的奶瓶），他就因失望而大哭大叫。从他的反应来看，客体好像已消失了；或许他对已消失的客体虽是知道它仍存在原处，但他不能有效地寻找这客体，也不能移开这块幕布。"

8～9个月的婴儿开始形成了客体永久性认识。爸爸妈妈离开了，但婴儿相信他们还会出现；被大人藏起来的玩具他认为还在什么地方，于是会翻开毡子，打开抽屉，认为可以找到。这些行为标志着客体永久性已经形成。婴儿客体永久性的形成与婴儿言语及记忆的发展有关。

8个月之前没有客体永久性，婴儿生活在当下。9个月开始形成客体永久性观念。18个月时达到成熟。"儿童在第2年内建成的现实世界，其中第一个特征即是这个世界乃是由永久的客体组成的。在这之前幼年婴儿的世界是一个没有客体的世界……"

不过，当代心理学家研究发现，客体永久性出现的时间比皮亚杰所指出的时间要早。弗拉维尔（1985）研究发现，3个半月的婴儿对物体的永久性有所认识。在生命的最初几个月中，婴儿用目光追随物体，但当物体在视野中消失时，他们移开目光，就好像物体从他们的心灵中消失了一样。到3个月大时，他们开始盯着消失的地方看。在8～12个月大时，婴儿开始搜索消失的物体。到了2岁，个体已经能够肯定消失的物体继续存在着。

在客体永久性出现之后，皮亚杰还观察到了一个有趣的现象——A非B寻找错误。A非B寻找错误（A-not-B search error）是指8～12个月的婴儿即使看见物体被移到一个新位置，他们仍倾向于到此前找到物体的地方去寻找。皮亚杰对这个现象做了详细的描述："把客体藏在儿童右边的A处，儿童找寻着，并立即找到；然后再当着他的面藏在儿童左边的B处。当儿童看到B处的客体不见时（放在坐垫下面），经常发生的是，他在A处寻找，好像客体的位置依赖于他过去曾经成功地找到过的地方，而不依赖于地点的改变（这改变并非由儿童自己的动作所引起）"；"但到第五子阶段（12~18个月），对客体的寻找则依据位置的移动，除非位移过于复杂（如幕布后面还有幕布）"。皮亚杰对这个现象的解释是，这个时期的婴幼儿还不能将物体以独立于自己行为动作之外的方式来对待，他们认为自己的行为动作会决定在何处能发现物体，说明客体永久性发展还不完善。

拓展学习

皮亚杰对A非B寻找错误的观察记录

皮亚杰（1954）曾对10个月大的女儿杰奎琳进行了观察，记录下了她的A非B寻找错误。

杰奎琳坐在床垫上，没有任何吸引她的玩具。我把她的鹦鹉玩具从她手中拿走，并两次把鹦鹉玩具藏在左侧的床垫下（位置A），杰奎琳每次都能立即找到并抓住它。接着，我又从她手中拿走鹦鹉玩具，并从她的眼前将玩具慢慢移到右边，藏在床垫底下（位置B）。杰奎琳看到了这种移动，但当鹦鹉玩具消失时（位置B），她却转向最初藏玩具的左侧（位置A）。

5. 第五子阶段（12~18个月）：三级循环反应阶段（tertiary circular reaction）

这个阶段，幼儿能以一种试验的方式发现新方法来达到目的，以尝试错误的方式解决问题（试误探索图式），智慧动作出现。

当幼儿偶然发现某一动作的结果时，他将不只是重复以往的动作，而是试图在重复中做出一些改变，不再是动作的拷贝，而是会有意识地调整自己的动作方式。通过尝试错误，第一次有目的地通过调节自己的动作来解决新问题。例如，幼儿想得到放在床上枕头上的一个玩具，他伸出手去抓，却够不着，想求助爸爸妈妈可又不在身边，他继续用手去抓，偶然地他抓住了枕头，拉枕头过程中带动了玩具，于是，幼儿通过偶然地抓拉枕头得到了玩具。以后，幼儿再看见放在枕头上的玩具，就会熟练地先拉枕头再取玩具。这是智慧动作的一大进步。要强调的是，幼儿不是自己想出这样的办法，他的发现是来源于偶然的动作。所以，我们一般把这类动作称为"试误"。

回顾前五个子阶段：初级循环阶段，婴幼儿的活动只集中在自己的身体和动作上；次级循环阶段，婴幼儿活动的中心逐渐转向外部世界，且动作有了目的性；三级循环阶段，婴幼儿开始以尝试错误方式解决问题、适应新环境。

6. 第六子阶段（18～24个月）：图式内化阶段

皮亚杰认为第六子阶段是一个过渡期，标志着感知运动阶段的终结和向下一个阶段的过渡。这个阶段的明显特征是表征能力萌芽及随之出现的动作图式内化。在这个阶段，幼儿不仅能用身体动作以"试误"方式来寻找解决问题的方法，而且还发展出以头脑中"内部联合"方式解决新问题，即开始能"想出"新方法。内部心理表征首次出现，使幼儿不再依赖外部动作，而是能够将外部动作内化，进行心理操作，真正地去"想"了。皮亚杰认为这种动作图式的内化表现为幼儿以顿悟方式解决问题，即突然获得解决方法而不是通过尝试错误方式。

拓展学习

思维产生于问题，表现在问题解决的过程中。皮亚杰非常重视婴幼儿问题解决能力的发展，他对此进行了大量观察，并对观察到的现象进行了深入分析。想了解皮亚杰对其两个子女问题解决能力的观察吗？请扫描文旁二维码。

概括地讲，感知运动阶段有三个主要的发展要点：因果关系认识的萌芽、客体永久性认识的出现及随之出现的A非B寻找错误现象、以"试误"方式解决问题。

首先，出生伊始新生儿是运用吸吮、抓握等与生俱来的反射活动（原始的图式）应对外部客体的，对于新生儿来说，主体和客体之间完全没有分化。但随着大脑及机体的成熟，在与环境的相互作用中，婴幼儿开始能区分自己和物体，逐渐认识到动作与效果之间的关系，具体地讲，由于婴幼儿用自己的动作接触外界事物，使客体发生了移动或变化，如用手摇动拨浪鼓使之发出声响，或是把一件东西推到桌边使之掉到地等。这样通过眼与手的协调动作使客体发生变化，从中认识到手是他自己身体的一部分，开始区分自己和客体，并进一步发现了动作与效果之间的关系，因果性认识开始萌芽。

其次，接下来婴幼儿开始慢慢认识到在自身以外还有一个独立存在的客体世界，表现为婴幼儿对消失的客体开始去寻找，大约4个半月的婴儿开始寻找在他视野内看得到的客体，将近1周岁时开始能寻找被幕布遮盖着的客体。婴幼儿知道客体在眼前消失或被其他物体遮盖时并非不存在，而是依然存在着，客体永久性认识出现。

最后，在此基础上婴幼儿开始尝试着解决新环境中遇到的问题，能够运用感知和动作间的协调活动适应新情境（试误解决问题）。在整个感知运动阶段，婴幼儿都要依赖感知和运动经验，以感知-运动方式应对环境，还没有出现表象和思维，也还没有出现语言。所以，这个阶段被称为"感知运动阶段"。到了这个阶段结束时，婴幼儿渐渐形成了随意有组织的活动，出现表征能力的萌芽，于是进入认知发展的第二个阶段。

五、前运算阶段——皮亚杰对2～7岁幼儿思维发展的解释

皮亚杰将认知发展的第二个阶段称为"前运算阶段"（pre-operational stage）。operation一般翻译为"运算"，这个词是皮亚杰从数学和逻辑学中借用来的，意指思维的过程。皮亚杰认为这个阶段最突出的发展成就是婴幼儿获得了符号表征能力，开始以符号作为中介来描述外部世界，婴幼儿不再仅仅依赖感知和动作，而是可以运用心理表征应对新环境。不过，这个阶段婴幼儿对符号的运用不是根据其逻辑关系，其思维受事物外在特征的影响，所以，这个阶段还没有运算的性质，故被称为"前运算阶段"。

（一）表征能力的出现

皮亚杰认为，感知运动阶段的终末在 1 岁半至 2 岁，出现了对日后行为模式的发展具有根本意义的一种能力，即幼儿能够运用一个信号物来代表某些事物的能力，从而使这些事物成为一个被信号化了事物。也就是说，这个阶段幼儿发展出了符号表征能力。

符号（symbol）是事物的代表而不是事物本身。符号类型很多，动作、物品、线条、图形、词、表象都可以用作符号。有些符号的含义是不固定的，如笔可以代表木棍、锤子、电话等，香蕉可以代表电话、笔、棍子等；有些符号的意义是约定俗成的，如词语。但无论哪种符号，其共性是：都指代另外一些东西而非它们自身。人的认识并不都是从亲身经历、自身经验中获得的，人的大部分知识来源于间接经验，即通过符号来获得，因为符号本身具有表征意义，符号就是对现实有意义的表征。学习理解符号、运用各种符号是婴幼儿思维发展的主要任务。

表征（representation）是指使用符号代表其他事物、各种经验。表征把思维从动作中分离开来，使思维摆脱了感知-动作的局限，使得婴幼儿能够利用语言、心

理表象来思考客体和事物，进而使思维称为真正的"心理"活动，也就是说，婴幼儿可以真正地去想了。表征能力的出现是认知发展的里程碑，皮亚杰将符号表征能力看作是区分各发展阶段的主要特征，因为表征能力随年龄而变化。

拓展学习

皮亚杰对表征能力的观察与论述

在21个月大的时候，杰奎琳看到一个贝壳，她说："杯子。"说完后，她把贝壳拾起来，装作要喝水的样子……第二天，看到同样的贝壳，她说"玻璃杯"，接着是"帽子"，最后是"水里的船"。三天后，她拿着一个空盒子，来来回回走着，嘴里念叨着"汽车"。

皮亚杰将表征本质随年龄发生的变化看作是区分发展阶段的主要特征。他断言，儿童在开始时并不具备表征能力，只有到了第2年中期，儿童不再以感知运动方式与环境相互作用时，表征才开始出现。随后，在整个儿童期，表征经历了一次次阶段性的变化，慢慢变得抽象、复杂、灵活，最后在青少年后期达到成熟。他认为，婴儿只能以实物操作的方式理解世界，认识局限在动作上。当表征出现，儿童能够思考不在眼前的事物。表征的本质就是内化了的动作。

在前运算阶段，婴幼儿的表征能力具体表现在以下四种行为模式中。

1. 延迟模仿（用动作进行表征）

延迟模仿（deferred imitation）是指原型消失一段时间之后所进行的模仿。

在感知运动阶段，当原型在眼前时婴幼儿才能进行模仿；但到了前运算阶段，原型消失不在眼前时，婴幼儿也能继续模仿。要想完成延迟模仿，婴幼儿必须形成对原型动作的心理表征并把它贮存起来，以便在一段时间后可以提取出来将其再现。延迟模仿的一个最重要的指标是，婴幼儿的模仿行为与被模仿的动作之间要有足够的时间间隔。

拓展学习

对延迟模仿的近期研究

皮亚杰认为，延迟模仿要到18个月之后才会出现。但当代很多研究发现，延迟模仿能力出现的时间比皮亚杰所认为的要早。根据迈尔佐夫和莫尔（1994）的研究，6个星期的婴儿就能模仿前几天看到的成人吐舌头的动作。卡佛和鲍威尔（1999）观察到，9个月的婴儿就能对5个星期前的动作进行模仿。梅尔茨科夫（2004）研究发现，婴儿从很小开始就能对以前某个时间感知到的东西进行记忆表征的存储，并在随后的某一个时间中进行提取。

2. 象征性游戏（用一系列动作和物品进行表征）

象征性游戏（symbolic play）也叫假装游戏，角色游戏就是在象征性游戏基础上发展起来的。

在前运算阶段，象征性游戏大量涌现。2 岁幼儿能用一块积木代表小汽车，把香蕉当作电话假装给妈妈打电话，3～4 岁幼儿经常假扮爸爸妈妈，同时还配有一些衣服、鞋子等道具，将日常生活场景再现于游戏中，他们还会把棍子当作马匹，假想自己在草原上驾马驰骋。通过这些象征性游戏，幼儿对人、事、物的认知得到发展，迅速构建了有关这个世界的复杂表征。

3. 初期的绘画（用线条图形进行表征）

初期的绘画（drawing，graphic image）是幼儿早期另一种重要的象征性表达形式，用线条、图形描述他们眼中的世界。这种表征方式一般出现在 2 岁或 2 岁半之后，这个年龄段的幼儿绘画并不特别反映现实，他们的图画看起来很"抽象"、富于"幻想和创造"。随着年龄增长，绘画能力逐渐发展起来，一般来说，典型的幼儿绘画经历了以下三个阶段：涂鸦；开始用线条表示物体的边界；更现实地绘画。

4. 初期的语言（用语词进行表征）

在这个阶段，随着语言能力的出现和发展，幼儿开始能用词语来称呼那些不在眼前的事物。例如，一个孩子把家里的宠物狗叫作"毛毛"，说明孩子能够使用"毛毛"代表宠物狗，这个词语就是狗的信号物，这就是语言表征。

语言不同于其他符号，它是一个完备的符号系统，词语是最高意义上的表征。皮亚杰认为，语言是最灵活的心理表征方式，思维在从动作中分离开来的过程中，语言显示出特别重要的作用，当幼儿能够用词语来进行思考时，思维就不再受感知的局限，语言为思维提供了无限广阔的空间。

简言之，在前运算阶段，幼儿能够使用动作、系列动作、物品、线条图形、语词等多种符号形式进行表征，这些符号的作用是：对于那些当前并未知觉到的事物，通过这些符号唤起幼儿头脑中的表象，进而运用这些表象进行思考。虽然这个阶段幼儿的表征能力只是初步的，但表征能力的出现是认知发展的巨大飞跃。在感知运动阶段，婴幼儿只能借助感知和动作认识世界，这种认识是直接的、即时的、有限的；而表征能力出现使婴幼儿摆脱了对感知动作的依赖，能够将思维和动作分离开来，不仅能思考当前的事物，还能思考不在眼前的事物，这无疑为婴幼儿的认识开辟了更广阔的天地。

（二）自我中心性

自我中心（egocentrism）是指从自我观点看世界，而不能认识到他人会有与自己不同的观点或看法，从而只能站在自己的角度看问题。自我中心性是前运算阶段婴幼儿思维的核心特点。

皮亚杰使用这个术语没有贬义，与自私无关，皮亚杰用这个词来描述婴幼儿只能"把注意力集中在自己的观点和自己的动作上的现象"，婴幼儿只能站在自己的角度看问题，不能站在别人的角度看问题；认为别人对世界的理解、思考和感受与自己是一样的；认为外部世界就是他直接感知到的那个样子，而不能从事物的内部关系来观察事物。皮亚杰用三山实验证明了婴幼儿思维自我中心性的特点。

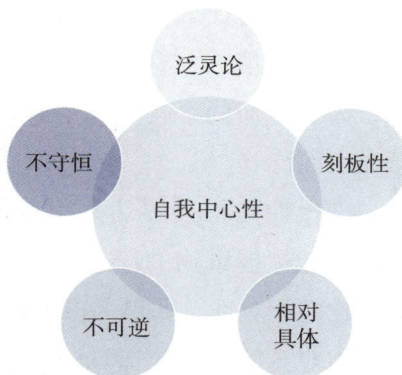

图3-7 自我中心性是前运算阶段思维的核心特点

拓 展 学 习

皮亚杰的三山实验

皮亚杰和英海尔德（1969）通过三山实验研究自我中心的特点。这是一个经典实验。

实验材料是三座高低、大小和颜色不同的假山模型，山上摆放着一些动物、植物、物品等。

研究者首先要求儿童在山的周围走动，从模型的四个角度观察这三座山，从不同角度熟悉山的面貌及山上的不同物体。然后，要求他坐在桌子的一边，面对模型的一个侧面，同时，在他的对面放一个玩具娃娃，让娃娃对着山的另一面。接下来，给他出示从不同角度拍摄的山的照片，让他从中指出哪一张是玩具娃娃看到的"山"。

结果发现，绝大多数的儿童无法完成这个任务，他们只能指出与自己

拓展学习

所看到一样的山的照片，只能从自己的角度来描述"山"的形状。

皮亚杰认为，这是知觉上的自我中心的表现，即不能意识到别人眼中的世界与自己眼中的世界是不同的，而是认为外界事物就是自己直接感知到的那个样子。同样，对事物的看法也有自我中心性，认为别人的理解、思考、感受也跟自己是一样。自我中心在儿童行为的很多方面都有所表现，由自我中心这个特点衍生出其他一些特点，如泛灵论、刻板性等。

泛灵论（animism）是指婴幼儿认为世界万物与自己的感受是一样的，把有生命事物的特征加到无生命事物上。自我中心的特点常使婴幼儿由己推人，自己有意识、有情感、有语言，便以为万事万物也和自己一样有意识、有情感、有语言，为无生命的事物赋予生命。如一个孩子认为球从桌子上滚下来是因为它不愿意在上面待着。

刻板性是指当婴幼儿注意集中在某个方面时，他就不能同时关注其他的方面，只能把握事物的静态，而很难理解事物是发展变化的、有中间状态，很难理解事物的相对性。如很多孩子都认为只有头发白的男子才是爷爷。

相对具体是指前运算阶段的婴幼儿还不能进行运算思维，只能借助表象进行思维，思维受制于事物的具体形象特征。

不守恒是前运算阶段幼儿的另一个特点，这也是皮亚杰的另一个重大发现。守恒是皮亚杰理论中另一个重要概念，守恒（conservation）是指能够认识到事物的本质不因外部现象的变化而发生变化。前运算阶段的幼儿是没有守恒概念的，思维受到眼前事物表面特征的影响。例如：给幼儿看两个同样大小的用橡皮泥捏成的圆球，他会说两个一样大，所用的泥也一样多，但是当着他的面把一个圆球拉成香肠的形状再问他，他会说现在比另一个大，用的泥多了。缺乏守恒概念也是自我中心的一个表现。受自我中心化的局限，幼儿只能将注意力集中在一个特征上而忽略其他特征，这就使得他们的判断受事物外在直观特征的影响，只能集中于一个特征，如形状、颜色、大小、高低等外部特征。

拓展学习

对皮亚杰研究的新观点

对前运算阶段的近期研究表明，皮亚杰对婴幼儿思维发展的描述大体上是可信的，但在有些地方低估了婴幼儿的能力。许多实验向皮亚杰提出

拓展学习

了挑战，有研究发现18个月的幼儿开始理解他人的情感反应与自己的不同；也有研究显示4岁幼儿善于有意改变信念来欺骗他人，还可以对简单的题目做出可逆判断；年幼的儿童很少认为他们熟悉的物品如岩石、蜡笔是有生命的等。

弗拉维尔及其同事（1981）做了一个实验：给3岁幼儿看一张卡片，卡片的一面画着一只猫，另一面画着一只狗。研究者与幼儿面对面坐着，将卡片竖直垂放在两人中间，画着狗的那面朝向幼儿，画着猫的那面朝向研究者。然后，问幼儿，研究者看到的动物是什么？结果发现，3岁幼儿都能正确回答。这说明，低龄幼儿能够从研究者的角度做出判断，推断出研究者看到的是猫，而不是他自己看到的狗。

哈拉和钱德勒（1996）的实验：让3岁幼儿把一些饼干从盒子里拿出来，放到另外的隐蔽处，制造一个骗局，从而让另一名幼儿（莎莉）上当。然后问幼儿莎莉会到哪里去找饼干，他们都能做出正确回答：莎莉会到饼干盒那儿去找饼干。但是，如果只让幼儿观看研究者布置骗局，而非由他亲自藏饼干，则幼儿会更倾向于做出错误回答：莎莉会到新的隐藏地点去找饼干。这个实验显示出，当幼儿亲自实施隐藏饼干，他们能从别人的角度考虑问题（采择别人观点）；但当他们未参与隐藏饼干时，则表现出以自我为中心。

六、婴幼儿数学能力的发生与发展

数学能力是一种抽象思维能力，数学能力的发展与思维发展密切相关，数学能力是思维的逻辑性、抽象性发展的具体表现，与其他学习领域相比，数学有其独特的发展路径和学习路径，展现出独特的发展规律和特点。

长期以来，人们认为婴幼儿不可能具备数学能力，但当代心理学研究表明，数学能力的发展始于婴幼儿期。

（一）感数能力——对基数概念的最初理解

感数能力（subitizing）是指通过感知（目测）快速识别小集合物体数量的能力。

研究发现，出生第1年，婴儿就能对数量进行感知，表现为与生俱来的感数能力。

6个月的婴儿能够识别小集合里包含的物体数量，能区分3以内的基数。斯塔基（1990）、永利（1995）等众多研究者运用习惯化方法对婴儿进行测查，在严格控制条件下（即排除大小、亮度、排列方式、距离位置、轮廓长度等因素的影响，让婴儿只依据数量本身进行判断），研究者先给婴儿呈现图片，图片上画有一定数量的物体，如3个圆圈。一旦婴儿对这张图片产生习惯化之后，再给他呈现数量不同的图片，如2个圆圈，这时发现，婴儿对新异刺激图片的注视时间增加了。这说明婴儿能够辨别出新旧图片上圆圈数量的不同。

另一个实验变换了实验材料，使用的是跳动的木偶，也得到相同的结果。坎菲尔德和史密斯（1996）、斯塔基（1990）让6个月大的婴儿反复观看跳2下的木偶，直到他感到厌烦（习惯化），然后给他呈现跳3下的木偶或跳1下的木偶，这时他会重新表现出兴趣（去习惯化）。这说明婴儿能够区别跳动的次数。

在现实生活中，我们也能观察到婴幼儿具有一定的数量感知能力。例如：还不会数数的孩子，面对两堆不同数量的糖果，其反应是不同的，他们会倾向于选择数量多的那堆糖果。再如，教师在画板上画了3只米老鼠，然后偷偷擦掉其中的1只，孩子们会环顾画板的周围，知道少了1只米老鼠。

众多研究表明，婴幼儿很早就具备了对数量的感知能力，研究者认为，婴幼儿是通过感数方式来区分3以内基数的。感数方式是一种快速且毫不费力的知觉过程，它不是对数量的精确计数，而是一种对数量的整体知觉，是一种笼统的感知，但它却是数认知的第一个途径，是婴幼儿对基数理解的最初方式，也就是说，婴幼儿在不会精确计数之前，就能对数量进行认知。

感数能力会随着年龄的增长而发展，最初婴幼儿只能感知3以内的基数，也就是说，只能区分比3小的数量，不能区分更大数量的物体集合，除非集合数量间的差距足够大，如8：16或者8：12（徐和史塔基，2000）。直到3~4岁，幼儿才能从5个或6个物体中区分出4个物体。对于大集合的物体数量，需要等到掌握计数（counting）技能（如点数）后才能确切认识。

（二）对数量关系的最初理解——对序数概念的最初理解

10个月左右的婴儿开始表现出对数量关系的最初理解，这种对数量关系的最初理解表现在能够识别两个相邻数值哪个更多或更少、哪个更大或更小。

费根森、卡蕾和豪瑟（2002）测试了10个月和12个月的婴儿能否区分更多或更少。当着婴儿的面，研究者把不同数量的饼干放进两个容器里。例如：一个容器里放 1 块饼干，另一个容器里放 2 块饼干（1 和 2 做比较）；或者一个容器里放 2 块饼干，另一个容器里放 3 块饼干（2 和 3 做比较）。然后让婴儿爬过去自己选择从哪个容器里取饼干。结果发现，10 个月和 12 个月的婴儿都会爬向盛装多的容器取饼干。不过，对于大于 3 的饼干数量，如 3 和 4 比较、2 和 4 比较，两组婴儿都是随意选择容器。这个实验说明，婴儿能理解小于 3 的序数，而大于 3 的序数难以理解。

布朗农（2002）用另一种方法测试婴幼儿对数量关系的理解能力。研究者选用的是递增序列和递减序列，无论是递增序列还是递减序列，其相邻数值间的比都是 1∶2。先给婴幼儿呈现一个序列并使之习惯化（如 2、4、8），当婴幼儿对其失去兴趣后，再给婴幼儿呈现新异序列，呈现的新异序列要么是递增的（如 2、4、8），要么是递减的（如 8、4、2）。结果发现，11 个月的婴儿对新异方向的序列产生兴趣，表明他能区分递减序列和递增序列。但是 9 个月的婴儿则没有表现出对序列变化的识别。

皮亚杰也曾对自己的儿子进行观察，发现自己的儿子在 3 个月大时就表现出对数量关系的理解与识别。有一次他玩一根绳子，绳子的一端握在手中，另一端连着一个铃铛。他在无意间拉动绳子致使铃铛发出响声。于是，他继续拉动绳子让铃铛再一次发出响声。接下来，他增加了拉绳子的力度，力度越来越大，致使铃铛发出的声音也越来越响。他看到自己动作的效果开心地大笑起来。皮亚杰认为，孩子的这种逐步加大拉绳子力度的动作是有意识、有目的的行为，他理解了量的变化及量之间的关系，即他拉动绳子力量大与小的关系、铃铛发出声音大与小的关系及拉动绳子与铃铛声音之间的关系，绳子拉得越用力铃铛发出声音就越响。他理解了铃铛声音之变化与拉动绳子力量之变化的相互关系。

简言之，出生第 1 年的婴儿对数量关系已经有了最简单的理解，能判断哪个更多、哪个更少。基于此，研究者认为快 2 岁的幼儿对序数有了最基本的理解，只不过幼儿能理解的只限于小于 3 的数值，或者数值间差距足够大的情形。2 岁幼儿能比较 6 以内的序数，如 4 与 5 、4 与 6 及 6 个橘子和 4 个橘子哪个更多？4~5 岁时才能比较 9 以内的序数。此外，幼儿还能理解数量之间的变化关系，依据皮亚杰的观点，对关系的理解在感知运动阶段就开始发展起来了，这个阶段的幼儿对动作力度和由此产生的物体反应强度之间的关系感兴趣：越是用力拉（或踢），就会让摇篮上的物体发出越大的响声（或者摇摆的幅度越大），也就是说，他们理解了动作力度与动作效果之间的关系。

（三）对计算的感知——对加减法的最初理解

婴幼儿能进行算术运算吗？有的研究者认为，婴幼儿能理解 3 以内的加减法。

永利（1992）的"加法预期"研究：研究者给 5 个月的婴儿呈现玩具鼠，婴儿首先看到 1 只玩具鼠在架子上，然后一个挡板升起将这只玩具鼠挡住使婴儿看不到，同时当着婴儿的面，研究者从架子侧面伸出手来将另一只玩具放到挡板后面。接着挡板降下，婴儿眼前会呈现出两种结果：一种是 1 只玩具鼠；另一种是 2 只玩具鼠。研究发现，婴儿看到 1 只玩具鼠的注视时间要比看到 2 只玩具鼠注视的时间更长。研究者认为，之所以会出现这样的实验结果，原因在于婴儿有一种"预期"，婴儿的预期是 1+1=2，所以，当婴儿看到与预期结果不一致时，会感到意外，表现出惊诧，注视时间会更长。

永利（1992）的"减法预期"研究：研究者让婴儿观看减法事件，在架子上摆放 2 个玩具鼠，挡板升起将 2 只玩具鼠挡住使婴儿看不到，同时当着婴儿的面，研究者从挡板后面拿走 1 只玩具鼠，随后将挡板降下，婴儿眼前会呈现出两种结果：一种是 1 只玩具鼠；另一种结果是 2 只玩具鼠。这时婴儿的反应是，看 2 只玩具鼠的注视时间要比 1 只玩具鼠更长。研究者对这个结果的分析是，婴儿的预期是 2-1=1，当他看到非预期结果时会认为这是不可能发生的事情，所以注视时间会更长。

斯塔基（1992）用伸手取物的方式对婴幼儿的计算能力也进行了测试。被试是 18～24 个月的幼儿。研究者让幼儿把球一个一个地放入一个不透明的盒子里，例如：幼儿放进去 3 个球，然后研究者当着幼儿的面又放进去 1 个球（这时盒子里一共有 4 个球）。接下来，研究者让幼儿把盒子里所有的球都取出来，观察他把手伸进盒子里的次数（盒子是不透明的，顶端开一个洞，幼儿每次只能通过这个洞从盒子里拿出一个球，并且在取球时，幼儿既看不到盒子里的球，也碰不到其他的球）。研究结果发现，18 个月的幼儿能进行 2 以内的计算，24 个月的幼儿能进行 3 以内的计算。

简言之，众多研究证明，婴幼儿能初步理解小数目（3 以内）的加减法，直到 4～5 岁才能解决稍大一点数字的加减法问题。

（四）初步的计数能力

计数能力的发展一般经历以下三个阶段：口头数数、按数取物、说出总数。

婴幼儿有了初步的计数能力，2 岁左右的幼儿就可以唱数（verbal counting），就是像唱儿歌那样唱出数字的顺序。到了3岁，幼儿就能逐步学会手口一致地实物点数，但不会超过5，而且点数后不能说出物体的总数。这些初步的计数能力是数概念发展的基础。

总之，0～3岁婴幼儿数学能力的发生与发展特点：①具有感数能力，能对小集合的数量进行笼统感知；②对数量之间的关系有最初步的理解，不过这种理解仅限于小于3的数值，或者数值间差距足够大的情形；③对加减法有了初步的理解，但这种理解仍然是感知层面的，而且仅限于3以内的数字；④具备初步的计数能力，表现在2岁以后可以唱数，3岁以后可以对5以内的实物进行点数，但不能说出总数。

尽管目前对婴幼儿数学能力的研究结果仍有争议，但对婴幼儿数学能力的研究还是具有重要意义的。婴幼儿期数学能力是今后数学学习与发展的基础，影响着后期的发展；同时，对婴幼儿期数学能力的研究也有助于探索数学能力发生发展的根源问题。

第六节 想象的发生

一、想象对婴幼儿发展的意义

（一）想象的产生是婴幼儿认知发展的标志

想象的出现标志着婴幼儿认知开始进入一个新的发展阶段，想象的出现打破了只能对具体事物进行直接反映的局面，婴幼儿的认识不再局限于眼前的事物，而是可以反映不在眼前的事物，以反映事物间联系为特征的高级认知机能开始萌芽并发展起来。

（二）想象是婴幼儿游戏、学习、理解的基础

自想象出现之后，想象几乎贯穿于婴幼儿的各种活动之中。游戏是婴幼儿的主导活动，特别是象征性游戏必须要有想象的参与才能进行。在他们的现实生活中也充满了想象活动，并以此为满足。婴幼儿对事物的理解常常依靠想象，即把当前感知的事物与以往经验联系起来，没有想象就没有理解，没有理解就谈不上学习。想象也是理解他人的前提，只有借助于想象，才有可能"设身处地"地明白他人的处境和心情，进而产生移情能力。

（三）想象是维护婴幼儿心理健康的重要手段

心理学研究发现，想象具有调节不良情绪、维持心理平衡、促进心理健康的作用。婴幼儿想象的特点之一是将想象中事物当作真实的，由于这个特点在婴幼儿身上特别突出，所以，想象中的伙伴能补偿婴幼儿缺少游戏伙伴的现实，缓解其孤独感和寂寞感，众多的临床案例及生活中的案例也都证明了这一点，西方盛行不衰的游戏疗法就是利用想象的这个作用对婴幼儿进行心理干预与治疗。

二、想象的萌芽

想象不是与生俱来的，而是心理发展到一定阶段的产物。想象产生需要两个最基本的条件：一是头脑中要有相当数量的记忆表象；二是要具备一定的内部智力操作能力，即对记忆表象进行加工改造的能力。

婴幼儿刚出生时，产生想象的两个条件都不具备。随着年龄的增长、生活经验的丰富，婴幼儿头脑中贮存的记忆表象越来越丰富；随着大脑的发育，婴幼儿的表征能力、思维能力发展起来，逐步具备了运用内部智力操作对记忆表象加工改造的能力。至此想象产生的两个条件基本具备，于是在 1 岁半到 2 岁出现想象的萌芽。

婴幼儿最初的想象活动主要是通过动作和言语表现出来，具体表现为相似性联想和象征性游戏。

相似性联想是指把两个毫不相关、但在外表上有相似性的事物联系在一起。例如：孩子咬了一口饼干，拿着这块缺了一角的饼干对妈妈说这是"月亮"；看到汽车方向盘上的黑色胶粒，说这是"黑米"；看到木工师傅撒落在地上的一堆小木条儿，说这是"拌黄瓜"。

象征性游戏就是假想游戏。在游戏中，婴幼儿的想象只是生活经验的简单再现，是记忆表象的简单迁移，加工改造的成分很少，虽然游戏中也出现了表征，即以一物代替另一物，但很少把已有经验情节进行组合。例如：一个 2 岁的幼儿将玩具塑料片往娃娃嘴里放，娃娃代替自己，自己代替妈妈，塑料片代替饼干，这种象征性游戏实际上是妈妈喂自己吃饭的记忆表象的简单再现；骑竹马游戏中，把木棍儿当作马、把小树枝当作马鞭，这是记忆表象的简单迁移。3 岁左右，随着经验和言语的发展，逐渐产生了带有最简单的主题和角色的游戏活动。例如：把布娃娃当作孩子，自己扮演"妈妈"，给她穿衣、洗脸、喂饭等。在游戏活动中，婴幼儿的想象逐渐发展起来。

皮亚杰对婴幼儿想象活动的观察

观察案例 1：

一个小女孩曾经看见在一座村庄旧教堂的塔尖上悬挂着许多钟，并向父亲询问有关教堂的各种问题。有一天，她笔直地站在父亲的书桌前，发出震耳欲聋的声音。父亲对她说："你知道吗？你在吵我！你没看见我在工作吗？"小女孩回答："不要跟我说话，我是一所教堂。"女孩将记忆中的教堂钟声迁移到自己的象征性游戏中，是初步的想象活动。

观察案例 2：

小女孩在厨房桌子上看见一只拔了毛的死鸭子，深受触动。当天晚上，她一声不响地躺在沙发上，别人以为她病了，问她，她也不回答。过了一会儿，她大声说道："我就是那只死了的鸭子。"这个女孩将记忆中的死鸭子躺着不动的记忆表象迁移到了自己躺着不动的情境中。这就是最初的想象——记忆表象的简单迁移。

第七节　婴幼儿的学习

学习是指由于经验而产生的行为或行为潜能的相对持久的变化。当代研究表明，婴幼儿的学习能力与生俱来，从一出生开始就是一个学习者。以下介绍婴幼儿的学习方式与特点。

一、习惯化/去习惯化学习

习惯化/去习惯化是婴幼儿早期非常重要的学习方式。

习惯化是指婴幼儿反复重复地受到某事物的刺激而对该事物的反应减少甚至停止反应的现象。换句话说，习惯化就是因对事物熟悉程度的增加而导致兴趣的丧失。在习惯化之后，对新异刺激恢复和增加反应的现象叫作去习惯化。

例如，妈妈给孩子买了一个新的玩具小汽车，一开始他很感兴趣，用手摸、推着玩，如果一直给他这个玩具车玩，也就是说，这个玩具车反复出现，孩子就会对这个玩具失去兴趣，摸两下就丢到一边（反应减少），甚至不再去玩它、摸它、看它（停止反应），这时说明孩子对这个玩具车已经习惯化了。这时，如果给他换一个玩具，如打鼓小熊，孩子会再次做出反应，如盯着看、用手摸，这是去习惯化，表明孩子能区别玩具车与打鼓小熊。

我国心理学家孟昭兰认为将习惯化/去习惯化看作婴幼儿特有的学习方式是因为它们包含两个心理过程：在大脑中形成了刺激物的心理表象，并对新异刺激物的知觉与已有表象之间进行比较。具体地讲，婴幼儿对重复作用于他的刺激物的兴趣下降表明他已经习得了这个事物，对新刺激物的新异反应表明婴儿对前后两种刺激物做了比较。一个刺激物重复出现时，表明新刺激与已有表象之间匹配一致，说明婴幼儿已"知道"了这个事物，不需要再去注意；而只有当新的刺激与已有表象之间不匹配时，注意才会再度出现。这样看来，婴幼儿从很早就开始了生动、活跃、主动的心理活动。此外，对婴幼儿来说，习惯化/去习惯化具有很强的适应功能，它使得婴幼儿能够吸收和寻求周围环境中的新信息，对新旧信息加以区分。

从习惯化的定义可以看出，产生习惯化有两个条件：①能够引起习惯化的刺激必须是连续多次重复出现、出现时必须持续一段时间。②能够引起习惯化的刺激必须是能够引起婴儿能产生选择性定向反应的刺激，如光线、颜色、形状、声音等，而那些不能引起婴儿选择性定向反应的刺激（如室温），则不会引起习惯化。

成人可以将习惯化原理应用到日常生活中，以促进婴幼儿的学习。①避免单调的、不断重复的刺激，以免引起婴幼儿厌烦，失去兴趣，不利于学习经验的及时增长。②习惯化与去习惯化两者交替的适当运用是促进婴儿学习的有效手段。在日常生活中可以这样做：经常更换环境中的刺激物和玩具，可以保持婴儿的活跃、兴趣状态；把熟悉的玩具先收拾起来，隔一段时间后再拿出来，也能起到一定的新异刺激性作用；在教学中，要避免教学方法一成不变，必要、灵活地转换教学手段和教学方法是教学的重要技巧和艺术。

二、经典性条件作用学习和操作性条件作用学习

条件作用是婴幼儿早期最主要的学习方式。通过条件作用，婴幼儿学会了一些习得性反应、行为习惯及情绪反应。这种学习简单有效，成人可以利用婴幼儿的这种学习方式，通过控制婴幼儿对环境的经验（愉快/不愉快）、控制婴幼儿自身行为带来的结果（奖励/惩罚）来引导和塑造婴幼儿的行为。

出生10天的新生儿就能够建立条件反射，这说明条件反射机制在出生后就已经存在并发挥作用了。此后，随着神经系统逐渐发育成熟，他们建立条件反射的

能力逐渐增强，越来越复杂的条件反射系统建立起来。行为主义创始人华生认为，通过条件作用建立起来的行为习惯需要120～150天，只要经过适当的训练，任何习惯都能够有效地得到发展。不过，婴幼儿建立条件反射的速度和稳定性存在个体差异。

婴幼儿学会的各种本领，有些是通过经典性条件作用学会的，而有些是通过操作性条件作用学会的。经典性条件作用让婴幼儿学会与新事物建立反应联系；而操作性条件作用则能让婴幼儿学会新的本领，这是因为操作性条件作用要求婴幼儿先做出反应，然后才能得到某种结果。一般来说，婴幼儿主动做出的反应会随着强化或奖励而增加，这种学习在出生后不久就可以看到。例如，学会用哭叫来呼唤成人，学会做出某个动作或表情来引起父母的注意。

条件作用这种最基本的学习过程在生命早期非常有效，在婴幼儿早期发展过程中起着重要作用，但它不是唯一的学习方式。

三、模仿学习

婴幼儿大量的学习是通过观察模仿进行的，通过观察同伴、父母、他人的行为进行学习，特别是在认知发展、动作发展、社会性发展领域，观察模仿是一种非常有效的学习方式。

刚出生的新生儿就已经具有了模仿能力，5～6个月的婴儿出现了有意向的模仿，6个月时出现延迟模仿，10～22个月的婴幼儿只对他们理解了的动作进行模仿，2岁时已具有稳定的延迟模仿能力，2岁以后幼儿模仿的准确性逐渐提高，模仿的行为类型不断变化，模仿的行为难度和复杂性不断增强。

梅尔茨科夫和穆尔（1977）研究发现，出生几小时的新生儿就能模仿成人伸舌头、张嘴巴及成人握手之类的动作，表明婴幼儿生来就具有模仿他人行为的能力。不过，这种模仿是一种不需要思考与理解的、基于简单神经联系的简单行为，类似于照镜子，是一种镜像反射。

婴幼儿不仅能模仿他人动作，还能模仿自己的动作，心理学家詹姆斯·鲍德温（1925）和皮亚杰（1952）将这种自我模仿称为"循环反应"（circular reaction），也就是重复性动作。婴幼儿从出生起就开始倾向于重复某些动作，如把手伸进嘴里、舌头来回伸缩进行吮吸、挥动手臂、蹬腿等。由此可见，模仿不仅具有社会交流功能，还具有认知功能，通过这种自我模仿（循环反应）婴幼儿认识周围事物、认识物我关系、认识自己的动作与动作结果之间的关系、认识自身是环境中一个独特且具有主动性的实体，这些作用在皮亚杰论述的感知运动阶段的六个子阶段有详细的阐述。

随着海马区和额叶皮层等机能的发育，婴幼儿的模仿就不再是简单的刺激与反应之间的联系了。梅卡尔研究了12～24个月的幼儿对成人三种不同类型行为的观察模仿学习：动作行为（如把项链戴在他人脖子上、用彩色笔画线条、敲打容器等）、社会行为（如发出声音、躲猫猫游戏）、一系列协调行为（如把一个立方体放在一个小杯子里，再把小杯子放在大杯子里，然后把合起来的杯子摇得咯咯响，这一系列动作代表复杂模式）。结果发现，动作行为和社会行为的学习在出生后第2年就有了显著发展，婴幼儿模仿动作和手势比模仿社会行为更频繁，到了24个月时才能模仿一系列协调行为。

婴幼儿通过模仿来进行社会学习，婴幼儿获得对他人的认识、获得对自己与他人关系的认识，并且通过模仿保持与他人之间的互动，也就是说，婴幼儿采取模仿和再现成人的动作来维持自己与成人之间交流，正因如此，有的心理学家甚至将模仿看作是婴幼儿与成人之间的"对话"。梅尔茨科夫（1990）曾做过一个有趣的实验，在实验中让婴幼儿与两名研究者面对面坐着，这两名研究者手中拿着与婴幼儿手中一模一样的玩具，其中一位研究者模仿对面婴幼儿的所有动作，如当婴幼儿敲打玩具时，研究者也以同样的动作方式敲打玩具；另一名研究者不模仿婴幼儿的动作，但会对婴幼儿做出的动作有所回应，如当婴幼儿敲打玩具时，这名研究者则做出摇动玩具的动作来回应他。研究发现，9个月大的婴儿会更多地注视那位模仿自己动作的研究者，14个月大的幼儿则会做出难以模仿、快速而富有挑战性的动作来捉弄那位如实模仿自己的研究者，如婴幼儿会慢慢地斜靠向一边，注视研究者所做的模仿动作，突然间改变斜靠的方向，然后兴奋地看着研究者会有什么反应。婴幼儿的这些行为说明，他们知道自己在被模仿，并用模仿动作来探究他人的交流意图、与他人进行游戏交流。模仿成为面对面交流中识别他人的一种学习方式。

四、内隐学习

内隐学习是一种无意识学习。内隐学习的特点是：没有明确的目的、不知不觉中学习。神经科学研究发现，脑能够注意到我们意识不到的事物，所以，人在无意注意状态下也能够进行学习。

心理学研究新发现婴幼儿具有惊人的学习能力，婴幼儿的学习不像成人有着明确的目的，而是大量地发生在日常生活中、随时随地、不知不觉中进行的，婴幼儿学习具有内隐的特点，他们在非注意状态下就可以对环境信息保持敏感，并逐步习得大量的知识、规则与行为方式和技能。通过内隐方式进行的学习活动，不仅占用的认知资源较少，而且所获得的知识与技能通常可以保持较长的时间。婴幼儿在自然状态下习得母语就是内隐学习的典型事例，几乎所有婴幼儿在母语获得过程中都极少进行专门的发音训练、语法学习、词汇背诵等，而是在日常生活中、在社会交往中不知不觉获得。

　　既然婴幼儿是以内隐的方式进行学习，成人要关注并对婴幼儿接触的各种环境进行筛选和控制。婴幼儿大多是从经验中学习、从经验中获得知识，所以，成人要尽可能帮助婴幼儿从日常生活中获取对发展有益的经验，同时还要注意减少对发展不利的经验，如现代社会中的媒体每天传播大量的信息，它既给予了婴幼儿更多的机会去体验，同时又几乎是强迫性地让婴幼儿接触大量的、过去不会接近的刺激和体验，甚至在婴幼儿个人经验形成之前就引入这些信息，这对婴幼儿发展是不利的。

学习检测

一、名词解释

认知发展　习惯化　表意性动作　工具性动作　直观行动思维　客体永久性
延迟模仿　象征性游戏　自我中心性　表征

二、简答题

1. 感知觉对婴幼儿生长发展有哪些重要意义？

2. 触觉对婴儿发展有何重要意义？

3. 婴幼儿注意的发展特点有哪些？如何吸引婴幼儿的注意力？

4. 简述婴儿记忆的发生与发展特点及其表现。

5. 简述婴幼儿思维发生的时间及表现。

6. 直观行动思维的特点是什么？

7. 简述皮亚杰对感知运动阶段婴幼儿思维发展的解释。

8. 简述皮亚杰对前运算阶段婴幼儿思维发展的解释。

9. 简述婴幼儿数学能力的早期发展。

10. 结合生活中观察到的案例，说一说婴幼儿想象的萌芽表现在哪些方面。

11. 婴幼儿的学习方式有哪些？对婴幼儿的学习成人应如何提供支持？

分享讨论

1. 在信息时代，电视、电脑、手机、iPad等媒体渗透在生活中，成为婴幼儿观察学习的重要媒介。看电视成为孩子们日常生活必不可少的活动，玩电子游戏的现象也日益普遍，也有很多家长给孩子买了iPad，让其使用现代多媒体手段进行学习。

你认为这些多媒体设备对婴幼儿学习带来的影响是利还是弊？为什么？请说出你的理由。也请你为家长有效使用多媒体设备帮助婴幼儿学习提出你的发展指导建议。

2. 冬冬今年3岁多了，活泼可爱，特喜欢画画、拼图。每次画画总是拿起笔来就画，偶尔画出一种图形，就高兴地说："哈，小鸟，看，我画了小鸟。"画出来的像什么就说是什么。拼图也是这样。爸爸见了很不满意，每当冬冬要画画了，他总是要求冬冬说："告诉爸爸，你想画什么，想好了再画！"冬冬不听，还是拿起笔来就画。冬冬爸爸非常生气，经常批评冬冬："做事之前不动脑筋！"

请分析：冬冬的行为体现了认知发展的哪些特点？爸爸对冬冬的要求和批评是否合理？为什么？

3. 妈妈在女儿出生前在房间里挂了很多漂亮的壁画，壁画上有各种动物、人物、景色等。孩子在前两个月期间，几乎从不注意这些画，刚过两个月，她就对这些画表现出了很浓的兴趣。

试根据婴儿视觉能力的发展分析解释孩子的这种变化，并结合本章知识点与同学们一起探讨：如何在视觉发展关键期内为婴儿提供丰富的视觉环境？

4. 海伦·凯勒（1880—1968）是美国著名的盲聋女作家、社会活动家。在她19个月大时，一场不明原因的高烧使她失明且失聪。生病前，她是一个发育良好、健康活泼的婴幼儿，生病后，变得冷漠、反应迟钝、脾气暴躁、情绪不定。父母想尽所有办法给她治疗，但最终也没能治愈。在身体和认知能力快速发展的重要时期，病魔把她探索世界的重要感官之门几乎关闭了。失去了视觉和听觉两种最重要的感官，她只能依赖嗅觉和触觉来感知世界，她依据医生和木匠身上散发出来的乙醚气味和木头气味来区分医生和木匠；她依靠自己的指尖来探索"蝴蝶翅膀轻微的颤动、紫罗兰轻柔的花瓣、清晰坚挺的脸庞轮廓、小马脖子上光滑的脊背和鼻子柔软的触感……"6岁时，父母为她请来了家庭教师安妮·沙利文，面对这个"疯狂、任性、极具破坏力"的女孩，老师采取了独特的教育措施。一天，当她和老师一起在园中散步时，因口渴来到一个压水井旁，老师把她的手放在喷水口下方，压出水来，让水流经她的掌心，同时在她的手掌上反复拼写water这个词。她在回忆录中写道："我安静地站着，全神贯注于老师指尖的运动。突然，我恍然大悟，有种神奇的东西在我脑中激荡，呈现给我语言文字的奥秘。我知道了water就是正在我手上流过的这种清凉而奇妙的东西。water这个词唤醒了我的灵魂，并给予我光明、希望、快乐和自由！"

从此之后，在老师的帮助下，她以顽强的毅力，学习并掌握了英、法、德等多种语言，并以优异的成绩从哈佛大学毕业，成为世界著名的盲聋女作家。

请你阅读海伦·凯勒的著作《我的生活》《假如给我三天光明》，从中了解她更多的成长经历。结合本章知识点，谈一谈从这个励志的案例故事中，你获得了哪些启示？在婴幼儿发展过程中，感知觉起到什么样的作用？如何充分利用感官教育促进婴幼儿发展？与同学们一起分享你对这些问题的观点与看法。

实践体验

1. 婴幼儿客体永久性的观察

皮亚杰认为，客体永久性是婴幼儿认知发展的里程碑之一，是感知运动阶段的最大发展成就。如何知道婴幼儿是否具有了客体永久性概念呢？一个最直接的方法就是观察感兴趣的物体消失后婴幼儿的反应。如果婴幼儿主动寻找该物体，就说明虽然看不到该物体，但在他的头脑中相信物体还是继续存在的，客体永久性概念已具备。

选取一名1岁以内的婴幼儿进行观察，在他眼前摆放一个他最喜欢的玩具，观察他是否伸手去拿。然后，在他与玩具之间放置一张纸或幕布，刚好能挡住他的视线使他看不到玩具，这时观察并记录下他的行为反应及月龄。

2. 躲猫猫游戏

几乎在全世界所有国家和地区的母亲都会跟孩子玩躲猫猫的游戏，而且几乎所有的孩子都非常喜欢玩这个游戏。在这个游戏中，妈妈当着孩子的面，用双手把自己的脸蒙上（或者将自己藏起来）。然后，突然打开双手（或出现在孩子面前），向孩子露出笑脸。妈妈的重新出现都会让孩子感到非常高兴，他们会兴奋得大笑大叫，开心极了。如果在这个游戏过程中，妈妈再用上夸张的动作表情和抑扬顿挫的语调，孩子会玩得更开心。

看似简单的游戏，里面其实蕴含着丰富的心理学价值。精神分析学家认为，这个游戏能帮助婴幼儿缓解因与母亲分离带来的情绪上的焦虑，认知心理学家则将其看作帮助婴幼儿发展客体永久性观念的有效方式，同时，通过这个游戏还能帮助婴幼儿学会"轮流"的规则，进而有助于帮助婴幼儿学习谈话的技巧——谈话要交替进行，同时还有助于帮助婴幼儿练习集中注意力。

到了4～5个月，婴儿预测未来事件的认知能力发展起来，所以他们会在躲猫猫游戏中妈妈还没有出现（或消失）时大笑，这说明他对将要发生的事件有了预测；到了5～8个月，当妈妈的声音出现时，孩子会透过眼神、视线和微笑表现出对妈妈即将出现的期待；到了1岁，孩子已经不再满足于游戏的观察者了，这时，他开始经常不断地主动发起游戏，如果妈妈没有表现出玩的意愿，他会非常不高兴，并且会坚持玩下去。由此看来，躲猫猫游戏真是好处多多。

请你在日常生活中与婴幼儿一起玩躲猫猫游戏，在游戏过程中体会上述躲猫猫游戏的心理学价值，并探索这个游戏的多种玩法。

3. 婴幼儿表征能力的观察

皮亚杰认为，表征是前运算阶段婴幼儿认知发展的突出成就。表征是指用某一事物代表其他事物而非该事物本身。在日常生活中，表征能力大量地表现在婴幼儿的延迟模仿、象征性游戏、初期绘画和初期语言当中。

请你在日常生活中对婴幼儿表征能力的行为表现进行观察，并做好观察记录。

（1）延迟模仿：请用照片或录像方式记录下婴幼儿延迟模仿的动作或姿态，记录下年龄，分析其动作姿态表征的是什么事物。

（2）象征性游戏：请用照片或录像方式记录下婴幼儿的象征性游戏，记录下年龄，分析在这个游戏中婴幼儿运用哪些动作或物品进行表征，这些符号分别代表哪些事物？

（3）初期绘画：收集2～3岁幼儿的绘画作品，询问他们画的是什么。分析他们的绘画作品中的表征形式。

（4）初期语言：随时记录下婴幼儿说出的词汇，分析这些词汇表征的意义。

4. 收集支持婴幼儿认知发展的游戏材料

3岁前婴幼儿的思维方式是直观行动思维，他们的思维离不开感知和动作，所以，为婴幼儿提供适宜的游戏材料不仅能够满足游戏需求，还能有效地促进其认知发展。游戏材料的投放需要依据婴幼儿认知发展特点。

请你按照下面表格中关于婴幼儿游戏材料的提示，收集相关的玩具图片或实物，在日常生活中为婴幼儿投放这些玩具，观察他们的游戏过程，从中体会并理解游戏材料是如何促进婴幼儿认知发展的。

从 2 个月起	从 6 个月起	从 1 岁起
婴儿床风铃	挤压玩具	大的玩偶
拨浪鼓和其他可以用手抓住的发声玩具，如带把手的铃铛	嵌套茶杯	玩具碟子
成人操作的音乐盒、唱片、磁带、CD、可以发出柔和有规则的韵律、歌曲和摇篮曲	抓握件和纹理球	玩具电话
	填充动物和软体玩偶	锤和钉的玩具
	注满和倒空玩具	拉和推的玩具
	大和小的积木	小汽车和卡车
	厨房用的罐子、盘子和勺子	可以晃动和撞击的韵律装置，如铃、钹和鼓
	用于浴室的简单漂浮物体	简单的拼图玩具
	图画书	沙盒、铲子和桶
		浅水池和水上玩具

图3-8　支持婴幼儿认知发展的游戏材料①

---

① ［美］劳拉·E.伯克：《婴儿、儿童和青少年》，278页，上海，上海人民出版社，2008。

第四章 婴幼儿言语的获得与发展

导言

　　人的心理与动物心理的本质区别之一是人拥有语言能力，人不仅可以接受各种具体刺激物的作用，而且可以接受语词的作用，进行抽象逻辑思维，形成自我意识，并且通过内部言语自我调节。人类的婴幼儿能够在短短的3～4年就能掌握母语、运用语言进行交际，这不得不说是个奇迹。言语发展是出生头三年最重要、最复杂的发展任务之一，语言的获得是婴幼儿时期最大的发展成就。

学习目标

通过本章的学习，你将能够：

1. 了解言语在婴幼儿心理发展中的作用。

2. 理解并掌握出生第1年所做的言语发展准备。

3. 掌握言语发生的标志。

4. 理解并掌握婴幼儿言语发展的具体表现。

5. 了解言语获得的不同理论观点。

6. 运用本章知识提出促进婴幼儿言语发展的有效策略。

内容导览

- 婴幼儿言语的获得与发展
  - 言语发展概述
    - 言语的界定与种类
    - 言语在婴幼儿发展中的作用
  - 言语的准备与发生
    - 语音知觉的准备
    - 发音的准备
    - 言语理解的准备
    - 言语交流的准备
    - 言语的发生
  - 婴幼儿言语的发展
    - 语音的发展
    - 语词的发展
    - 语句的发展
    - 言语交往功能的发展
    - 言语调节功能的发展
    - 书面语发展的准备
  - 语言获得理论
    - 先天论
    - 后天论
    - 环境与主体相互作用论

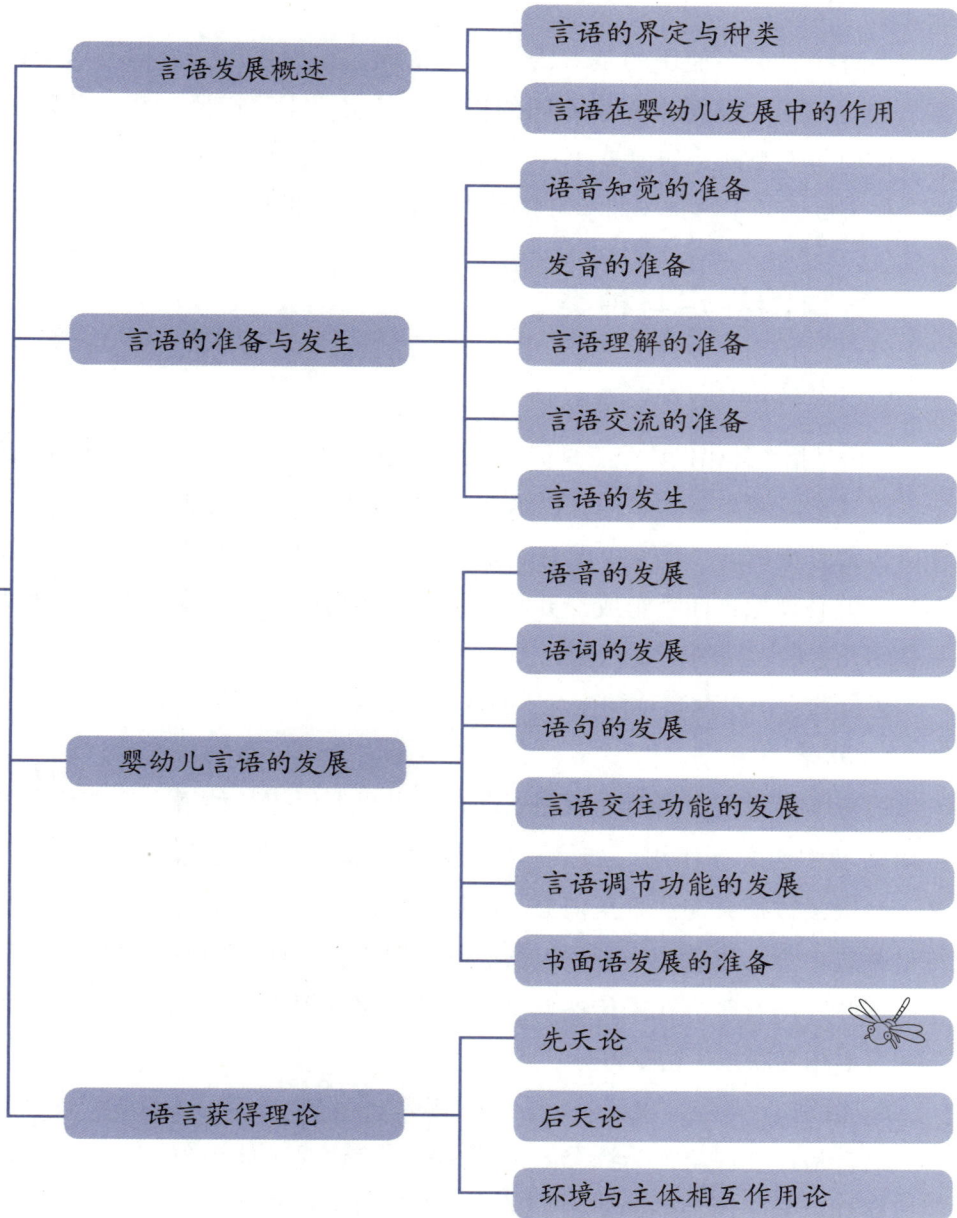

第一节　言语发展概述

平时我们更多使用的是"语言"这个词，很少使用"言语"这个词。"语言"和"言语"是两个完全不同的概念，其实，当我们谈论婴幼儿是如何学说话、如何与人交谈，如何表达自己的意愿时，涉及的是言语范畴的东西。对"言语"这个概念的了解是我们学习婴幼儿言语发展的基础。

一、言语的界定与种类

（一）言语的界定

言语是指个体借助语言工具传递信息、交流思想、表达自我、影响他人的过程。

语言是以词为基本单位、以语法为构造规则、约定俗成的符号系统。任何一种语言都是由语音、语义、语法、语用四个部分构成。要想运用语言有效地进行交流，就必须把这四个组成部分联合起来，换句话说，语音、语义、语法和语用是婴幼儿言语学习的主要内容。

语言和言语是两个不同概念，它们既有联系又有区别。

1. 联系

语言不能脱离言语活动而独立存在，世界上任何一种语言都必须通过人们的言语活动才能发挥作用，如果一种语言不再被人们所使用，它就失去存在的意义，会慢慢被社会淘汰直至消失。同样，言语也离不开语言，如果没有语言这种符号系统，个人也就失去了用以交际的重要工具，而只能像动物那样用体态、动作、气味、声音等方式来传递信息，当然也更谈不上用语言进行思考。所以，语言和言语相互联系，密不可分。

2. 区别

语言是社会现象，为社会团体所共有；言语是个体现象，言语行为带有个人的风格和色彩。语言是抽象的，是一整套符号表征系统，可以代表任何事物；言语是具体的，是个体根据所掌握的语言知识而产生的言语行为。

（二）言语的种类

言语活动通常分为外部言语和内部言语两类。

外部言语包括口头言语和书面言语，如对话、独白、阅读、写作等。

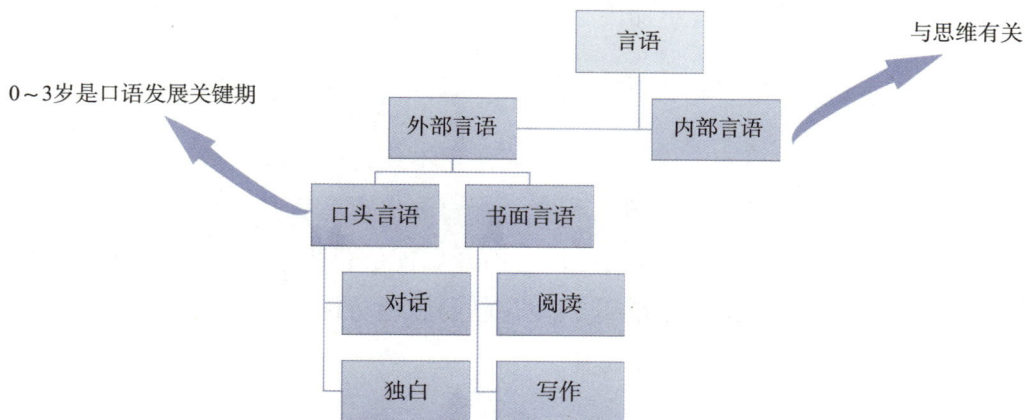

图4-1　言语种类的划分

内部言语是指不出声的言语过程，是言语的一种特殊形式。内部言语的特点是：发音隐蔽，语句简略不完整。内部言语虽然不发出声音，但人在运用内部言语默默思考时，发音器官仍向大脑发送较为微弱的动觉刺激，执行着和出声说话时相同的功能。内部言语的功能不在于交际，而在于思考、分析及自我调节。内部言语与思维密不可分。

二、言语在婴幼儿发展中的作用

（一）初级心理机能得到改造，高级心理机能开始形成并发展

初级心理机能是指人和动物共有的心理机能，如感觉、知觉、无意注意、无意记忆、情绪反应等。高级心理机能是指受人的意识支配、人所特有的心理机能，如思维、想象、有意注意、有意记忆、情感社会性等。高级心理机能需要以词为中介。

言语发生之前，婴幼儿只具备初级心理机能。掌握语言之后，不仅高级心理机能得以出现并发展，而且原有的初级心理机能也得到改造，如感知活动不再仅仅单纯地反映事物的外部特征，还能反映事物的"意义"，言语活动使感知活动成为思维指导下的感知，使感知到的事物成为"可理解"的。

（二）言语的发生与发展扩大了婴幼儿的认识范围

婴幼儿掌握语言之前，只能借助感知和动作反映客观世界，其认识只能来源于自身的直接经验，受制于感官的局限，认识范围非常狭小。婴幼儿掌握语言之后，借助言语活动，婴幼儿可以认识直接经验之外的事物，其认识范围不再受感

官的局限，其心理反映内容更加广泛、丰富和深刻。

（三）言语的发生与发展促进自我意识的产生和个性的萌芽

最初，婴幼儿并没有自我意识，他们意识不到自己的心理活动和行为，更谈不上自觉地分析调整自己的心理与行为。当言语出现之后，尤其是掌握"我"这个词之后，他们的自我意识形成了，进而开始能够借助言语反映自己的主观世界，能够通过言语自觉地调控自我，使自己的心理与行为渐渐地表现出一种比较稳定、独特的倾向，即个性开始萌芽。

第二节　言语的准备与发生

在婴幼儿开口说话之前有一个较长的言语发生准备期，这个准备期一般来讲指的是从出生到说出第一个真正意义上的词的时期（0~12个月），这段时期被称为"前言语阶段"。如果没有这段时期的准备，婴幼儿就不可能开口讲话，言语也不可能得到发展。

一、语音知觉的准备

婴幼儿先天具有语音知觉的倾向和能力，在最初几周内就已经能区分人的语言和其他声音。早期语音知觉的研究发现，出生第1天的新生儿就能调整自己的行为，使之与成人的语言相一致，新生儿能对正常语言韵律的声音做出较多反应，而对无意义和非语言的声音反应较少，说明他们在出生时就对有规则、有意义的语言符号特别敏感，出生时就有了语音知觉。例如，艾马斯（1971）运用习惯化/去习惯化方法研究婴儿对语音的感知能力，研究者利用婴儿的吸吮动作不断重复地给婴儿听P这个音，使其习惯化，这时婴儿的吸吮动作就会逐渐减少；接着，让婴儿分别听另外两个音质不同音/p/ 和/b/，结果发现，婴儿吸吮频率增加了。婴儿吸吮频率高低的变化说明婴儿有区分清音和浊音的能力。再如，卡普兰（1970）也采用习惯化/去习惯化方法研究婴儿对语调知觉能力，发现婴儿在8个月时就已经可以分辨英文的升降调了。可见，对人类语音的敏感性是与生俱来的，出生伊始婴儿就开始为开口讲话做语音知觉方面的准备了。

当代婴儿心理学研究表明，0~12个月的婴儿能够辨别任何一种语言中的任何音素，这意味着在出生第1年内，如果给予婴儿应有的语言环境，他就能自然习得任何语言的语音。不过，这种辨别能力随着年龄增长而有所变化，10~12月的时候，婴儿逐渐对不经常听到的语音失去敏感性，到快 2 岁时，个体对语音的关注度和敏感性大多集中在母语上。

我国学者林崇德（1995）认为，出生后婴儿语音知觉发展可分为以下四个阶段。

第一阶段：新生儿期（0～1个月）。

婴儿刚出生就能对声音进行空间定位，能根据声音的频率、强度、持续时间和速度来辨别各种声音的细微差别，表现出对人类的语音，特别是母亲语音的明显偏爱，并能在出生后一周内经学习而记住自己"名字"，且大多只对母亲的唤名行为做出反应。

第二阶段：发音游戏期（2～4个月）。

2个月左右婴儿开始理解言语活动中的某些交往信息，如他们听到愤怒的讲话声时，往往会出现躲避行为，对友善的语声则往往报之以微笑，咿咿呀呀"说"个不停。到了 3 或 4 个月时，婴儿就能和成人进行"互相模仿"式的"发音游戏"，能鉴别区分、模仿成人语音，能够辨别清浊辅音，获得了语音范畴的知觉能力。

第三阶段：语音修正期（5～8个月）。

5～6个月时婴儿学会了辨别几种不同的言语方面的信息，他们已能鉴别言语的节奏和语调特征，并开始根据其周围的言语环境改造、修正自己语音体系，那些母语中没有的语音在这一阶段逐渐被"丢失"。

第四阶段：学话萌芽期（9～12个月）。

这时婴儿已能辨别出母语中的各种音素，能把听到的各个语音转换为音素，并认识到这些语音所代表的意义，能够经常、系统地模仿和学习新的语音，为言语发生做好了准备。

二、发音的准备

我国学者陈帼眉认为，婴儿发音准备大致经历以下三个阶段。

第一阶段：简单发音阶段（1～3个月）。

哭，被认为是最初的发音，因为新生儿的哭声中带有［ei］［ou］等音。2 个月以后，婴儿会发生更多的韵母，如［m-ma］［a］［ai］［e］［nei］［ai-i］等音，这些发音不需要较多的唇舌运动，是自然发声，是一种本能行为。

第二阶段：连续音节阶段（4～8个月）。

这个阶段，婴儿发音明显活跃起来，发音明显增多，特别是在吃饱、睡足、

图4-2 4~8个月婴儿发音明显增多

感到舒适的时候更为明显。他们发出的声音不仅声母、韵母增多，还出现了连续音节，如［a-ba-ba-ba］［da-da-da］［na-na-na］［ma-ma-ma］等。由于发出的连续音节与"爸爸""妈妈"发音相似，很多家长以为孩子会喊爸爸妈妈了，其实，这个时期婴儿的发音还不具备符号意义，只是言语准备期的发音现象。

第三阶段：模仿发音阶段（9~12个月）。

这个时期婴儿的发音不仅增加了不同音节的连续发音，同时还出现了四声，音调开始多样化，听起来很像在"说话"，虽然这些语音还没有任何意义，但却为说话做了发音上的准备。此外，这个阶段的婴儿开始能模仿成人发出类似话语的声音。例如：有的父母会一边说出"帽帽""灯灯""袜袜"等语音，一边指着与之相应的物品，以此来教孩子说话，这个时期的婴儿会积极地模仿成人的发音。在成人教育下，婴儿渐渐地把特定语音与具体事物联系在一起，语音开始获得了其应有的意义，这就为开口说话奠定了基础。

三、言语理解的准备

婴幼儿对语词的理解要先于说出语词，也就是说，婴幼儿言语的理解先于言语的表达。许多研究表明，从9个月起，婴儿开始理解成人的言语，开始在成人说出的语词与所指的事物之间建立联系、互为参照，并能够按照成人的语词做出相应的动作。例如：妈妈问孩子"灯在哪里"，孩子会抬起头望向天花板上的吊灯；妈妈说"跟阿姨再见"，孩子会向阿姨摆摆手表示再见。

这个阶段婴儿对语词的理解离不开具体情境、离不开成人的教导与示范，他们对语词的反应受特定情境的局限，如上述讲到的"灯在哪里"的例子中，婴儿只能在他习得"灯在何处"的特定情境中才能表现出理解的反应。

到12个月时，婴儿的言语理解和言语表达开始相互联系。1岁半以后，幼儿的言语理解和言语表达才真正达到同步发展。

四、言语交流的准备

婴儿出生伊始，母婴之间就开始了交流。

妈妈语（baby-talk）是母亲对孩子特有的说话方式，这种说话方式与成人间的交谈不同，具有独特的特点：音调较高、语速缓慢、语调夸张、单音重复、语句简短。跨文化研究表明，这种说话方式具有极大的普遍性，在许多国家和地区都普遍存在这种抑扬顿挫、韵律优美的母性语言。这种谈话方式能够有效吸引婴幼儿的注意力，引发他们的兴趣从而诱发婴幼儿的积极反应，有助于婴幼儿对言语进行加工和理解。

轮流交流（turn-talk）是人际对话的基本形式，婴幼儿在进行言语交流之前，需要学会轮流这一基本规则。母婴之间的轮流交流是从生活中最初的相互作用中产生的。例如：当新生儿停止吮吸时，母亲就抱着他摇晃；当母亲停止摇晃时，新生儿又开始吮吸。再如：当母婴之间目光接触时，婴儿倾向于发出正性声音，母亲也以语声做出回应；当婴儿因困倦、饥饿或是不愉快而发出负性声音时，母亲则以抚摸、拥抱、摇晃等动作应答。随着年龄的增长，母婴双方越来越多地以交替、轮流的方式进行"对话"，这种轮流交流是婴幼儿言语交流的必要前提。

"原对话"是英国爱丁堡大学发展心理学家克罗因·特里沃森在观察众多母子交流的基础上发现的最简单、最原始的交流方式，它发生在人生最初阶段母婴之间的交流中。原对话的特点是：①交谈都是非语言性的，原对话的主题是情感，语言只是背景。②交流的信息通过目光、触摸、语气、微笑、母性语言来传递。③关注彼此的表情，积极的情绪互动，情绪上的一致同步。从这些特点可以看出，原对话所交流的不是思想信息而是情感信息。原对话是所有人际交往的原型，是最基本的沟通形式，是婴幼儿学习言语交流的第一课，在原对话中，婴幼儿学会了面对面、轮流、注视、回应等最基本的沟通方式，为他们真正的言语交流做了充分的准备。

五、言语的发生

一般认为，婴幼儿言语发生的时间是在1岁左右，发生标志是能够说出第一个或第一批"有真正意义的词"。"有真正意义的词"是指词成为事物的符号，而且是一类事物的符号，也就是说，具有概括性意义的词才算是"有真正意义的词"。

在言语发展的准备期，婴儿虽然能发出语音，但它们没有意义。例如：6个月时能发出"ba-ba"这个音，但不是叫爸爸，因为音与义之间并没有联系在一起，这个音更不具有概括性，这时婴儿并不理解这个音的含义，所以还不能说他掌握了这个词。但到了10～14个月，婴幼儿开始说出第一个词或第一批词，其标志是词具有指代性，并运用在各种情境中且能够传递一个句子的含义。婴幼儿用

"ma-ma"这个语音呼唤母亲，并在任何情境中都使用这个语音指代自己的母亲，或者用这个语音表达自己的需求和意愿，如"让妈妈过来""我想找妈妈"这样的含义，这时"ma-ma"这个语音才具有词的意义。当婴幼儿说出最初的词并掌握其意义时，言语就发生了，至此，婴幼儿言语进入开口讲话阶段。

第三节　婴幼儿言语的发展

从1岁左右起，婴幼儿进入正式的言语发展阶段，在短短2～3年婴幼儿就能基本掌握本民族语言。婴幼儿言语的发展具体表现在以下几个方面。

一、语音的发展

随着发音器官的成熟，语音听觉系统的发展及大脑机能的发展，婴幼儿发音能力迅速加强，发音机制开始稳定和完善，到了4岁基本能够掌握本族语言的全部语音。语音的发展主要表现在以下四个方面。

（一）发音的正确率随年龄增长逐渐提高

正确发音的能力是随着发音器官的成熟（发音器官包括呼吸器官、喉头和声带、口腔、鼻腔、咽腔）和大脑皮层对发音器官调节机能的发展而提高的。由于生理上不够成熟，婴幼儿不能恰当地支配发音器官，不善于掌握发音部位和发音方法，发音的错误主要集中在声母，如zh、ch、sh、z、c、s等音，表现在他们在把音拼成音节时常常出现错误，如把"老"说成"袄"。

（二）3～4岁是语音发展的飞跃期

发音水平在3～4岁时进步最为明显，4岁前后是培养正确发音的关键期，而在4岁以后，发音逐渐趋向于方言化，因此，必须注意3～4岁婴幼儿的正确发音。

（三）语音的正确率与所处社会环境有关

虽然发音器官的成熟度决定了婴幼儿的发音水平，但社会环境极大影响着婴幼儿发音的准确度。研究发现，在跟随成人发音时，婴幼儿对不少音素的发音是正确的，然而当他们独自背诵学会的材料时，不少原来能正确发出的音却又变得不正确了。这说明当发音器官已基本成熟之后，当地语言的发音习惯对婴幼儿的正确发音产生了严重的阻碍作用，除此之外环境中的其他因素（如教育条件和家庭环境）也会影响婴幼儿的正确发音。成人可以用说儿歌、绕口令等方法引导婴幼儿多做发音练习，在日常生活中要求婴幼儿发音要清楚，说话时要张开嘴，吐字要清楚，但不要大声喊叫，以保护婴幼儿嗓音。

（四）语音意识出现

3～4岁语音的意识明显发展起来，逐渐开始能自觉地、有意识的对待语音。语音意识的萌芽表现在：①对别人的发音很感兴趣，喜欢纠正、评价别人的发音；②在对自己的发音很注意，积极努力地练习不会发的音或者发错的音；③学会后十分高兴，如果别人指责他发错的音，他会非常生气；④对难发的音常常故意回避或歪曲发音，甚至为自己申辩理由。这些表现都说明他们已有正确发音的听觉表象，并实际掌握了发音标准，自觉主动地学习并纠正发音。

二、语词的发展

词汇的发展是语言发展的重要标志之一，词汇量的多少直接影响到婴幼儿言语表达能力，词汇量也是智力发展的重要标志。

人生头三年有一个值得我们关注的词汇发展现象，即2岁左右出现的"词语爆炸"现象，2～3岁的幼儿学习新词的积极性非常高，经常指着各种物品问"这是什么""那是什么"，致使其词汇量增长速度非常快。研究发现，10～15个月的婴幼儿平均每个月掌握1～3个新词，随后掌握新词的速度显著加快，19个月时幼儿已能说出约50个词，此后，幼儿掌握新词的速度进一步突然加快，平均每个月掌握25个新词，3岁时已能掌握1000多个词汇了，这就是"词语爆炸"现象。按照维果斯基理论的解释，"词语爆炸"现象的出现，一方面体现了词汇的快速发展，另一方面也是思维发展与语言发展两条平行发展路线在此交汇的体现，从此语言与思维开始联结。

婴幼儿掌握的词汇分为两种：积极词汇和消极词汇。积极词汇是指能够正确理解又能正确使用的词汇。消极词汇是指能够说出但并不理解，或者虽然理解但不能正确使用的词汇。所以，在教育上，不能仅仅满足于婴幼儿能说出多少词汇，而是要注重积极词汇的发展，同时还要关注消极词汇向积极词汇的转化。

三、语句的发展

婴幼儿语句的发展大体上经历以下三个发展阶段，而且这三个阶段带有普遍性，全世界所有的婴幼儿都经历相同的发展历程。

（一）单词句阶段（1岁至1岁半）

单词句是指用一个词代表的句子。单词句是1岁多幼儿说话的特有方式，具有单个字或单音重复、一词多义、以词代句等特点。

由于幼儿掌握的词汇很少，所以，他们的言语最初只有一个词，用这个词来表达整句话的意思。

单词句阶段幼儿习得的词大多与其生活和兴趣密切相关。纳尔逊（1973）研究了18个幼儿的最初掌握的50个词，发现幼儿早期的词汇中充满了规律性，这些词都是他们感兴趣的事物，如动物、食物、玩具、熟悉的人、衣服、家庭用品、运载工具等。

拓 展 学 习

单词句的语义关系

虽然单词句只有一个词，但是婴幼儿使用单词句更多的是用来交际。格林菲尔德和史密斯（1976）曾对7～22个月的婴幼儿单词句的语义关系进行研究，结果如表4-1。

表4-1　单词句的语义关系①

语义关系	婴幼儿的话语	言语情景
施事者	爸爸	听见有人进来
状态	掉	指着扔掉的东西
受事	娃娃	一边把娃娃扔到地上
行动	拿拿	拿起东西
所有	妈妈	指着妈妈的衣服
地点	床床	被大人放在床上

从表4-1可以看出，婴幼儿使用单词句时有明显的交际意图，同时也可以看出，婴幼儿对语义的概括不仅仅停留在知觉上，随着生活经验的积累，可以转向以功能为基础进行概括，从而显示出婴幼儿对事物认知能力的发展。

---

① 余嘉元：《当代认知心理学》，207页，南京，江苏教育出版社，2001。

（二）双词句阶段（1岁半至3岁）

双词句是指由两个或三个词组成的句子。双词句是2~3岁幼儿说话的特有方式，具有句子简单不完整、词序颠倒等特点。

大约在1岁半以后，随着词汇量的增多、说话的积极性提高、交际需求的增长，单词句逐渐被双词句所取代。这个阶段，幼儿能将2~3个词组合在一起形成更丰富的语义关系，表达更明确的主观想法，如"明明奶""娃娃掉""球踢"等。与单词句相比，双词组合能更完整、更确切地陈述思想，随后出现的三个词组合在一起的句子，其表意功能更强。

在双词句阶段，幼儿是自己建构语言的，双词句的句式很特殊，在语句表现形式上是断续的、简略的、结构不完整、不符合语法规则，句子只有实词没有虚词，类似于成人打电报，所以又被称为"电报句"。

拓 展 学 习

双词句的语义关系

布朗（1973）曾对双词句的句式做过研究，认为包含以下十种语义关系（见表4-2），而且他发现这种语义关系具有跨文化的特点，全世界的儿童都在以类似的方式表达同样的事物。

表4-2　双词句的语义关系[①]

意义关系	婴幼儿的话语
称呼	这车车
反复	还要糖糖
消失	没有车车
施事+动作	妈妈抱
动作+受事	开嘟嘟
施事+受事	妈妈（穿）鞋鞋
动作+地点	坐椅椅
所有关系	妹妹娃娃
属性关系	大熊猫
指示词+物体	这个娃娃

[①] 余嘉元：《当代认知心理学》，209页，南京，江苏教育出版社，2001。

拓展学习

　　婴幼儿语言发展特点在一定程度上反映其认知发展特点。布鲁姆（1970）研究发现，双词句的句式所表达的是以婴幼儿在感知运动阶段对事物间关系认知为基础的语义关系，与单词句相比，双词句的句式具有更为复杂的意义关系，并且用一定的词序表达出来。而更多的研究者指出，双词句阶段和认知发展的前运算阶段是同步的。

（三）完整句阶段（3岁以后）

　　幼儿到3岁以后终于把那些句法上不完整、不连贯的句子扩展成包括主语、谓语和宾语的完整句子，而且学会使用一些介词、冠词、助动词、感叹词，他们会说"这是明明的""猫咪趴在床上睡觉""小汽车坏了"。

　　完整句阶段，幼儿语句的发展趋势如下。

　　首先，句子从混沌一体的逐渐分化。幼儿早期的言语功能具有表达情感的、表达意愿的和指物的三种功能，最初这三种功能紧密结合，而后逐渐分化。指物的、表达意愿的功能越来越明显。此外，幼儿早期的语词是不分词性的，例如："滴滴呜"既可以当作名词（指汽车），又可以当动词来使用，随后才逐渐分化出名词和动词。

　　其次，句子结构从松散到逐步严谨。最初的语句只是单个词或2～3个词的组合，句子结构是松散的、不具有语法规则。当出现简单句后，幼儿说出的语句才开始粗具结构框架。这里说的粗具框架是指这个时期幼儿说出的话语经常漏缺主词，例如："你吃筷子，我吃调羹"（你用筷子吃饭，我用调羹吃饭），"孙悟空头上毛"（孙悟空拔头上的毛）。以后随着年龄的增长，句子结构才开始逐步严谨，如3岁半以后可以说出"把"字句"小兔子把萝卜放在筐子里"。

　　最后，句子结构由压缩、呆板到扩展灵活。幼儿最初说出的语句简单、主谓语不分甚至没有主谓语，如"呜呜呜"。而到了完整句阶段，可以逐渐分出句子的主要结构：主谓宾，如"爸爸坐火车去北京"。研究指出，20～30个月是个体掌握语言，特别是基本语法和句法的关键期，到36个月即3岁时，幼儿已掌握了母语的基本语法规则。

　　幼儿语句发展除了呈现出以上发展趋势之外，还表现在口头言语上。口头言语可分为对话言语与独白言语：对话言语是在两人（或多人）之间交互进行的谈话；独白言语则是一个人独自向听者讲述。3岁以前婴幼儿的言语基本上都是采取对话形式，往往只是回答成人提出的问题，有时也向成人的提出一些问题和要求。4 岁左右独白言语开始发展，不过，3～4 岁的幼儿虽然已能主动讲述自己生活中的事情，但由于词汇贫乏，表达显得很不流畅，常有一些多余的口头语，4 岁以后才能独立地讲故事或各种事情。

四、言语交往功能的发展

言语最主要的功用是交流。3 岁之前婴幼儿只能对话，不能独白，其言语主要是情境性言语。

情境性言语是指只有在结合具体情境才能使听者理解说话者所要表达的思想内容，并且往往还需要用手势或面部表情甚至身体动作加以辅助和补充。情境性言语是与连贯性言语相对应的，连贯性言语是指句子完整、前后连贯、逻辑性强，听者仅从语言本身就能理解所讲述的意思，不必事先熟悉所谈及的具体情境。

婴幼儿的言语交流带有明显的情境性，他们说出的句子不连贯、不完整、没头没尾，一边讲还一边做出手势、动作与表情，甚至有些话让听起来感到莫名其妙。所以，这个阶段对婴幼儿说出的话语需要我们边听、边猜想，并依据当时的情境才能听得懂。

五、言语调节功能的发展

言语的调节功能主要是靠内部言语来完成，内部言语产生后，言语的自我调节功能才逐渐发展起来。

内部言语是在外部言语的基础上形成的，是言语的高级形式。处在直觉行动思维阶段的婴幼儿没有内部言语，他们不能"默默地"思考，而是在做中"想"。只有在外部言语充分发展的基础上，内部言语才会出现。

内部言语出现的时间大约在 4 岁，其标志是出声的自言自语。出声的自言自语是一种介于有声的外部言语和无声的内部言语的过渡形式，它既有外表言语特点（说出声），又有内部言语的特点（对自己说）。

出声的自言自语有两种形式：游戏言语和问题言语。

游戏言语是指一边做游戏，一边说话，用语言补充和丰富自己的游戏活动。例如：一边把树枝骑在胯下，一边叨咕着"驾、驾，快快跑"。

问题言语是指在婴幼儿遇到问题或困难时产生的自言自语，以表示困惑、怀疑、惊奇等，或者在自言自语中表现出自己解决问题的思维过程和采取的办法。

例如：一边搭积木，一边说："这个放在哪里？不对！应该放在这里。"

皮亚杰用"自我中心言语"（egocentric speech）来描述婴幼儿的内部言语发展过程。他认为，"自我中心言语"是婴幼儿在外部言语基础上派生出来的、一种介于有声自言自语和内部言语之间的特殊言语形式，其特点是：①婴幼儿的自我中心言语只从其自己的想法或需求出发，而不考虑他人是否关注或理解。②不以提供信息、提出问题或交际为目的，不是讲给别人听而是只对自己讲话，常常伴随着婴幼儿的操作活动而出现，特别表现在游戏过程中。③并非要交流思想而是自我心理的表达。④不在乎别人是否在听他讲话，也不想告诉别人什么东西，更不想引起他人相应的反应，完全是以自我为中心的，所以，称之为"自我中心言语"。皮亚杰认为自我中心言语是一种非社会性言语，是前运算阶段婴幼儿特有的思维方式的体现。到小学阶段，自我中心言语才能完全内化，发展成真正的内部言语。

出声的自言自语是从外部言语向内部言语发展的过渡形式，它虽然还不是真正的内部言语，但也能起到初步的言语概括和调节功能，言语的自我调节功能随之萌芽，即开始通过出声的自言自语指导自己的行动；同时，它又是婴幼儿思维的有声表现，是思维的工具，婴幼儿自言自语多，说明他肯动脑筋，成人也可以从中了解婴幼儿的想法，在此基础上支持他、引导他。

六、书面语发展的准备

大多数婴幼儿喜欢父母为自己读图画书，这是为其书面语发展做准备的契机，父母要利用好这个契机帮助婴幼儿做好书面语发展的准备。

父母为孩子阅读的类型有很多，例如：叙述型，父母关注于描述图画书中的故事，并鼓励孩子进行复述；理解型，讲故事的时候，父母常采取提问的方式鼓励、引导孩子理解故事的意义；分享阅读，这是一种比较适合婴幼儿的阅读方式，父母在读故事时不断地与孩子对话、向孩子提出开放式的问题，不仅仅要求其简单地回答是与否、对与错，还要根据孩子的回答，有意识地提出更多的问题、重复扩展孩子说的话帮助其更准确地表达、纠正错误的答案、鼓励孩子讲故事与自己的经历联系在一起。如果孩子在1～3岁能经常与父母进行分享阅读，那么，3岁后会表现出更好的语言技能，再大一点会表现出较强的阅读理解能力。

第四节　语言获得理论

婴幼儿语言的获得与学习是一个复杂的过程，婴幼儿语言发展是多种因素交互作用的结果，虽然迄今为止还没有一种理论对早期语言获得与发展给予全面的解释，但不同心理学家从不同视角做出了各自的分析，我们需要把这些不同理论观点整合起来，才可以对婴幼儿语言获得有一个较为全面的了解。

一、先天论

美国语言学家 N. 乔姆斯基提出了转换生成语法说（transformational generative grammar），该学说是迄今为止对婴幼儿语言获得最具权威的解释。

乔姆斯基认为婴幼儿生来具有一种语言习得装置（Language Acquisition Device，LAD），婴幼儿语言的获得取决于这个装置。正是由于LAD的存在，人类的婴幼儿才能够在短短的3～4年学会说话，而再聪明的动物，无论对其进行多长时间的训练，也无法掌握人类的语言，不能习得像人类语言这样复杂的交际系统。

乔姆斯基的转换生成语法说主要解释的是语言信息从一种形式转换成另一种形式所必须遵循的规则，即婴幼儿是如何获得语法规则的。乔姆斯基从表层结构、深层结构和转换规则三个方面解释语言是如何获得的。

拓展学习

　　乔姆斯基的转换生成语法说是迄今为止为大家公认的较权威的语言获得理论。他是基于哪些日常观察而提出了这个理论？他对语言及语言发展有哪些与众不同、独到的见解？请扫描文旁的二维码。

乔姆斯基假设婴儿出生时大脑里就存在一种独特的语言习得机制LAD，这种机制使得婴儿从周围听到有限的句子，就能说出无限的句子。他还提出一个语言习得的公式：最初的语言资料→LAD→语言能力。通过LAD，婴儿将最初的语言材料转换成符合语法规则的语句，所以，他的理论被称为转换生成语法说。

虽然这是种假设，但如果没有这种假设，婴儿习得母语的过程便无法得到解释。正因为有这样一种机制，多数婴幼儿只要稍许接触语言材料，就能在短短几年内习得母语；也正是这种机制，使人与动物相区别。因此，语言是一种物种属性（species character），是人类的一种遗传特征（genetic property）。正如婴幼儿最终都能学走路一样，婴幼儿不用去有意识地学习语言中的语法，最终也会获得语言能力。

当代科学研究表明，0～3岁是语言学习的关键期、最佳时期，每个婴幼儿都有在大脑中形成两个以上语言中枢的可能性。如果在语言中枢发展的关键时期内，给予婴幼儿一个习得语言的良好环境，则婴幼儿语言中枢的技能很容易在激活中得到发展。然而，如果在关键期内，婴幼儿未能获取语言信号的刺激，那么语言的中枢机能就不可能转入活跃状态。对于第二语言的学习也是这样，如果在语言发展的关键时期内，婴幼儿得到第二语言的学习和训练，那么语言中枢的调节、控制机制，无论从发音到书写，还是从外部语言到内部语言，都可以形成与第一语言相吻合协调的、整套的控制模式。

乔姆斯基的转换生成语法说所引发的影响是深远的，它为探索婴幼儿如何获得语言开辟了新的理论道路，如今心理学和语言学结合起来，形成心理语言学这个交叉学科，进一步深入探索婴幼儿言语的发生与发展过程及其机制。

拓展学习

　　心理语言学是心理学和语言学的交叉学科，这个领域的研究有助于我们深入了解婴幼儿言语是如何获得和发展的。如你尚未听说过心理语言学，可以扫描文旁二维码来初步了解。

二、后天论

后天论者认为婴幼儿语言的获得取决于环境和学习。持后天论观点的理论主要包括以下三种学说。

（一）模仿说

模仿说是由奥尔波特首次提出来的，他认为婴幼儿语言的获得源自对成人的模仿，只是成人语言的简单翻版。后来，怀特赫斯特（1975）修正了奥尔波特的观点，认为婴幼儿学习语言并非是对成人语言的机械模仿，而是有选择的，婴幼儿是有选择，甚至有创造地学习成人的语言，选择性模仿的方式是婴幼儿在日常生活中的言语获得方式。我国学者朱曼殊（1997）、许政援（1992）等人的研究表明，模仿不仅对语音和词义的获得，而且对句法的获得也起作用，不过，1～3岁幼儿的言语也会有许多创造，能说出未曾听到的词和句子。

（二）强化说

强化说的代表人物是B.F.斯金纳，他从行为主义视角解释婴幼儿语言的获得，认为婴幼儿掌握语言是在后天环境中习得语言行为，是由刺激引起的刺激反应连锁系统，语言的获得归根结底是条件反射系统的形成与发展。

在斯金纳看来，言语也是一种行为，与其他行为在本质上没有差别，言语行为也是通过操作性条件作用形成的，言语的学习就是在声音和形象之间建立刺激-反应联系；言语活动是借强化而获得的，例如：起初，婴幼儿偶然随机发出一些类似于语音的声音，父母用微笑、注意、拥抱、奖励等强化这些发音。然后，婴幼儿会重复这些被强化的发音。婴幼儿的言语就是在这种不断强化中发展起来的。所以，斯金纳特别强调在婴幼儿言语发展过程中成人选择性强化的作用。

（三）社会学习说

社会学习说的代表人物是美国心理学家阿尔伯特·班杜拉和杰罗姆·布鲁纳，他们强调婴幼儿的语言是通过观察模仿学习和社会互动方式而获得的，婴幼儿不是在隔离的环境中学语言，而是在和成人的语言交流实践中学习，和成人语言的交流是婴幼儿获得语言的决定性因素。如果从小剥夺婴幼儿和成人的语言交流，婴幼儿就不可能学会说话。例如：有一个观察研究发现，一名听力正常而父母聋哑的婴幼儿，父母希望他学会正常人的语言，但由于身体不好，不能让他外出，就只能整天在家里通过看电视学习。由于只能单向地听，没有语言交流实践，缺乏应有的信息反馈，最后该婴幼儿终究没有学会口语，而只能使用从父母那里学来的手势语。

社会学习说强调言语是一种社会行为，在婴幼儿言语发展的每个阶段，孩子与照料者之间的互动都发挥着非常关键的作用。婴幼儿最初是通过倾听父母说的话来学习语言，在他咿呀学语时，父母通过重复孩子发出的声音帮助他逐步接近真正的语言。在亲子间的言语互动游戏中，婴幼儿体验着言语的社会性功用，感知到谈话中交替或轮流的规则。当代研究证明，母亲本身词汇越丰富、越多地跟孩子说话，孩子的语言发展就越好。

三、环境与主体相互作用论

环境与主体相互作用论的代表人物是瑞士心理学家让·皮亚杰和苏联心理学家鲁利亚,该理论观点把婴幼儿看作一个积极交流的个体,强调婴幼儿的主观能动性,认为语言获得是婴幼儿先天能力与社会语境相互作用的结果。一个具有丰富言语信息的社会环境必不可少,但婴幼儿天生的语言能力、主动倾听、与人交流的动机、积极参加交往活动的愿望也是不可或缺的因素。

皮亚杰认为婴幼儿的认知结构是言语发展的基础,与认知结构一样,言语发展是通过遗传、成熟和环境相互作用而实现的。鲁利亚认为与他人交流的强烈愿望与丰富的言语、社会环境联合起来,可以帮助婴幼儿去发现语言的功能和规则。一个主动积极的、有获得语言天赋能力的婴幼儿会观察并参加到与他人的社会交流中,从这些经验中,婴幼儿建立起了一个将语言的形式和内容与它的社会意义联系在一起的交流体系。

总之,婴幼儿语言的获得与发展是一个非常复杂的过程,并非取决于某个单一因素的影响,而是多种因素相互作用的结果。在这个过程中,确实存在特殊的先天机制,婴幼儿语言获得具有生物学基础,带有先天性,当代神经语言学研究也证明,婴幼儿脑的发育与其语言发展之间存在很高的相关,脑的发育在很多方面决定了婴幼儿语言发展的各个不同阶段。不过,先天生物因素不是唯一的影响因素,婴幼儿语言的获得与发展还依赖于社会语境和人际互动,以观察模仿、强化等方式习得;同时,也不能忽视婴幼儿的主观因素,语言获得是主体与客观环境相互作用的结果。

学习检测

一、名词解释

言语　原对话　单词句　双词句　积极词汇　消极词汇　情境性言语
游戏言语　问题言语　自我中心言语

二、简答题

1. 言语在婴幼儿心理发展中的作用是什么?
2. 开口讲话之前,婴幼儿需要做哪些方面的准备?
3. 简述言语发生的标志和时间。
4. 婴幼儿语句发展分为哪几个阶段?其特点有哪些?

5. 如何理解婴幼儿出声的自言自语？

6. 语言获得理论给你带来哪些启示？

7. 如何促进婴幼儿言语的发展？

分享讨论

以下是三位妈妈的烦恼，请你运用本章知识对婴幼儿的这些行为进行分析，并在此基础上为妈妈们提出指导对策。

（1）我家宝宝已经25个月了，只会简单地叫人，说简单的一两个字，比他小的宝宝都会背好几首唐诗了，我是不是该带他去医院看一下啊？

（2）我儿子今年3岁9个月了，几个月前才开口说话，到目前为止只会说"爸爸、妈妈、爷爷、奶奶、要、好、谢谢"这几个词，我们给他做了医学检查均无异常，和他说话他基本能听懂，教他说话他不肯学。我们很焦急，不知如何是好？

（3）我儿子2岁1个月，从出生就显得活泼好动，说话比一般孩子早6～8个月，而且记忆力非常好。6个月前，我和他在小区里玩，有两个小孩打架，并且说脏话，他学会了，至今不忘。我给他讲道理只管一会儿，现在打他也不管用了，越打他越说得厉害。我现在真不知道怎么办好？

实践体验

1. 18～36个月幼儿言语行为的观察

18～36个月是个体言语发展一个极为重要的时期，在这段时间里，婴幼儿的言语快速发展并且有明显的表现，在日常生活中，我们很容易观察到以下这些表现。

（1）运用语言的热情很高，表现为非常喜欢跟成人讲话、喜欢唱儿歌，不管成人有多忙，都要与他讲话，否则他就会不高兴。

（2）在掌握的词汇中，大多数词汇是代表具体事物的名词和代表具体动作的动词，名词和动词的使用频率很高。

（3）说出的句子大多数是简单句，如"我要喝水"。复合句说得比较少，到了3岁说出的复合句开始增多，如"妈妈看，我搭好了"。

（4）能够理解成人语言中那些较为概括抽象的词，但理解力有限。

（5）常常会说一些幼稚的话，由于对词义掌握不准确，会出现用词不当的现象。

请你运用事件取样法，观察记录婴幼儿上述的言语行为。每次观察时间20～30分钟。观察期间，尽可能不要引起婴幼儿的注意。采用文字、录音、录像等手段，逐字记录下婴幼儿所说出的词汇和句子，包括说话时的情境，如他跟谁说话、在什么情况下说出的这些话及成人给予什么回应等。同时，还要记录下婴幼儿理解力的行为表现，如他对成人的话语是如何回应的。此外，尽可能记录下婴幼儿帮助自己沟通交流所使用的手势、面部表情及身体动作等。

运用本章知识点对你的观察记录进行分析，并针对孩子的言语发展状况尝试为家长提出教育指导策略或建议。

2. 3～4岁幼儿自言自语的观察

儿童到了3～4岁时会出现自言自语的现象，这是婴幼儿言语发展过程中的正常现象，出声的自言自语是外部言语向内部言语发展的过渡形式，是言语发展的必经阶段。这个年龄段的幼儿思维活动往往通过自言自语表达出来，做什么就说什么，怎么想就怎么说出来，表现在游戏时或者在遇到问题时，常常把自己的想法或疑问说出来。出声的自言自语分为游戏言语和问题言语两种形式。

请你选择一名3～4岁的幼儿，采用事件取样法，在他自由游戏时，对言语行为进行观察，采用文字、录音、录像等方式逐字记录下幼儿出声的自言自语，包括当时游戏的情境，如他正在玩什么、是怎么玩的、遇到了什么情况、他是如何表现的等。在观察的基础上，对这名幼儿出声的自言自语属于哪种形式进行分析。

第五章　婴幼儿情绪情感发展

导言

"我的直觉经验告诉我，即使是婴儿，也从来不会无缘无故地哭。哭首先代表人的情绪。哭是婴儿体验苦恼的唯一述说。哭有各种各样的原因，生理、心理的不舒适、不协调都会使婴儿哭。反之，假如一切都好，任何1～2个月的婴儿都会频频微笑、不停地咿呀作语。"

"0～6个月婴儿的学习相对简单，全神贯注于自身的情绪上，在循环往复中体验情绪性状从而形成情绪惯力，由此打下进一步向环境认知的基础。至少在极大程度上，影响儿童最初3年内的认知发展，以至形成个性的基本感情和基本智力特征。"

"我曾苦苦思索，什么是6个月前婴儿最理想的教育。时光远去，我猛然醒悟：6个月前最理想的教育就是调动情绪的活力，首先是笑，笑里面包含着面向世界、舒展心理空间的极大开放性。"
"关键是照料者经常把着眼点放在发展心理情绪的内部能力上"，
"观察和照料好你的婴儿的情绪"。

——摘录于谢亚力《早慧儿童的奥秘》

学习目标

通过本章的学习，你将能够：

1. 掌握情绪情感的含义、种类。
2. 理解情绪情感对婴幼儿发展的重要意义。
3. 掌握婴幼儿基本情绪的发生与发展。
4. 掌握婴幼儿情绪情感的发展特点及其表现。
5. 运用气质理论对婴幼儿气质类型进行观察与分析。

内容导览

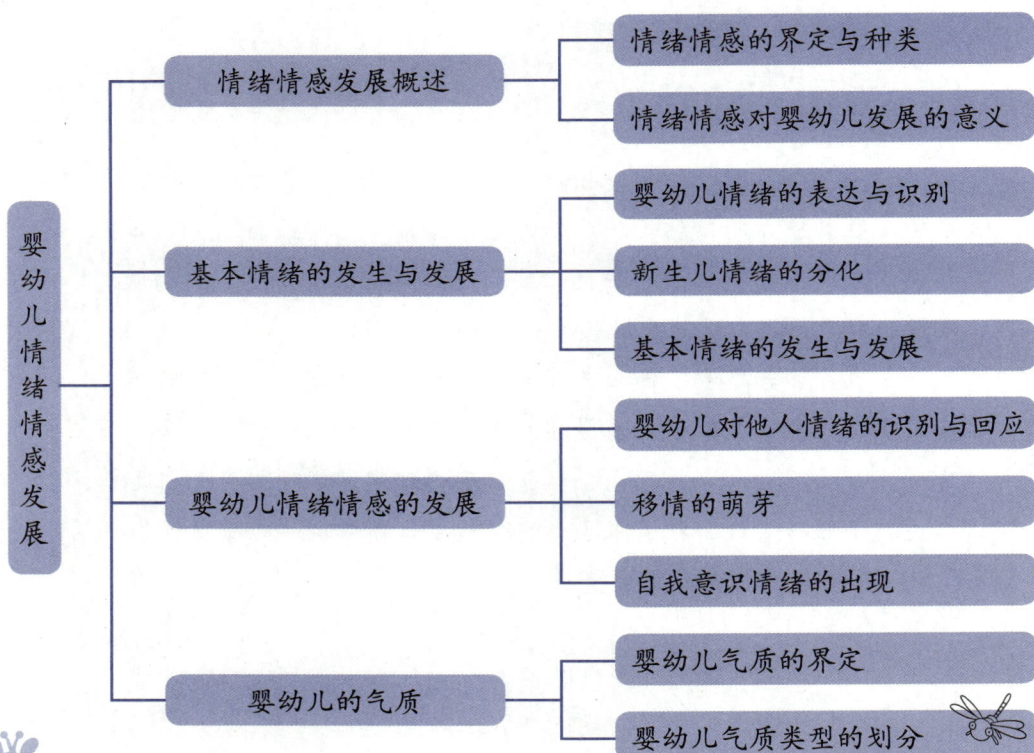

第一节　情绪情感发展概述

无论我们做什么，情绪总像空气一样围绕着我们。每个人都能感受到情绪情感，但要让你说出正在经历什么样的情绪情感，却很难准确地说出来。这种只可意会不可言传的东西到底是什么？心理学给出了以下一些解释。

一、情绪情感的界定与种类

（一）情绪情感的界定

情绪情感是人对客观事物是否符合自身需要而产生的主观体验。

1. 情绪情感与需要密切相关

情绪情感与人的需要密切相连，外界刺激引发人的情绪情感，但并不能引起每个人的情绪情感反应，只有当它与人的需要有直接或间接相关的时候，才会引发人的情绪情感反应。人类情绪情感与两种需要有关：生理需要和社会需要。

2. 情绪情感是一种主观体验

体验是一种纯主观的东西，带有浓厚的主观色调与意识，只可意会不可言传。由于体验的内在主观性，对情绪情感很难客观准确地认识与描述。从没有体验过某种情绪情感的人，无从知道那到底是一种什么样的感受。个人所经历到的情绪情感是主观的，只有当事人才能真正体验得到，他人只能通过外在表现加以识别和推测。

3. 情绪、情感既有区别又有联系

情绪与情感并不是完全相同的两个概念。情绪出现较早，多与生理需要相联系；情感出现较晚，多与社会需要相关。情绪具有情境性和暂时性，情绪总是有一定的刺激所引起；情感则更具深刻性和稳定性，它更多与事物的意义相关。情绪一般带有明显的外部表现，情绪发生时总是伴随一些生理变化；而情感则比较内隐，更多的是内心深处的体验，不轻易流露出来。情绪是情感的基础和外部表现，情感是情绪的深化和本质内容，情感和情感虽然不尽相同，但却是不可分割的，所以，通常我们把情绪和情感不做严格区分。

（二）情绪情感的种类

1. 基本情绪

情绪多种多样，但现在许多学者都认为只有几种核心的基本情绪（basic

emotion），大量复杂情绪（complex emotion）都是从基本情绪派生出来的。

基本情绪是指那些与人的基本需要相联系、与生俱来、不学就会的情绪。基本情绪也是跨文化、甚至跨物种共有的情绪。基本情绪的判断依据是：先天预置并具有模式化的情绪反应，包括神经活动、内在体验及先天的不学而会不分种族的外在表情。

一般认为，快乐、愤怒、恐惧和悲哀是四种最基本的情绪，也有学者认为人类的基本情绪包括：愉快、兴趣、惊奇、厌恶、痛苦、愤怒、惧怕、悲伤等基本情绪。

2. 情绪状态

一个人在特定的生活环境中，在一段时间内所产生的情绪体验叫作情绪状态。良好的情绪状态能激活人的认识能力和意志活动；反之，消极的情绪状态使人的认识能力迟钝、意志涣散。一般认为，人有四种情绪状态：心境、激情、应激和挫折感。

（1）心境是在某一段时间内比较持久的、弥散的、富有感染色彩的情绪状态。"爱屋及乌""草木皆兵"反映的就是两种不同的心境造成的不同感受。造成某种心境的原因有时是明确的，有时则是难以确定的；有些是当前的，有些是从前的。心境是可以控制的，善于控制心境是一个人有良好修养的表现。

（2）激情是一种强烈的、短促的情绪状态，如狂喜、暴怒、绝望等。引发激情的直接原因往往是生活中重大而又突然的事件。如果说心境主要影响人的感受，那么激情则主要影响人的行动，引起一些不假思索的行为，同时还伴随剧烈的生理状况的变化。良好的修养能在很大程度上控制激情。

（3）应激是在意外的紧张情况下引起的情绪状态，即在所谓"千钧一发""刻不容缓"的关键时刻，人们当机立断、奋不顾身、情绪激昂、能量突发的一种状态。应激状态是一种行为的保护机制，但会损害人的健康，如果一个人长期处于应激状态，体内的生化环境就会失调，抵抗疾病的能力就会下降，最终导致病患。

（4）挫折感是一种持久的、消极的情绪体验，如消沉、沮丧、怨恨、冷漠等。挫折感往往发生在那些对自己缺乏正确评价、对困难缺乏足够估计、对生活缺乏全面认识的人身上。

3. 高级情感

高级情感是人类所特有的，是一种社会情感，是在社会发展进程中形成的。高级情感反映着人们的社会关系，调节着人们的社会行为。高级情感主要包括道德感、理智感、美感。

（1）道德感是由自己或他人的举止行为是否符合社会道德标准而引起的情感体验。在现实生活中，一个人的道德品质常常在道德感中表现出来。例如：对祖国的热爱、对民族的自豪感、对集体的责任感、对他人的同情、对敌人的仇恨及对自己行为的评价等都属于道德感。

（2）理智感是由于是否满足认识的需要而产生的情感体验。例如：在探索过程中体验到的探求新知时的惊讶、疑惑，获得成功时的愉快、自豪，遇到困难挫折时的焦灼、烦恼。

（3）美感是人对美好事物所产生的情感体验，它是根据一定的审美评价而产生的。

二、情绪情感对婴幼儿发展的意义

情绪情感是婴幼儿心理发展中的重要方面，在婴幼儿发展过程中有着非常重要的意义，对婴幼儿心理、行为具有重大影响，起着强烈而明显的推动作用和交际作用。年龄越小，情绪情感的影响作用越大，具体表现在以下四个方面。

（一）使婴幼儿适应环境得以生存

达尔文从生物进化角度论及情绪，认为情绪的外显行为是人类祖先适应生存的产物和手段，表情是人类进化适应性的痕迹，只要在长期的生存竞争中起到适应生存的作用，就会遗留下来。

婴幼儿先天具有情绪反应能力，这些情绪反应是遗传下来的，这些情绪反应能力成为早期婴幼儿适应生存的重要手段。新生儿时期就具有基本情绪，随后在半岁到1岁相继出现惊奇、愤怒、悲哀等表情，1岁到1岁半还会出现害羞、愧疚等情绪反应。所有这些基本情绪的发生是生理成熟的结果，而非习得来的。

这些基本情绪对婴幼儿健康成长和建立社会联结都具有关键性的作用。婴儿刚出生时，不具备独立获得食物和寻求安全的能力，其生存需要依靠成人。沟通婴儿与成人之间的桥梁不是语言，而是情感性信息的应答，即婴儿把需要以情绪反应方式表现于外，传递给成人，以便需求获得满足。在掌握语言之前，婴儿表达愿望和要求的唯一手段就是情绪，他们通过面部表情、声音和身体动作与抚养人建立联系，例如：哭叫、皱眉表达饥饿或病痛，微笑、四肢舞动表达满足或舒适，婴儿还通过表情呼唤母亲让母亲拥抱他、安慰他。通过情绪信息在母婴之间传递，婴儿才能从成人那里得到最恰当的哺育。可见，婴儿先天的情绪反应能力是婴儿早期适应生存的重要手段。

需要强调的是，成人情感性信息的应答非常重要、不可或缺，特别是母亲。母亲与婴儿之间的交流是相互的，母亲的抚爱、喂养让婴儿感到愉快、满足，婴儿的主动表达又是唤起母亲情感的重要源泉。这样母婴之间的感情联结在相互情感性信息应答的过程中建立起来，而这种情感联结成为婴幼儿成长的关键，决定着婴幼儿的身心健康。一位儿童心理学研究者曾经说："婴儿哭泣时要及时去抱他，因为小孩哭泣是在向母亲传达自己的需求，如果你认为不抱可以培养孩子的独立性而不去管他，任他哭泣，也许过一会儿婴儿就不哭了，但这样一来，婴儿就不知道用什么方法向外界传递自己的心情，容易形成孩子自闭的倾向。"所以，在养育过程中，成人对婴幼儿不仅要有身体的照顾，更要有情感照顾，以情感为纽带与婴幼儿建立起良好的沟通。

（二）对婴幼儿认知活动起到激发推动或是干扰阻碍的作用

情绪本身不是动机，但能够起到动机的作用，这种动机作用体现在情绪对内驱力的放大作用上。这种作用在婴幼儿身上尤为突出，积极情绪对婴幼儿的认识活动起到激发、推动、支持、加强的作用，而消极情绪则会起到相反的作用。

在有目的的行为、愿望、意志力尚未发展起来之前，婴幼儿就开始了探索活动，而驱使婴幼儿去主动探索的内在动力是兴趣。婴幼儿的视觉追踪、听觉定向探究、把抓起的物品放进嘴里等早期行为是最初的认知活动，好奇心和兴趣是支配婴幼儿这些认知探索活动的主要动力。此外，婴幼儿注意力维持时间的长短也受到兴趣、快乐等基本情绪的影响。

北京大学情绪心理实验室研究表明：①兴趣和快乐的相互作用和相互补充为智力操作提供最佳的情绪背景，体现了情绪的组织作用。②惧怕是破坏性最大的情绪，而兴趣是探索新异刺激的动力。惧怕和兴趣都在新异刺激作用下发生，所发生的情绪可在惧怕和兴趣之间流动。新异刺激引起的是兴趣、惊奇和惧怕。在兴趣和惧怕之间的流动程度和倾向，由刺激的新异程度大小和个体差异而定。③痛苦情绪因它的压抑效应对智力操作起干扰、延缓的作用。④愤怒作为负性情绪，其性质与其他负性情绪不同，它比痛苦、惧怕有更大的自信度，从而在愤怒情绪释放之后，产生比痛苦更好的操作效果；但如果愤怒情绪在体内积累而没有得到释放，就会同其他负性情绪一样对操作起负面作用。以上这些实验结果证明，情绪执行着监督认知活动的功能，而且不同性质的情绪对认知起着不同的作用。

在日常生活中，我们也可以观察到情绪的动机作用，婴幼儿做什么或不做什么，在很大程度上受情绪的支配，在愉快的情绪状态下愿意游戏、学习和活动，学东西也快；不愉快的情绪状态下则常常导致各种消极行为。婴幼儿完全凭兴趣做事，情绪直接支配、左右着婴幼儿的行为。

（三）是婴幼儿人际交往的重要手段

在掌握语言之前，婴幼儿是通过情感性信息的应答与成人进行交流的。婴幼儿也许根本听不懂成人的话语含义，但能从成人的表情中获得情绪信号，从而实现沟通交流的目的。也就是说，婴幼儿与成人之间最初的交流不是语言信息，而是情感信息。研究发现1岁的幼儿具有以下能力：对情绪音调信息很敏感，从成人肢体动作中辨认情绪意义，评价不同面部表情和音调表情的不同意义，在遇到不确定情境时能从母亲面孔上搜寻情绪信息以决定自己的行为。可见，婴幼儿从很小的时候起就具备了独特且细微的情绪知觉能力。对于母亲来说，也是通过婴幼儿的情绪反应了解其基本需求，如母亲是通过婴幼儿的情绪反应——哭声——来知晓婴幼儿是饿了、困了还是生病。

表情是情绪情感的外部表现，是信息交流的重要手段。表情在婴幼儿的人际交往中占有特殊且重要的地位。新生儿几乎完全借助于面部表情、动作姿态及不同的声音表情传递情感信息，向成人表达他们的机体状态和需要；婴幼儿在掌握语言之前，主要是以表情作为交际的工具；在婴幼儿初步掌握语言之后，表情仍然是婴幼儿人际交往的重要手段，同时表情还起到辅助语言表达的作用。

（四）极大地影响个性形成

性格是个性的核心，人的性格特征由四个部分组成：性格的理智特征、情绪特征、意志特征、态度特征。其中，性格的情绪特征与早期情绪体验有关，婴幼儿反复体验同一情绪，久而久之便稳固下来，成为其稳定的情绪特征。

在生命的最初几年，成人对待婴幼儿的态度方式会使婴幼儿形成对人、事、物的体验与感受，例如：经常得到父母的关心爱抚、自己的合理需要总是得到父母的及时满足，婴幼儿就会反复体验到愉悦的情绪，久而久之这种积极情绪便会稳固下来，形成稳定的情绪特征；反之，如果经常受到父母的斥责、忽视、冷漠甚至是虐待，需求总是得不到满足，婴幼儿体验到的就会是痛苦、抑郁、压抑的情绪，时间长了这些消极情绪就会成为其性格的一部分。由此可见，婴幼儿时期的情绪生活会极大地影响今后是形成活泼开朗、自信进取的性格特征，还是形成孤僻、抑郁、胆怯、不自信的性格特征。

第二节 基本情绪的发生与发展

婴儿一生下来就会哭，别小看这个"哭"，它的功能是巨大的。婴幼儿不会说话，他们能与父母交流吗？以什么方式表达自己的需求呢？他们不像成人那么会思考、能说话、有能力做出选择，是不是对外界事物就没有自己的感受与体验了呢？他们内在的心理世界是什么样的？本节将从基本情绪的发生与发展的视角对这些问题予以解读。

一、婴幼儿情绪的表达与识别

情绪表达是指个体将其情绪体验经由行为活动表露于外，从而显现其心理感受，并借以达到与外界沟通的目的。情绪表达有多种方式，如表情、语言文字、图画符号、身体活动等。其中，表情是婴幼儿最重要的情绪表达方式，表情包括面部表情、肢体语言、言语表情。表情既是婴幼儿表达情绪的主要方式，同时也是成人识别婴幼儿内心体验的主要途径。婴幼儿以面部表情为主，而声调和身体姿态表情则是面部表情的辅助形式。

（一）面部表情

对于婴儿来说，喜、怒、惊、惧、悲、厌等基本情绪都有特定的面部肌肉运动的先天模式，是不学就会的，而且具有跨文化的先天性质，因而容易识别。例如：快乐的表情是脸颊上提、嘴角向上；惧怕的表情是眼皮上提，两眼睁大，嘴角后拉。婴儿出生的头几个月内，逐渐显示出各种面部表情，以此表达他们的内心感受与需求，并以此呼唤成人的照顾和喂养。2～3岁大的幼儿开始习得情绪的表达规则、在不同的情境下应该如何表达自己的情绪，哪些表达方式是允许的、哪些是不允许的。面部表情是母婴交流最初、最为有效的手段。

婴幼儿最常见的面部表情就是哭和笑。

1. 婴儿的哭

众所周知，婴儿一出生就会哭。哭是婴儿与成人交流、传递信息、建立关系的重要适应方式。婴幼儿的哭有两类。

（1）生理不适的啼哭：新生儿出生时即会哭，用以表示饥饿、寒冷、身体不适或疼痛，这种哭时，会伴有闭眼、号叫、蹬腿等反应。这种啼哭在婴幼儿早期发生频繁，随生长而减少，半岁以后就很少出现了。

（2）心理不适的啼哭：这类啼哭主要发生在受到不良刺激时引起愤怒时、受到惊吓震动时引起的惧怕时或受到挫败时的哭泣。这类啼哭带有明显的面部表情，一般在2～3个月开始出现。4个月婴儿在母亲离开时会哭，并逐渐学会用哭声来呼唤

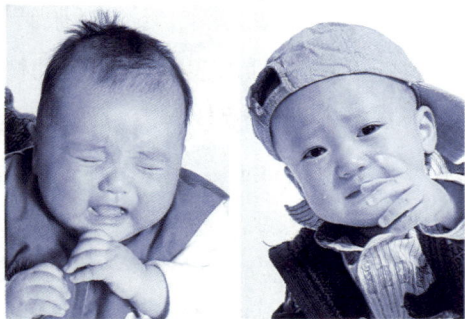

图5-1 生理不适的哭和心理不适的哭

成人亲近他。半岁以后，婴儿在没有成人陪伴感到孤独时会嘤嘤而泣，显示悲哀的表情，并流出眼泪。

研究表明，婴儿的啼哭有不同的模式，母亲或看护人员正是根据这些不同的哭声来判别婴儿啼哭的原因，从而采取适当的护理措施。

拓 展 学 习

学会翻译婴儿的哭声

哭声是婴儿的语言。婴儿的哭声有很多种，要学会从婴儿不同的哭声中发现他不同的需求。

● 饥饿的哭。有节奏，哭时伴随闭眼、号叫、双腿紧蹬，如同蹬自行车那样。出生第1个月，有一半的啼哭是由于饥饿或干渴引起的；到第6个月，这类啼哭下降为30%。

● 发怒的哭。这种哭声往往听起来有点失真，因为婴幼儿发怒时用力吸气，迫使大量空气从声带通过，使声带震动而引起哭声。

● 疼痛的哭。事先没有呜咽，也没有缓慢的哭泣，而是突然高声大哭，拉直了嗓门连哭数秒，伴有号叫，脸上表情痛苦。

● 惧怕或惊吓的哭。突然发作，强烈而刺耳，伴有间隔时间较短的号叫。

● 招引别人的哭。从第3周开始出现，先是长时间哼哼吱吱，哭声小，断断续续，如果没人去理他，就大声哭起来。

2. 婴幼儿的笑

笑不仅仅是快乐的表情，其重要的心理学价值在于能够强化亲子关系。

与哭相比，婴幼儿的笑发生较晚。出生后两周之内的新生儿会显露出微笑，

但只是"嘴的微笑",不包括眼睛和眼睑等部位的活动,并不是真正的微笑。第3周的新生儿可以表现出真正的微笑,这种微笑持续时间短,但却包括整个脸部,其有效的刺激是人声,特别是女性的嗓音。在第5周时,视觉刺激可以引起微笑,如人的面孔。由此看来,社会的、视觉的、触觉的、听觉的刺激都可以引起婴幼儿的微笑。

我国学者孟昭兰认为,婴儿的笑经历以下四个阶段。

(1)自发性微笑(0~5周)。婴儿最初的笑是自发性的,又称"内源性微笑",反映着婴儿的生理状态的舒适程度,它与脑干和边缘系统的兴奋直接联系。这种笑是身体生理过程正常进行的自发反应,而不是交际的手段。这种微笑主要表现在嘴部,不包括眼睛和眼睑的活动,所以又叫"嘴的微笑"(蒲莱尔微笑)。这种微笑常发生在婴儿的睡眠中,经常出现在快速眼动睡眠阶段,也可以通过触动婴儿面颊、抚摸他的皮肤、人的声音(特别是女性的声音)、铃声等而引发。随着大脑皮层的逐渐发育,自发性微笑在3个月后逐渐减少。

(2)无选择的社会性微笑(5周至2个月)。从第5周起,婴儿开始出现"社会性微笑",这时引起婴儿微笑的刺激范围集中在人的语音和面孔上,即婴儿开始对人、对物体会做出不同的反应,人的声音和人脸特别容易引起他的微笑;当婴儿吃饱喝足、温柔地触摸、轻轻地摇晃及母亲轻柔的语音都会引起婴儿的微笑。但这个时期的微笑是无差别的,婴儿对任何人都会微笑。有研究发现,不论是生气还是笑的人脸,3个月婴儿甚至都报以微笑。这种微笑是由外界刺激引起的,所以又称"外源性微笑"。

(3)有选择的社会性微笑(3个月以后)。3个月以后,随着认知能力的增强,婴儿开始能够对熟悉的和不熟悉的刺激做出区分,婴儿的微笑开始有所选择,他只对熟悉的人微笑,对陌生人却带有警戒,不再轻易展示笑容。这种区分才是真正意义上的社会性微笑。

(4)婴儿的大笑(4个月以后)。大笑出现的时间大约在4个月。4个月之前的婴儿只会微笑,不会出声笑,4个月以后婴儿会"咯咯"笑出声来。例如:在玩躲猫猫游戏时、被成人的逗引时、亲子游戏过程中母亲说出快乐的话语"我就要抓住你啦!""亲亲小肚皮!"时,婴儿都会发出快乐的笑声。这种笑成为一种明显的社会信号,带有感染性,强化了亲子关系。大笑有助于加强亲子之间的互动,同时也是认知发展的表现,例如:躲猫猫游戏中,妈妈突然出现时,孩子的大笑表明他能预见到将要发生什么。此外,大笑也能帮助婴儿释放紧张情绪。

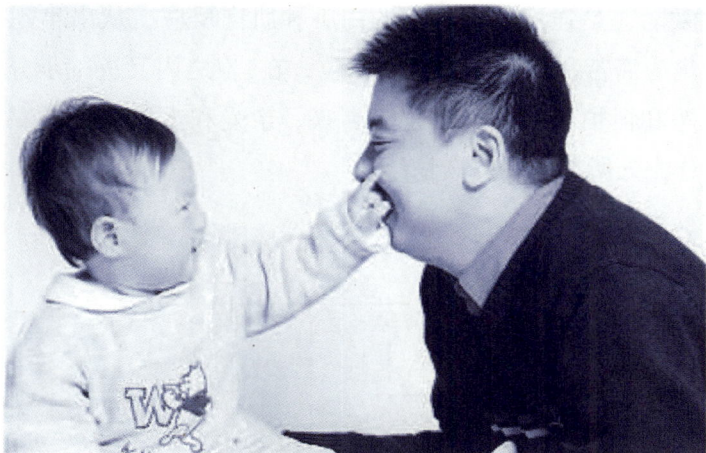

图5-2　3个月以后出现有选择的社会性微笑

（二）肢体动作

除了面部表情外，婴幼儿还用肢体动作表达情绪，例如：当他感觉舒适时或听到音乐时，会舞动四肢，喂奶时高兴会伸手触摸母亲，5～6个月时对陌生人表现出惊奇、不快时会把身体转向亲人。

（三）言语表情

言语表情是情绪在语言的音调和节奏速度等方面的表现。语言不仅是交流思想的工具，也是传达情绪信息的手段。婴幼儿在学会语言之后，成人就多了一条识别情绪的途径——言语表情。例如：喜悦时音调高，言语速度较快，语音高低差别较大；悲哀时音调低，言语缓慢，语音高低差别较小，声音断续；愤怒时声音高而尖，且在颤抖。此外，掌握情绪词汇之后，还能用词来标识自己的情绪，说出自己的情绪体验，这是言语表情的更直接方式。

二、新生儿情绪的分化

情绪的分化是指情绪的类别由简单到复杂、由单一到多样化的发展过程。关于刚出生新生儿的情绪是否分化，心理学家的观点是不一致的。

（一）不分化的观点

加拿大心理学家布利奇斯在1930—1936年提出了关于情绪分化的较为完整的理论，认为新生儿的原始情绪是不分化的，只有皱眉和哭泣反应，这种反应是未分化的一般性激动，是强烈刺激引起的内脏和肌肉反应；从出生到 3 个月，由一种原始情绪分化为痛苦和欢乐两种情绪反应；在1岁之内又进一步分化，痛苦又分化为愤怒、厌恶和惧怕，快乐又分化为高兴、亲爱和欢乐；到 2 岁左右，婴幼儿已显示出大部分成人所拥有的复杂情绪。

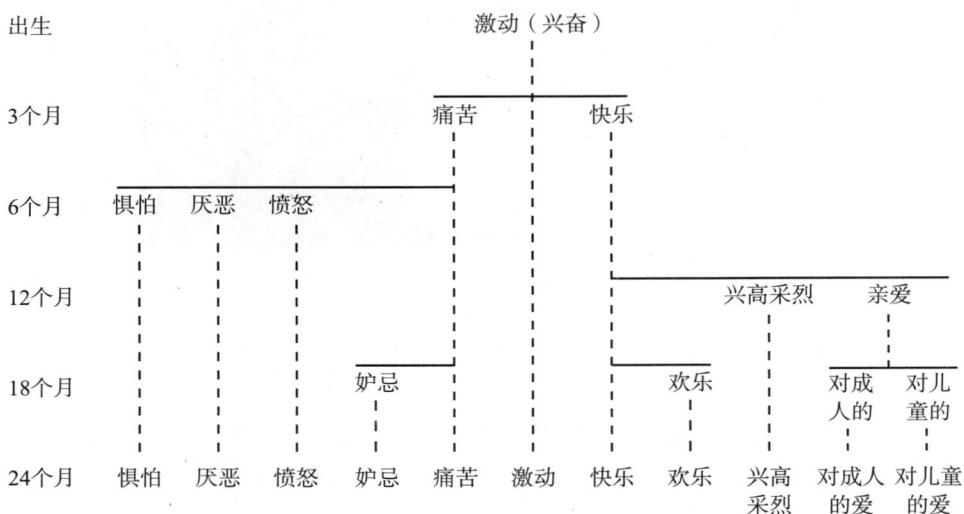

出生

激动（兴奋）

3个月　　　痛苦　　快乐

6个月　惧怕　厌恶　愤怒

12个月　　　　　　　　　兴高采烈　亲爱

18个月　　妒忌　　　　欢乐　　对成人的　对儿童的

24个月　惧怕　厌恶　愤怒　妒忌　痛苦　激动　快乐　欢乐　兴高采烈　对成人的爱　对儿童的爱

图5-3　加拿大心理学家布利奇斯的情绪分化模式[1]

（二）分化的观点

中国心理学家林传鼎于1947—1948年观察了500名新生儿，提出新生儿有两种完全可以分辨得清的情绪反应：愉快和不愉快，这两种情绪反应都是与生理需要是否得到满足有关的表现；到 3 个月末有欲求、喜悦、厌恶、愤怒、惊骇、烦闷六种情绪反应相继发生；到 2 岁时，已分化为20多种情绪反应。

行为主义创始人、美国心理学家华生根据其对医院婴幼儿室内500多名新生儿的观察指出，新生儿先天具有三种情绪反应：怕、怒、爱。怕由大声或失持所引起，爱由抚摸或搂抱而引起，而限制新生儿活动则引发愤怒。

著名情绪心理学家伊扎德的研究现在被普遍接受，即新生儿最初的情绪反应是分化的，且出生时就有五种情绪反应：吃惊、痛苦、厌恶、最初步的微笑、兴趣。

婴儿最初的情绪反应无论是两种、三种还是五种，都具有两个突出的特点。

第一，婴儿最初的情绪反应都与生理需要是否得到满足直接相关。

来自婴幼儿身体内、外部的刺激是引发情绪的主要原因，如饥饿、尿布湿了

---

[1]　陈帼眉：《学前心理学》，292页，北京，人民教育出版社，2003。

会引起哭闹等不愉快情绪反应，而当这些刺激消失后，这种情绪反应也就停止，代之以新的情绪反应，喂饱、换上干净的尿布以后，婴儿就会立刻停止哭闹，而变得安静愉快。也就是说，婴儿最初情绪反应的产生、消失、转化都与其生理需要是否满足密切相关。

第二，婴儿最初的情绪反应是与生俱来的遗传本能，具有先天性。

婴儿最初的情绪反应是人类进化和适应的产物，婴儿先天具有情绪反应能力，无需后天的学习。我国心理学家孟昭兰指出："人类基本情绪具有先天性，新生儿以哭声反映身体痛苦，以微笑反映舒适愉快，以皱眉、耸鼻、摆头反映厌恶等，这些都是非编码的，不学就会的，是在神经系统和脑中预置的先天情绪反应。"所以说，婴儿初生时的情绪反应是本能的情绪反应。

三、基本情绪的发生与发展

我国心理学家孟昭兰在研究基础上提出，基本情绪随着个体的成熟而出现，婴幼儿基本情绪的发生具有一定时间顺序和诱因，既有普遍规律，又表现出个体差异。

拓 展 学 习

婴儿基本情绪发生时间表

表5-1　婴儿基本情绪发生时间[1]

情绪类别	最早出现时间	诱　因	经常显露时间	诱　因
痛苦	出生后1~2天	身体生理刺激	出生后1~2天	身体生理刺激
厌恶	出生后1~2天	不良味刺激	出生后3~7天	不良味刺激
微笑	出生后1~2天	睡眠中内部过程节律反应	1~3周	睡眠中内部过程节律反应；触及面颊
兴趣	出生后4~7天	适宜光、声刺激	3~5周	适宜光、声或运动的物体
社会性微笑	3~6周	高频人语声（女声）、人的面孔出现	2.5~3个月	熟人面孔出现；面对面玩
愤怒	4~8周	持续痛刺激	4~6个月	持续痛刺激；身体活动受限制

---

① 孟昭兰：《婴幼儿心理学》，328页，北京，北京大学出版社，1997。

拓展学习

续表

情绪类别	最早出现时间	诱　因	经常显露时间	诱　因
悲伤	8～12周	治疗痛刺激	5～7个月	与熟人分离
惧怕	3～4个月	身体从高处突然降落	7～9个月	陌生人或新异性刺激较大的物体出现，如带声音的运动玩具出现
惊奇	6～9个月	新异物突然出现	12～15个月	新异物突然出现
害羞	8～9个月	熟悉环境中陌生人接近	12～15个月	熟悉环境中陌生人出现

多数研究者认为，婴幼儿具有六种基本情绪：兴趣、快乐、惧怕、痛苦、厌恶、愤怒，其中前四种情绪对婴幼儿的影响比较大。

（一）兴趣

人生活在不断变化的世界上需要一种内驱力——支配有机体经常把注意指向变动的事物，在进化的过程中，人获得了这种内驱力（内在动机），被称为好奇心或兴趣。

兴趣是先天性情绪，婴幼儿的兴趣与生俱来。兴趣是婴幼儿先天适应能力的重要表现。兴趣的作用突出表现在物体、特别是母亲面孔的认识上。兴趣是婴幼儿好奇心、求知欲的内在来源，处于动机的最深水平，促使他们去行动。婴幼儿对周围环境的探究行为、对外界刺激的回应很大程度上由兴趣驱动。出生后，除了睡眠和身体不适以外，婴幼儿的看、听、发出声音、对外界新异刺激的好奇与身体反应都是由兴趣激起和引导。

1. 兴趣的心理学意义

（1）兴趣是有益于健康的正性情绪。兴趣不会诱导负性情绪的出现，兴趣的情绪体验不可能转化为愤怒、惧怕、忧郁、焦虑等负性情绪，但却能派生出快乐和满足。快乐虽然也是正性情绪，但过度快乐会产生不利于健康的影响。

（2）兴趣和快乐的相互作用和相互补充为认知操作提供最优的情绪背景。快乐使婴幼儿处于放松状态，此时更倾向于接受外界事物和与人接近；而兴趣则带有一定的紧张度，维持高度注意力，驱使婴幼儿的注意力指向所愿意接近的事物，驱动进行钻研和探索，并将注意力维持相当长的时间。兴趣与快乐的交替，既可避免由兴趣带来的过度紧张，又可避免由快乐导致的过度松弛而导致的精力不够集中、智力加工不够深入。因此，兴趣和快乐的交叠和反复出现，为智力加工提供最优背景，能导致最有效的认知活动。而且，一旦婴幼儿在认知活动中得到成就，问题得到解决，智力活动的成功又进一步诱发快乐和兴趣，产生良性循环。所以，心理学家认为，快乐和兴趣是两种最基本的正性情绪。

图5-4　兴趣与快乐结合引起
有效的认知活动

（3）兴趣的动机作用。兴趣有助于驱使婴幼儿去捕捉周围环境的信息，促使他去观察、探索、追求、进行有创意的活动。婴幼儿的选择性知觉和注意由兴趣所支配，兴趣是婴幼儿知觉活动、维持注意的必要支持，是智慧发展的动力条件，有助于驱使注意有特定的指向，排除无关刺激的干扰。

（4）兴趣是婴幼儿在某方面是否有发展潜力的试金石，是特殊能力培育的心理依据；兴趣是决定人倾向于从事哪类活动的内在动机，在社会环境、个体所从事的活动、教育训练等因素的影响下，兴趣在个体身上逐渐内化并恒常地表现出来，成为一种稳定的个性倾向性，从而形成情绪与认知相互作用的个性结构特征。心理学家把情绪-认知倾向大体上分为四种类型：①逻辑思维优势型：对言语逻辑、抽象思维有兴趣，兴趣指向理论加工。今后可以被塑造成为理论家和思想家。②操作活动优势型：对动作活动和技术操作有兴趣，善于在动作活动中进行动觉形象思维，对技能敏感熟练，喜爱操作和练习。今后可以被塑造成各行业的技术专家。③感情体验优势型：对感情体验有兴趣，善于体察他人内心体验，易被他人情绪感染从而产生移情和同情，对事物的感性特征比较敏感，易于从形象特征中得到情绪感受。有这种倾向的可以塑造成为艺术方面的专家。④社会交往优势型：对人际交往有兴趣，有强烈的面向群体的倾向，喜欢从事组织、领导、支配他人、主宰事物的活动。可塑造成为社会活动家。

2. 婴幼儿兴趣的发展阶段

我国学者孟昭兰将婴幼儿兴趣发展分为以下三个阶段。

（1）先天反射性反应阶段（0～3个月）。表现为婴儿的感官被环境的视、听、运动刺激所吸引，持续地维持着对环境的反应性，指导着婴儿的感知行为，

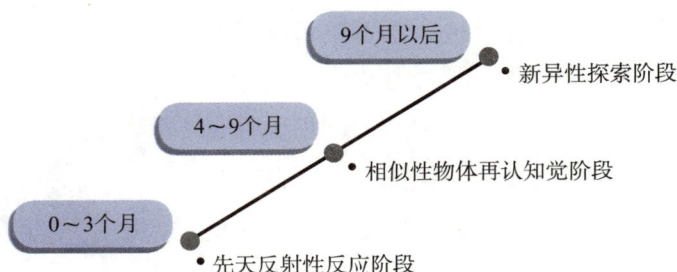

图5-5　兴趣的早期发展过程

是婴儿参与人和环境相互作用的开始。

（2）相似性物体再认知觉阶段（4~9个月）。表现为适宜的光、声刺激重复出现会引起婴儿的兴趣。这个阶段，婴儿能做出有意动作，使有趣的情境得以保持，以便使自己活动的快乐感得以持续；兴趣与快乐的相互作用，又支持某些活动重复出现，并可能进行进一步的探索与学习。

（3）新异性探索阶段（9个月以后）。表现为婴幼儿开始对新异刺激感兴趣，这是因为此阶段婴幼儿已产生客体永久性观念，这使得婴幼儿对某些重复性行为产生习惯化，只有当新的刺激出现时才可能引起他的注意。这个阶段的婴幼儿开始从模仿中得到快乐，这就延长了婴幼儿兴趣活动的时间；同时，婴幼儿在探索过程中得到的快乐和自我满足感也促进兴趣的进一步发展。

3. 兴趣的诱因

兴趣的诱因来自内、外两方面。当外在刺激对于婴幼儿来说是新异的，或让他感到困惑、矛盾、怀疑时，都能激发他的兴趣，从而驱使他去寻找解决问题的答案。而内在的想象活动或记忆也是引发他兴趣的原因。

4. 如何识别婴幼儿的兴趣

第一，可以从兴趣表情来识别。兴趣表情的主要标志是扬起额眉，睁大眼睛，出现追视、注视、倾听、保持注意和警觉的倾向，面颊下部肌肉放松，嘴巴常常是张开的。第二，从兴趣的行为表现来识别。例如：色彩鲜艳、带响的玩具引起婴幼儿的注意，玩具在他视野中移动引起追视，伸手去抓摆弄，不断地抛玩具等重复性动作、拆卸玩具，到2~3岁时幼儿会拍娃娃睡觉、喂小熊吃东西。

（二）快乐

快乐是主要的正性情绪，给人带来心理上的舒适、愉悦、满足、幸福感。快乐这种情绪体验附加着更多心理上的含义，所以，有人把快乐的情绪体验很形象地描述为"温厚且浓厚的暖色"。

1. 快乐的心理学意义

作为一种最基本的正性情绪，快乐对婴幼儿发展具有重要作用。

（1）快乐的笑容是最有效、最普遍的社会性刺激，是人际交往的纽带，微笑是最好的人际关系润滑剂，特别有助于健康依恋关系的形成。

（2）快乐是最普遍的正性情绪，它的享乐度很高；快乐给人带来力量和活力，使人处于与外界事物和谐共处的境地；快乐的紧张度低，使人处于轻松和自由状态。因此，快乐时人容易对事物发生兴趣并容易接受外界事物，所以，快乐情绪状态能提供更好的认知操作背景。

（3）快乐与其他情绪相互作用，影响婴幼儿认知发展。前面已经讲过快乐与兴趣相互作用促进认知的例子，这里再举一个抑制认知活动的例子：快乐与害羞的结合明显地影响婴幼儿的认知反应，害羞是一种退缩性情绪状态，它增强婴幼儿的自我意识，当婴幼儿处于自己不能控制的情境下，产生试图把自己"藏起来"的倾向。当快乐与害羞同时发生时，害羞使婴幼儿愿意与他人接触或分享快乐的愿望被掩盖，从而表现为内隐的笑意和退缩的动机，变得扭捏和窘迫，思维、知觉、活动受到抑制。

（4）快乐对健康人格的形成极为重要，有助于信心、自我肯定。快乐有助于建立自信的个性品质，一方面，快乐能使人在完成任务时勇于承受压力，提高经受挫折、克服困难的能力，从而坚持不懈并达到目的；另一方面，快乐使人心胸开阔，对未来充满希望，从而最终建立自我信赖、自我依靠及自信心和独立性等对适应社会生活极为重要的个性品质。

（5）快乐使心理处于一种舒缓状态，有助于紧张的释放，能对压力、紧张发挥重要的调节作用，特别是在追求目标、社会生活过程中难免会遇到挫折和失败，从而产生痛苦、恐惧、忧虑、抑郁等负性情绪，这时如果学会用快乐调节紧张-松弛的节奏，就能使心理得到平衡，增强挫折承受力。

2. 快乐的来源

情绪心理学家伊扎德（1979）曾说："快乐不是人努力追求的直接结果，也不能教给婴幼儿如何去快乐，不能教给婴幼儿去模仿直接追求快乐的方法。"也就是说，快乐不是追求得来的，不是凭主观努力就能捕捉到的，也不可能人为教给婴幼儿。虽然生活中快乐的源泉多种多样的，如吃到好吃的食物、看一场电影都能获得快乐，但这些都不能带给人持久的快乐。持久的、带给人益处的快乐含有鲜明的社会内涵，其来源有以下两个方面。

（1）来源于有意义的活动。从基本需求的满足来说，婴幼儿的快乐来源于其生理需要得到满足及身体舒适的反应；从社会意义上说，快乐来源于通过自身努力而获得成功、得到活动成果而产生的一种积极情绪体验。婴幼儿在洗浴、游戏、同他人玩耍娱乐中都能体验到快乐，这样的快乐对婴幼儿是有益的，经常处于快乐状态之中有助于身心健康。然而，更有价值的快乐是婴幼儿在自己的活动和活动成果中体验到的快乐，因为这样得到的快乐不是"好玩儿"、不是"有趣"、不是"娱乐"，而是从中得到对世界、对社会和他人的信心、对自己的自信及得到应付环境的能力。所以，快乐的最重要的来源是通过自己的努力得到成就、创造成果及完成有意义的活动，其中关键的因素不是"成就"而是自己的努力。例如：婴幼儿开始用几块积木搭起一个"高塔"，或者从2米远的距离终于蹒跚地走到妈妈面前，他体验的是真正的快乐，因为他通过自己的努力完成了一件事，他获得了"成就"。

（2）来源于人际间的相互依赖和信任。交往和归属感是人的基本需要，家庭是婴幼儿生存的基地，为其提供交流、建立关系的条件。在早期生活中，婴幼儿的快乐是在社会关系中获得的，母婴交往是婴幼儿快乐的源泉。在家庭环境中，婴幼儿获得归属感，并得到对自身力量和能力的认识和信心，当他遇到困难和挫折时能够得到家人的支持和帮助，从而产生对他人和群体的信任和尊重，并在这种人际间的相互依赖和信任中获得快乐。快乐有助于建立人际关系，良好的人际交往反过来又增进人的快乐感。

3. 如何识别婴幼儿的快乐

快乐的表情模式稳定，所以最容易辨认。快乐表情为：额头平展，眼睛闪光而微眯，面颊上提，嘴角后拉、上翘如新月。出声笑时，面部肌肉运动程度加大，眼睛更加明亮。

4. 妨碍婴幼儿获得快乐的因素

不恰当的教养方式有：过分的控制，对自我满足的妨碍，要求过高，一味地灌输，强加于婴幼儿不适合其水平与能力的要求。而健康状况不佳，身体缺陷，对活动、运动的限制等，这些因素都会使婴幼儿难以体验到快乐。

（三）痛苦

痛苦是与快乐截然相反的情绪，是最普遍的负性情绪。痛苦体验其实还包含孤独、悲伤、沮丧、无助等心理体验。所有的人都会体验到痛苦，这种情绪在一生中很难避免。即便痛苦是一种消极情绪，但是它也有着一定的心理学意义。

1. 痛苦的心理学意义

（1）能引起他人的同情和帮助。这个可以说是痛苦最重要的作用了。痛苦的表情向周围人传递信号：正处于孤立无援、感到无助、需要他人的帮助，特别是婴幼儿痛苦的表情能及时有效引起母亲或家人的帮助，这对于婴幼儿的生存有着特别重要的意义。

（2）能驱使人主动去应付和改变导致痛苦的因素，以改善自身的处境。情绪心理学家伊扎德（1979）曾说："痛苦与愤怒、惧怕不同，痛苦所引起的神经激活度不如愤怒强烈，所引起的神经紧张度不如惧怕强烈，因此它是人们可以忍受的一种情绪状态。"正因为痛苦可以忍受，它所导致的影响比较深远，如果处理不好会影响心理健康。人对痛苦的忍受可分为积极和消极两种：消极的忍受是指不自觉地把它推向潜意识，而没有去尝试改善；积极的忍受是指自己主动改善自身处境、寻找应对策略和办法、采取应对行动，因为痛苦本身就具有潜在的改善现状的倾向。由此看来，对痛苦的敏感性很重要，要是对自身所处痛苦境遇不敏感、无动于衷，心理发展将会大大滞后甚至得不到发展。

2. 痛苦的诱因

痛苦是不良刺激持续作用的结果。引起痛苦的原因多种多样，包括物理的、生理的、心理的和社会的多方面因素。引发婴幼儿痛苦的诱因主要有以下两种。

（1）物理-生理刺激：大声、尖刺的噪声、刺眼的亮光、灼热、寒冷、身体的病痛、饥饿等。

（2）心理-社会刺激：导致婴幼儿痛苦最普遍的、首要的诱因是与亲近的人的分离。与亲人的分离有许多形式，既有身体上的分离，也有心理上的。身体上的分离是指母亲离开，被寄养或入托，被遗弃；心理上的分离是指感到被抛弃、被拒绝、被冷落、被孤立、不被接纳、缺少爱抚、得不到关爱、得不到理解和同情等。婴幼儿最早经历的痛苦大多是由这些诱因引起的。另一个常见诱因是失败，没有达到预定的目标、没有达到成人的期待、没有得到周围人的认可等都会产生痛苦的体验。这类痛苦体验与个人主观评价、他人评价、社会评价紧密相关。当婴幼儿2岁左右自我意识情绪发展起来之后，就会体验到由失败引发的痛苦。

3. 痛苦的识别

痛苦表情不易识别。婴幼儿痛苦的表情就像平时形容撇嘴的样子，眉心内皱，额头中下部有时呈"川"字形，眼内角和上眼睑下拉，下眼睑上堆，嘴角下拉，下巴上推，下巴中心鼓起。婴幼儿痛苦较为鲜明的外显行为是哭泣。

4. 如何对待婴幼儿的痛苦

痛苦是婴幼儿情绪生活中需要妥善处理的问题，成人不能忽视。

要尽量消除导致婴幼儿痛苦的刺激。虽然婴幼儿的痛苦不能完全避免，但是成人要尽量避免引发婴幼儿痛苦的诱因的出现。

缺少爱抚和陪伴的婴幼儿为了避免痛苦体验，有时会停止哭泣，如果成人对婴儿痛苦情绪不敏感，长此以往婴幼儿会成为冷漠的人，并将这种冷漠灌注在个性里。所以，我们不能因为婴儿可以忍受痛苦而让他长期处于这种负性情绪状态中。

成人要给予遭受痛苦的婴幼儿更多的安慰、关心、同情与爱，让他们在爱和喜悦中体验痛苦，不仅痛苦被大大缓解，而且这种情感支持有助于其成长，一个经常得到他人同情和支持的婴幼儿能从中学会信赖他人，同时学会善待他人、更有同情心、乐于助人，对挫折和失败具有更大的承受力和韧性，以更乐观开朗的态度对待生活和困难。

对待遭受痛苦的婴幼儿不能仅仅单纯地同情和安慰，更重要的是要教会他们应对痛苦的方法。单纯的同情安慰会使婴幼儿过分依赖父母，丧失克服困难的主动性，也会导致婴幼儿在挫折面前无能为力，不能应对导致痛苦的事物。成人在安慰婴幼儿的同时，应该帮助婴幼儿学会处理、应对和克服痛苦心理的方法，如分散注意力的方法，当婴幼儿感受痛苦时，与他一起游戏、唱歌、做感兴趣的事、做快乐的事，将精力分散到其他事情上，引导他学会有效的情绪管理方法。心理学家认为，2～3岁的幼儿能够从中学会自己去战胜痛苦、安抚自己的情绪管理方法，从而增强承受挫折的能力，做事更有勇气、更加自信，以更乐观的态度来对待生活中的不如意。

对待遭受痛苦的婴幼儿，无论什么原因，都绝不应施以斥责或惩罚。严厉的斥责会将痛苦转化为恐惧，惩罚会加重痛苦体验，甚至会导致倔强叛逆的性格和与他人隔离的行为。

（四）惧怕

惧怕是基本情绪中最有害的负性情绪。惧怕使婴幼儿的知觉范围变得狭窄、活动被压抑，对知觉、思维、行动都有显著影响，压抑作用最强，惧怕引发极大的紧张度和激动性，自信度极低，因而导致退缩、逃避行为和求助活动。因此，惧怕与痛苦，虽然它们的诱因不同，但都带来抑制、消沉和紊乱，阻碍和破坏思维加工，在实验中表现为解决问题紊乱、学习过程缓慢、操作活动笨拙、操作时间比正性情绪状态下要长且差别显著。

惧怕并不总是起消极作用，它也具有适应生存的意义，惧怕作为原始情绪能起到警戒作用，有助于逃避危险环境刺激从而保证个体安全。

1. 惧怕的识别

惧怕的表情为：额眉平直，口微张，双唇紧张，口部向后平拉，窄而平，眼睛张大时上眼睑上抬、下眼睑紧张。

2. 惧怕的发展阶段

我国心理学家孟昭兰将婴幼儿惧怕发展分为以下四个阶段。

（1）本能的惧怕（0～4个月）。婴儿刚出生时就有惧怕反应，它是一种先天的本能反应，是"无原因"的惧怕，有助于婴儿躲避危险。婴儿最初的惧怕不是由视觉引起的，而是由听觉、机体觉等其他感觉刺激引起的，如巨响、跌落、疼痛、皮肤受伤、身体位置突然发生急剧变化等。身体的不适、疼痛、突然的尖锐声会使婴幼儿感到不安，导致他哭泣、肌肉紧张、弥散性运动。这时，如果将他抱起来轻拍摇晃，或者给他安抚奶嘴，就能帮他安静下来。

（2）与知觉经验相联系的惧怕（4～6个月）。从4个月开始，出现与知觉发展相关的惧怕，如随深度知觉的产生而开始出现"高处惧怕"。随着记忆能力的发展，过去曾经出现过的引发惧怕的刺激有可能再次引起惧怕反应。从4个月开始，婴儿开始能够将陌生的东西和熟悉的东西区分开，并对不熟悉的东西表现出明显的警觉反应。

（3）陌生人惧怕（6个月至2岁）。随着婴幼儿的认知分化、表征能力发展、客体永久性观念的出现及依恋的发展，婴幼儿开始能够区分熟悉人和陌生人，从而从6个月开始，特别是在6～8个月明显表现出认生。认生是指对陌生人的惧怕反应。不过，随着依恋的进一步发展，认生会逐渐减弱。除了认生，超过三分之一的9～14个月的婴幼儿会对陌生物品表现出惧怕，如害怕打开有玩偶跳出来的

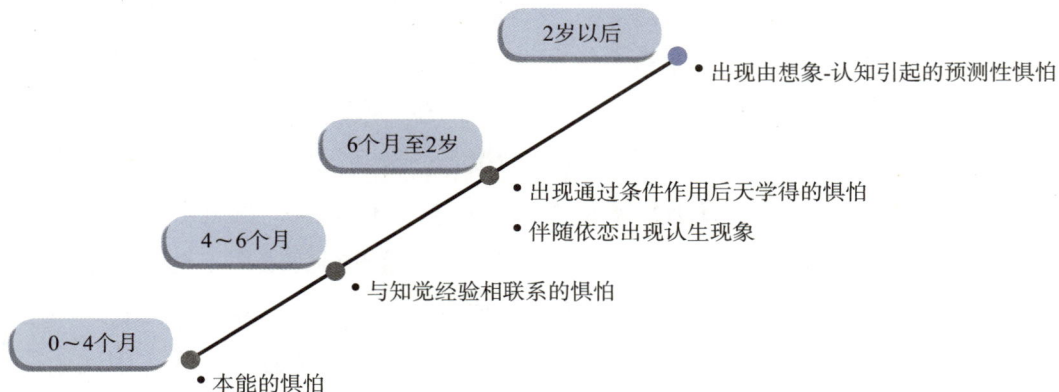

图5-6　惧怕的早期发展过程

玩偶匣、机器狗等。谢弗和帕里（1969，1970）研究发现，从 8 个月开始，婴幼儿会很自信地靠近熟悉的物品，而对于不熟悉的物品会谨慎对待，有的表现静止不动（木僵），有的退缩，有的在等到熟悉一些的时候会试探性地触摸。还有的研究发现，在出生后的18个月里，很少有婴幼儿会表现出对动物的惧怕，但是18个月之后，对动物的惧怕变得很容易被唤起，以至于3～5岁的时候都有惧怕某种动物的情绪体验。此外，这个阶段由与母亲分离、丧失母亲、不稳定的替代性照顾、不稳定的家庭生活等因素发展出不安全型依恋而引发的惧怕。

（4）预测性惧怕（2岁以后）。随着记忆、想象、推理能力的发展，2 岁左右的幼儿开始出现新的惧怕反应，即原先不害怕的事物，现在开始引发惧怕。如怕狗、怕老虎、怕坏人、怕一个人在关灯的房间里睡觉、怕独处等。其中一些惧怕是幼儿从经验中学会的，他已经能知觉到一些可能预示着潜在危险的自然线索，并且有意识地回避，如曾经被狗追咬过，现在他看见狗就躲避。还有一些惧怕由想象-认知引起的惧怕，如有打针经历的幼儿，一听到去医院这样的话就会害怕。凡是认为或想象中能引起危险的威胁都能引发惧怕。孤独、无助、处境不明等都是危险和可能受到伤害的信号，这些信号在幼儿身上会派生出对一些具体事物的惧怕，如怕黑、怕动物、怕陌生人、怕陌生环境等。母亲的离去意味着安全的消失，也会引发婴幼儿的惧怕。预测性惧怕都是由环境的影响而形成的。这种惧怕反应是后天习得的，一般是通过经典条件作用而形成的。

3. 如何对待婴幼儿的惧怕

理想的解决策略是找到婴幼儿惧怕的原因并采取与之相应的教养方式，针对不同原因的惧怕，采取不同的应对策略和方法。

（1）对待惧怕黑暗。对黑暗的惧怕较为普遍，几乎在每个年龄段都存在。在黑暗的情境下，周围环境及物体模糊不清难以辨认，即使平时熟悉的事物也变得不寻常，此外，如果没有视觉线索，听觉线索也难以准确解释所处的情境。因此，黑暗的情境就带有陌生感或不确定性。不过，黑暗（或陌生）不是唯一原因，引起婴幼儿惧怕的原因往往是在黑暗（或陌生）与"独自一人"同时发生的情况下。这里说的"独自一人"包括两种情况：一种情况是真的没有人陪伴在孩子身边；另一种情况是他看不到陪伴的人。例如：有些孩子在黑暗的房间入睡时，总是要妈妈对他说话，或者拉着妈妈的手臂，这些行为表明，他对黑暗感到害怕，而更让他害怕的是没有妈妈的陪伴而独自一人。与黑暗相比，独自一人也许是更重要的原因，也就是说，与其说是怕黑，不如说是怕独自一人。因此，尽可能让婴幼儿处于明亮的环境中，如入睡时开一盏小灯，并且一定要有人陪伴而且是他信任的人，或者使用过的物品，这样让他感觉不是独自一人。在黑暗中有人陪伴可以极大地减轻婴幼儿的惧怕，最重要的是尽量不要让婴幼儿独处。

（2）对待惧怕动物。尽管惧怕的动物有所不同，如有的怕狗、有的怕蜘蛛、有的怕老鼠等，但对动物的惧怕是一个很普遍的现象。18个月之前的婴幼儿很少会表现出对动物的惧怕，但18个月之后，对动物的惧怕很容易被唤起。对动物惧怕的自然线索是快速靠近、突然移动、突然发出叫声，此外还有其他特征，如毛茸茸、蠕动式移动方式、视觉样貌等。不过，引发婴幼儿惧怕动物的大多来源于文化线索，如母亲惧怕的榜样示范、自己的经历、由条件作用而习得的惧怕等。对于因曾经受到过某种动物袭击而形成的惧怕，可以通过系统脱敏的方法治疗；对于因成人示范而习得惧怕，可以通过观察学习的方式消除。

（3）对待预测性惧怕。预测性惧怕大多是由婴幼儿的想象引发的，即便年龄幼小，但他们也会对环境刺激有所评估，但由于其认知水平不高，所以往往会出现错误的预测或评估，于是产生在成人看来奇怪或不必要的惧怕。例如，一名1岁多的女孩每次洗澡都会害怕，因为她看到洗澡水流入下水口时，认为自己也会一起顺着水流下走。一旦她知道了事实真相，这种非理性不合理的惧怕也就消失了。就像原始人类惧怕打雷，随着科学进步人们了解了打雷的科学原理，人们就再也不惧怕打雷了。

（4）引起婴幼儿惧怕还有一个因素是依恋对象是否在身边。与依恋对象分离或者失去依恋对象，不仅使婴幼儿痛苦，还能引起惧怕。对于所有的婴幼儿来说，最可怕的就是依恋对象在他有需要的时候不能出现在身边。这里说的"在身边"，意味着母亲既能随时接触到，又能及时做出回应，随时提供帮助和保护，精神分析学家称之为"依恋对象的可获得性"，认为婴幼儿对于依恋对象是否可获得的预测与其惧怕的敏感程度密切相关。当一个婴幼儿相信，在他需要的任何时候都能获得母亲的支持和帮助，那么他就不容易陷入惧怕。

（5）减少婴幼儿惧怕的方法。①习惯化。习惯化是一个学习的过程，可以缓解婴幼儿对许多强烈、突然的刺激的惧怕反应。其原理是今天还感到陌生奇怪的东西可能明天就熟悉了，接着他又发现并没有什么不良的后果出现。②观察学习。让婴幼儿通过观察发现，令人惧怕的情景或物品是可以接近和处理的，并没有不良后果，这样他就能缓解对这个情境或事物的惧怕，甚至不再害怕它。在这个过程中，成人榜样的示范非常重要。哈格曼（1932）和班杜拉（1968）等众多研究者都发现，婴幼儿对狗的惧怕与其母亲对狗的惧怕之间存在显著相关，尤其当婴幼儿发展出社会参照能力后，面对陌生或有潜在危险的情境时，通常会特别留意观察父母会如何做出反应，从父母那里提取出线索，来调整自己的反应方式。③观察学习与指导性参与相结合。在直接观察的同时，成人予以指导，让孩子能够开始与惧怕物品互动，并在他们开始互动之后，让他自己发现当时的场景并不会有不良后果。要使得这个方法极具效果，关键一点在于一定要循序渐进地进行。

（6）特别要避免的教养行为。为了使婴幼儿顺从而不恰当地斥责和恐吓，这种教养方式会带来两种后果：一种后果是加重婴幼儿对危险或可怕情境的想象，被婴幼儿自身放大和强化，当婴幼儿表现出胆小的行为表现时，成人的斥责使婴幼儿更加无助和惧怕，不利于克服胆小心理；另一种后果是经常的斥责和恐吓会使婴幼儿情绪结构中贮存过多的惧怕成分，这将会形成其不良的性格特征，他将不愿意变换环境，墨守成规，形成保守退缩的性格特征。正确的做法是对婴幼儿加以保护使其远离惧怕源，并同时教会他面对危险和威胁情境的方法，培养能力和自信，并使其有更多的快乐和成功的机会。

第三节　婴幼儿情绪情感的发展

随着年龄的增长及生理成熟，在基本情绪的基础上，婴幼儿的情绪不再单一，而是发展出与认知评价相结合的多种复合情绪，逐渐出现自我意识情绪，学会理解自己和他人的情绪感受，评价自己和别人的行为，以及预期自己和他人的情绪能力，并且出现了情绪管理的萌芽。总体上讲，婴幼儿情绪情感的发展经历了从单一到多样，从原始、简单、基本情绪到复杂的高级情感的发展过程。

一、婴幼儿对他人情绪的识别与回应

（一）情绪感染（contagion）

情绪感染（或称情感共鸣）是指在对他人情绪信号认识的基础上，对他人情绪行为进行模仿或反馈。

新生儿在产院对其他婴幼儿的情绪反应有共鸣，表现为听到其他孩子哭，自己也跟着哭，这说明新生儿先天具有情绪感染能力。西姆纳（1971）研究发现5个月大的婴儿能够从正性或负性情绪的面部表情、语调、肢体动作中提取信号意义，从而对正性和负性情绪产生不同的反应，引发其相应的表情或动作。不过，这个时候的婴幼儿还不能区分具体情绪。伊扎德（1991）研究发现8个月的婴儿已经能够对不同的具体情绪做出相应的反应，表现为面对抱着他的母亲的身体颤抖时，他会哭泣；面对悲伤的母亲时，他会发怔或做出惧怕表情；面对快乐的母亲时，他则报以欢快反应。

情绪感染是婴幼儿早期情绪交流的基本媒介，是运用情绪信号进行交流的最早表现，是对他人情绪的最早回应。

拓 展 学 习

情绪感染与镜像神经元

镜像神经元的发现者是意大利神经学家贾科莫·里佐拉蒂（1992）。

镜像神经元是大脑中一种神经细胞，负责引发模仿或产生模仿冲动，使我们在看到或听到他人的行为时，能在行为上进行模仿，或者在大脑中进行模仿。前者是可见的模仿，即做出相同动作；后者是一种不可见的模仿，即在大脑中产生相同的感受。

人脑中的镜像神经元有许多种，有模仿打呵欠这类动作的，有模仿表情的，有模仿说话的，还有模仿他人情绪体验的。生活中我们都有这样的经验，看到别人被针刺痛了，仿佛我们自己被刺痛了一样，其原因是自己被针刺与看到别人被针刺，被激活的脑区是相同的。

镜像神经元的模仿不是通过抽象推理，而是通过直接模拟；不是通过思考，而是通过感觉。它能让我们直接感受到他人的心理状态并产生共鸣。也就是说，镜像神经元的工作是潜意识的，不用语言、推理等理性活动就可以使两个人立即获得共同感受，实现沟通，这一点在母婴之间尤为明显。

镜像神经元的发现很好地证明了婴幼儿最主要的学习方就是模仿。所以，早期教育不应通过说教，而应通过榜样示范。

镜像神经元是移情的神经基础。神经科学家认为一个人的镜像神经系统越活跃，他产生的同情心就越强烈。

（二）对他人情绪识别能力的发展

1. 无面部知觉（0～2个月）

运用眼动仪观察婴幼儿眼动轨迹，发现刚出生不久的婴儿可以扫视成人面孔的边缘，但不能形成边缘轮廓和轮廓注视点之间的整合，这说明2个月之内的婴儿不能辨认情绪信息，无法识别面部表情。

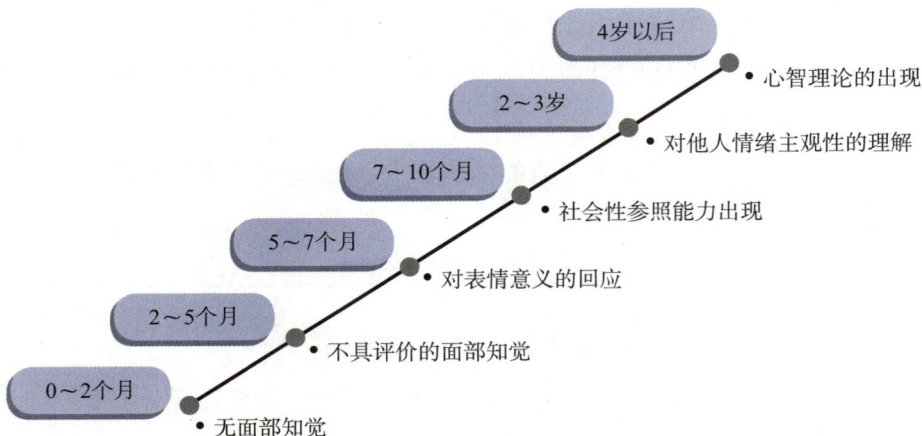

图5-7　对他人情绪识别能力的发展过程

2. 不具评价的面部知觉（2～5个月）

这个年龄的婴儿已能对成人的面部表情做出回应，但这时的情绪反应不具有知觉表情意义的评价。

3. 对表情意义的回应（5～7个月）

5～7个月的婴儿对不同情绪有了不同的反应，开始精细地知觉和注意面部的细节变化，开始对面部变化有了认知和理解，这就是人们常说的"会看大人脸色了"。

4. 社会性参照能力出现（7～10个月）

7～10个月的婴儿不仅能够识别他人表情，而且还能据此调整自己的行为反应，社会性参照能力出现。

社会性参照（social reference）是指婴幼儿以成人发出的情绪信号为参照，据此理解周围环境并调整自己行为的能力。

社会性参照在7～8个月开始出现，一般10个月左右的婴儿就已经具备了这种能力。社会性参照往往是在以下情境中出现：当在陌生环境中或遇到不熟悉的物品，婴儿不能做出确定的反应时，就会主动从他人的面部表情中寻求情绪线索（如微笑、平静的表情、害怕的表情等），并依据这些线索做出相应的反应调控自己的行为。例如：1岁的幼儿看到在一个陌生人旁边有一个新玩具，如果这个陌生人面带微笑，他会伸手将玩具拿来玩；如果陌生人做出严厉的表情，他则不敢拿这个玩具并倾向于回避。

社会性参照能力非常重要，这种能力使得婴幼儿学会识别他不曾亲身经历的事情，即不用通过直接体验，而是通过观察他人表情，对不熟悉、不确定、不了解的情境进行间接的推断，从而做出正确的反应。

5. 对他人情绪主观性的理解（2～3岁）

情绪带有认知评价的成分，婴幼儿能否认识到他人情绪中具有内在的认知评价？赞恩-瓦克斯勒（1995）研究发现，2岁以后的幼儿已经能够理解他人的痛苦表达，并能理解这种情绪源于对方内在感受而不是外在因素。如当看到别的孩子因打碎玩具而哭泣时，他安慰的是哭泣的孩子，而非打碎的玩具。

还有研究发现，18～19个月的幼儿已经能够理解情绪的主观性和个体性，当他们看到成人对某种食物表现出高兴的情绪时，他们倾向于将这种食物给予喜欢它的人，而将另一种食物给予先前表达不喜欢这种事物的人，婴幼儿的这些行为表明，18～19个月的幼儿有了理解情绪主观性的能力。

6. 心智理论的出现（4岁以后）

1岁左右的婴幼儿能够将母亲的面部表情作为社会性参照，表明婴幼儿已经具有情绪识别的能力。随着认知能力的发展，2～3岁幼儿开始能初步理解他人情绪的原因，4岁左右已经能够识别所有的基本情绪，并且发展出更高级的心理能力——心智理论（theory of mind），出现了新的表现。

心智理论（theory of mind又译：儿童心理理论）是指能够识别和预见他人的想法、要求、愿望、情绪的推理和认知的能力。也就是觉察别人的情绪、揣度他人心理活动的能力，具体表现为说谎、察言观色等。这种能力一般在4岁出现，4岁之前的婴幼儿不具备这种能力。

二、移情的萌芽

（一）什么是移情

移情，英文原文是empathy，翻译成"同理心"更准确些。移情就是"知人之所感"，并同时能"感人之所感"；既能识别他人情感，对他人的处境感同身受，又能客观理解、分析他人情感，从而做出相应的行为反应的能力。

移情是认知、情绪与社会性的综合能力，包含三个心理过程：第一步，我看到你——注意到别人的感受；第二步，我体会到你——感受到别人的内心体验，"感同身受"；第三步，我帮助你——针对别人的感受采取行动。

移情是最基本的人际关系能力，是高级社会情感的基础，是促进亲社会行为的重要动力。只有移情者体验到对方的痛苦而付诸帮助的思想和行为，才是真正的移情。

| 我看到你 | → | 我体会到你 | → | 我帮助你 |

移情（empathy）就是"知人之所感"并同时能"感人之所感"；既能识别他人情感，对他人的处境感同身受，又能客观理解、分析他人情感，从而做出相应的行为反应的能力。移情真正出现是在2~3岁

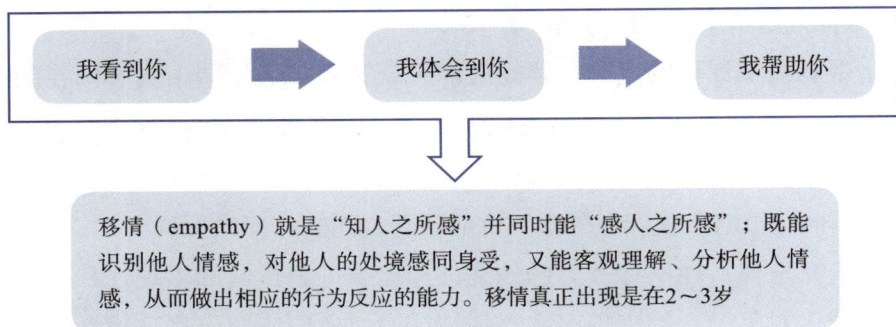

图5-8　移情的含义

（二）移情早期发展的四个阶段

国内外许多研究者对婴幼儿移情的发展进行了研究和阐述，其中马丁·霍夫曼的研究颇具影响力。他认为移情的萌芽可追溯到婴幼儿期，从婴幼儿很小的行为中可以看出移情的萌芽，依据研究，霍夫曼将移情发展分为以下四个阶段。

1. 普遍移情（1岁之前）

此时，婴儿自我意识尚未形成，不能区分对他人的情绪状态和自己的情绪状态，因此常常把发生在别人身上的事情当作发生在自己身上一样来反应。如初生不久的新生儿听到别的孩子哭也跟着啼哭。

2. 自我中心的移情（1~2岁）

此时，自我意识开始萌芽，婴幼儿能意识到自我与他人的不同，但仍不能充分地把自己的内部状态与他人的内部状态相区分。例如：1岁左右的婴幼儿看见别人手受伤了，马上会把自己的手指放进嘴里，或看到别的孩子摔倒时，把头钻进妈妈的怀里寻求安慰；15个月大的幼儿可以把自己和他人区分时，他们会努力安慰其他哭泣的婴幼儿，把自己的玩具给对方；18个月的幼儿看到别的孩子跌倒哭了，他也会跟着哭起来，看上去好像焦虑不安，非常痛苦、难过的样子；2岁的幼儿能意识到他人的感受是不同于自己的，为了不伤害其他婴幼儿的自尊心，在别的婴幼儿哭泣时而特意不去注意观看。霍夫曼认为这个时期的幼儿不能区分哪些方法可减轻他人的悲伤，哪些方法可减轻自己的悲伤，这与其角色采择能力还没有得到很好的发展有关。

3. 对他人情感的移情（2~3岁）

2~3岁的幼儿不仅能够区分自己和他人的情绪状态，而且开始能意识到别人具有与自己不同的情感、需要及对事物的不同理解。因此，此时的幼儿能够对他人的感受进行推断，做出更切实际的反应。3岁的幼儿不仅能对简单情境中他人的

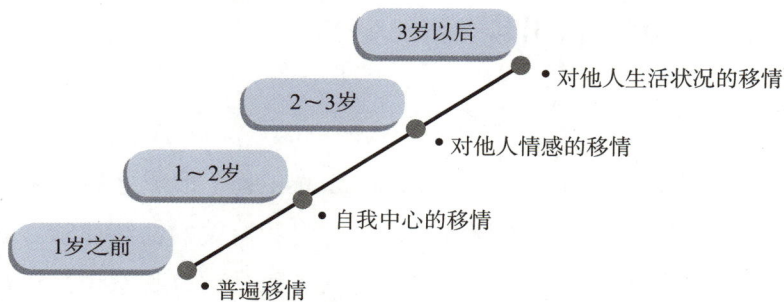

图5-9　移情的早期发展阶段

快乐或悲伤进行辨认并产生移情反应，而且随着语言的发展，能够从情绪的象征性线索（语言）中辨别出意义来，而不只是从他人的表情中辨别，甚至能在他人不在时通过听到对有关他人的感受的描述而产生移情。这个阶段，幼儿不是以自我为中心的方式而是能够以合适的方式帮助他人，所以，移情真正出现的时间是在这个阶段。

4. 对他人生活状况的移情（3岁以后）

此阶段的幼儿换位思考能力不断发展，从对他人即时痛苦的感情理解，发展到对他人生活境遇的理解。此时的幼儿已能理解痛苦并不是一种短暂的现状，而是一种持续痛苦的情绪生活。

（三）婴幼儿移情能力的出现与早期培养

移情的产生需要三个条件：①对他人情绪表达的知觉；②对他人所处情境的理解；③相应的情绪体验的经验。当婴幼儿看到他人情绪表达和所处情境时，就会唤起自己生活经验中类似的情绪反应，进而产生移情。

移情真正出现的时间是在2～3岁。当一个孩子说："他哭了，他想要糖。"这句话中已表现出他对别人需要和意向的理解和猜测，表明幼儿在认知上并非完全自我中心化，已经能从他人的立场考虑问题，表现出明确的移情。3岁的幼儿应该说已经有了一定的移情能力。

移情在开始时便显示出个体差异。有些婴幼儿对他人情感痛苦的感受非常敏感，而另一些婴幼儿却关闭了心灵之窗。移情能力是可以培养的。婴幼儿在移情方面的差异与成人的教养方式有很大关系，若成人在管教中特别提醒孩子关注自己不良行为给他人造成的痛苦，比如说："你看看你让我好伤心。"能使孩子对他人的感受更敏感。同时，身教重于严教，婴幼儿是通过模仿身边人对他人痛苦的反应（尤其是对有困难的人提供帮助）而发展出移情能力的。所以，成人应当成为婴幼儿模仿学习的榜样。

三、自我意识情绪的出现

（一）什么是自我意识情绪

自我意识情绪是在自我意识（self-consciousness）形成之后产生的，是一种通过自我评价、自我归因或他人评价而产生与自我有关的情绪体验。如困窘、自豪、羞怯、内疚、羞耻等就属于自我意识情绪。每一种自我意识情绪都蕴含着自我的认知评价，这些自我认知评价影响着自我意识情绪的性质种类、主观体验和行为表现。自我意识情绪比基本情绪复杂得多，是更高级的情绪。自我意识情绪具有以下特征。

1. 具有认知复杂性

首先，自我意识情绪与自我直接相关，自我觉察是先决条件，没有对自我的觉察，谈不上自我意识情绪。其次，必须能够认识外部标准，才能评价自己的行为。最后，需要具备自我评价的能力，对自己的行为与标准相比较，从而对自我行为进行评价和归因，这是产生自我情绪的基础。如在某个活动中，首先要对自己的行动有所觉察，要知道成功的标准是什么，然后用这个标准对自己的行为进行比较和评价：是成功还是失败？最后评价的结果如果是成功，则会产生自豪感；如果是失败，则会产生内疚或沮丧。

2. 自我意识情绪的发生晚于基本情绪

自我意识情绪是在自我意识出现之后才产生的。研究发现，出现最早的自我意识情绪是困窘，在幼儿18~24个月大的时候出现。

3. 自我意识情绪具有更复杂的外显行为

自我意识情绪不像基本情绪那样具有跨文化、可广泛识别的表情模式，自我意识情绪的表达是多方面的，既有面部表情，也有身体动作，如身体姿势、头部动作、手臂动作等，而且存在个体差异。对自我意识情绪的识别不像基本情绪那么简单。

4. 自我意识情绪的诱发具有更多的社会性

与基本情绪相比，自我意识情绪的诱因更多带有社会性，其诱发因素是以自我为中心的认知评价。

5. 自我意识情绪的脑机制更复杂

研究发现自我意识情绪激活的脑区与基本情绪激活的脑区不同，更多地与心智理论、社会认知、道德判断所涉及的脑区有联系。

（二）自我意识情绪的发生及表现

自我意识情绪的出现是婴幼儿情绪发展的突出表现。这些自我意识情绪在生活中、特别在社会交往中起到重要的作用。

对婴幼儿自我意识情绪进行研究始于达尔文（1872），在其著作《人类和动物的情绪表达》中有所论述，他指出"害羞、羞耻和羞怯等心理状态的本质是对自我关注的情绪成分，它们不仅是对自我表现的反应，也是对他人是如何看待我们的一种反应"。并认为这些自我意识情绪早在3岁就已经出现。美国发展心理学家卡根（1984）和刘易斯（1992）发现，出生第2年，困窘、羞愧等自我意识情绪就已出现；18～24个月的幼儿开始出现羞怯、窘迫、内疚、自豪等自我意识情绪体验。

1. 困窘（embarrassment）

困窘是指当他人在场，出乎意料地被迫成为他人关注的焦点时，自己感到难为情，不知所措想要逃避，以便他人不再觉察到自己的一种情绪体验。困窘是一种负性自我意识情绪。

刘易斯（1997）认为困窘随着自我认识的发生而发生，在婴幼儿18～24个月大的时候出现，而我国学者杨丽珠等人（2013）研究结论则是，困窘在婴幼儿19～23个月大的时候出现。

大多数1岁半以后的幼儿会体验到这种情绪，这时表现出的困窘只是一种单纯暴露和引人注目时产生的害羞、难为情、不知所措的体验，其常见的外显行为是垂下头、低下眼帘、用手遮住脸等。

刘易斯（1991，1997）研究发现，2岁女孩比男孩更多出现困窘，但到了3岁则不再表现出性别差异。同时还发现，幼儿困窘的个体差异大多由气质差异所导致，与易养型相比，困难型气质类型的幼儿在22个月时更容易产生困窘。

困窘是社会我出现的标志，没有发展出社会我的婴幼儿不会对任何事情感到困窘。

2. 自豪（pride）

自豪是指当自己通过努力获得成功或受到表扬时所体验到的一种愉悦情绪。自豪是一种必要且积极的正性情绪，产生于对具体行动获得成功时的认知评价，它是对具体行动的正性体验。

幼儿自豪发生的时间在2岁末至3岁初。史蒂佩克（1992）的研究发现，2岁半至3岁幼儿在完成拼图后，表现出微笑、向上看或头向后倾等行为反应，这些动作发生的频率要显著高于拼图失败的孩子。刘易斯（1992）的研究则观察到其他行为反应，发现 3 岁幼儿在成功完成任务后，会舒展自己的身体、用积极的言语自我评价等，而这些行为反应在失败幼儿身上没有出现。这些研究说明，2～3岁的幼儿能够在真正的成就中体验到自豪感。我国学者杨丽珠等人（2013）研究结论是自豪在幼儿27～32个月发生，随着月龄增长发生人数逐渐增多；幼儿自豪发生的普遍月龄为29个月。

3. 羞愧（shame）

羞愧是个体在行为与社会标准或自我期望不一致时所产生的一种沮丧、痛苦的情绪体验。羞愧是一种负性自我意识情绪。

我国学者朱智贤（1989）认为，羞愧的产生有两种情况：一种情况是将已有道德观念与自己的行为加以对照，从而知觉到自身的行为与社会要求不符、危害他人、损害他人利益时产生的一种体验就是羞愧；另一种情况是当自己的行为遭到他人的批评或意识到周围人的不良态度时也会产生羞愧感。婴幼儿的羞愧感大多属于后者。

婴幼儿的羞愧体验往往是在自己意识到发生某种失误时产生的，在意识到自身行为对他人带来伤害时出现；或者，当自己的努力没有获得成功而失败时产生；或者，因自己做了不符合社会规范的行为而受到批评或斥责时产生。羞愧的核心特征是把失败或错误行为归结为自己。羞愧的主观感受是无地自容、无言以对，是一种想把自己"藏起来"愿望的一种体验，是产生羞愧、难受、内疚的情感体验。

幼儿羞愧出现的时间在18～24个月。史蒂佩克等人（1992）在研究中观察到，24～60个月的幼儿在失败情境下有两种羞愧反应：一种是针对过程的反应，如叹气、寻求帮助等；另一种是针对结果的反应，如回避。冯（1999）对 2 岁半幼儿进行追踪研究，直至 4 岁，结果发现，羞愧的情绪反应在 2 岁半就开始出现了。刘易斯等人（1992）对33～37个月幼儿研究发现，羞愧的外显行为是：嘴角向下、咬嘴唇、眼睛往下看、眼睛转向一边、从困难情境中退出、消极的自我言语评价等。杨丽珠等人（2013）研究的结论是，幼儿羞愧发生时间是在29～35个月，随着年龄增长，发生人数逐渐增多；幼儿羞愧发生的普遍月龄为34个月；幼儿羞愧发生时间的早晚存在个体差异。

4. 内疚（guilt）

内疚常常与道德发生着千丝万缕的关系。虽然对内疚的界定众多，但大多数学者认为，内疚是违背了内化的社会标准后所产生的一种不愉快的情绪体验。

对于婴幼儿来说，内疚是指当婴幼儿觉察到自己做错了事情或伤害了他人时，感到局促不安，同时倾向于向受害者道歉或采取某种措施来弥补自己犯下的错误时所产生的情绪体验。内疚是一种负性自我意识情绪。

内疚虽然是一种消极体验，但具有积极功用。康斯塔姆等人（2001）研究发现，为了避免内疚，个体在做错事后倾向于采取补偿性的亲社会行为，这对于个体今后的良好发展具有积极意义，如果成人能够及时识别出孩子的内疚情绪并及时正确地加以引导，无疑有助于孩子的心理健康发展及社会性发展。

拓展学习

内疚的测评与识别

我国学者杨丽珠曾对婴幼儿内疚情绪进行研究，从以下四个方面进行测评，从这个测评中我们可以了解内疚这种自我意识情绪的观察点，在日常生活中可以从以下四个方面对婴幼儿的内疚情绪进行识别和观察。

表5-2　内疚的测评与识别的维度和指标[1]

四个维度	十个指标
目光回避	1. 眼睛偷偷瞄向对方
	2. 歪头向别处看
	3. 低头向下看、沉默
情绪状态	4. 情绪低落
	5. 局促不安
弥补行为	6. 道歉、承认错误
	7. 弥补过失倾向、寻求帮助
身体紧张	8. 双手交互揉搓
	9. 揪衣服
	10. 四肢紧张僵硬

内疚出现的时间大约是在2岁，从2岁开始就会因为自己做不小心错了事、出现过失行为时，体会到紧张不适、不安、焦虑等消极情绪。埃里克森（1950）认为内疚起源于父母对孩子的控制过严和要求过高所导致的过分自我控制，当孩子达不到父母的要求时便产生内疚。卡根（1981）认为，幼儿在2岁时就已经能够意识到规则，当他们意识到人或物与原来应有的规则不符合时，或是做了父母

① 杨丽珠、姜月、陶沙：《早期儿童自我意识情绪发生发展研究》，208-210页，北京，北京师范大学出版社，2014。

反对的事情时，就会在情绪上对自己的不良行为或出现瑕疵的物品产生敏感反应（如焦虑）。刘易斯（1997）认为大约在3岁末期才会出现内疚。霍夫曼（2000）认为，8~9个月的婴幼儿有目的行为导致他人悲伤时，由于移情作用，会感到忧伤，1年之后这种忧伤就会发展成内疚。杨丽珠等人（2013）研究的结论是，幼儿内疚在27~30个月发生，随着年龄增长，发展人数逐渐增多；内疚普遍发生的月龄为28个月；内疚发生的性别差异不明显。总而言之，3岁左右的幼儿就明显地具有内疚这种自我意识情绪了。

5. 害羞（shy）

婴幼儿害羞在1岁至1岁半出现，并随着言语能力和自我意识的发展而发展。从遗传意义上讲，婴幼儿的害羞来自父母的基因。害羞的行为表现：在有陌生人的场合，婴幼儿有时出现微笑表情，随后头和眼睛低垂，扭转身体，把脸埋藏在母亲怀里或躲藏在母亲身后，或以不乐意的眼光偷看陌生人。害羞的婴幼儿常常避免出现在社交场合，这并非因其社交无能，而是对陌生情境感到威胁，产生不舒服、别扭的体验，想与人保持距离。研究表明，害羞与社会化很少相关，但与内向性格有关。

（三）婴幼儿自我意识情绪表达规则

自我意识情绪的发生需要一定的认知基础。自我认知能力是产生自我意识情绪的首要条件，随着认知能力不断发展，情绪的体验与表达会出现不一致现象。3岁左右婴幼儿开始懂得运用情绪表达的规则，会根据外在规则来控制自己的情绪，学会了掩饰自己。

社会因素对婴幼儿情绪表达的影响：婴幼儿在社会化过程中会不断学习社会规则，从而会对自己的情绪进行掩饰或伪装。例如：成人教育孩子要勇敢，要勇于面对错误，孩子就会认为难过、伤心等消极情绪代表脆弱，于是会掩饰自己的这些消极情绪，而努力表现出平静；传统教育不要骄傲，在这种文化背景下长大的孩子更倾向于掩饰自己的骄傲。

第四节　婴幼儿的气质

当我们到妇产医院的婴儿房，看到刚出生的新生儿们长的都差不多，甚至有的妈妈也分不清自己的宝宝和其他的宝宝，但是，有经验的医生护士们确能分得很清楚，他们是依据什么进行区分的呢？其实，每个新生儿刚出生时就与众不同，这种与生俱来的独特性体现在气质上。

一、婴幼儿气质的界定

气质是个体心理活动在强度、速度、稳定性、灵活性等方面的动力特征，是具有生物遗传性的个体特征。在日常生活中，气质表现为较为持久的情绪反应和稳定的行为模式。例如：有的人愉快、乐观，有的人精力充沛、行为活跃，有的人平静、谨慎，还有的人易怒等，这种因人而异的稳定的情绪反应品质和强度、活动水平、注意力及情绪的自我调节等描述的就是气质。

情绪是婴幼儿气质的核心组成成分，所以将气质纳入本章讲解。每个婴幼儿都与众不同，这种不同从一出生就开始了，主要表现在早期情绪反应类型和行为模式的不同，如婴幼儿的情绪性、活动性、活泼与安静、对陌生人接近与回避、对新环境适应快慢、睡眠的规律、活动水平的高低、是否爱哭、哭声的大小等方面。

概括地讲，婴幼儿的气质是指具有生物或神经生理模式基础的、与生俱来的、较为持久稳定的情绪反应和行为模式。婴幼儿气质特征与生俱来，在发展中起着适应作用，是日后个性形成的重要基础。

了解婴幼儿的气质类型，可以帮助我们对婴幼儿的反应进行预测，同时成人的抚养和教育措施要适应婴幼儿的气质特点。心理学家提出"适合度"这个词来描述父母的教养方式要与婴幼儿气质特征相匹配，具体地讲，适合度（goodness of fit）是指个体的气质特点和他所生活的环境特点之间的匹配程度，父母的态度、要求、期望、耐心、文化背景等要与婴幼儿气质有一个好的匹配。

二、婴幼儿气质类型的划分

（一）早期的分类

早在20世纪20年代，苏联生理学家巴甫洛夫根据高级神经活动类型，按照神经过程的强度、平衡性和灵活性三种特性，将气质划分为四种类型。巴甫洛夫的分类可以与公元前5世纪希腊医生希波克拉底提出并由500年后古罗马医生盖伦命名的气质类型相对照，艾森克的内外倾和稳定性两个维度构成的四个象限正好也符合盖伦的分类。于是，形成了人们最为熟知的多血质、黏液质、胆汁质、抑郁质的四种气质类型划分。这种分类法虽然并不适合婴幼儿，但却是后人进行气质研究与分类的思考基础。

拓展学习

巴甫洛夫根据高级神经活动类型说及气质分类对照

气质是具有生物或神经生理模式基础的情绪-行为表现，巴甫洛夫的高级神经活动类型说有助于我们从神经活动的层面理解婴幼儿的气质类型。巴甫洛夫认为神经过程具有三个特性：神经过程的强度（指神经细胞所承受刺激量的强度和工作的持久性）、神经过程的平衡性（指兴奋和抑制两种过程强度的对比关系，两种神经过程的力量对比彼此均衡，叫平衡；反之叫不平衡，兴奋强于抑制或抑制强于兴奋）、神经过程的灵活性（指兴奋过程和抑制过程相互转化的速度，转化得快说明灵活，反之不灵活）。

巴甫洛夫认为高级神经活动类型与气质类型有一定的关系，按照神经过程三个特性的不同组合，将气质分为四种类型：强-平衡-灵活、强-平衡-不灵活、强-不平衡、弱型。

表5-3　气质分类对照

盖伦命名的气质类型	巴甫洛夫的高级神经活动类型	艾森克的分类	典型特征
多血质	强-平衡-灵活	外倾、稳定	活泼：热情富有感情、有朝气、活泼好动、动作敏捷、情绪不稳定、粗枝大叶
黏液质	强-平衡-不灵活	内倾、稳定	安静：反应缓慢不易兴奋、稳重有余而灵活不足、踏实但有些死板、沉着冷静但缺乏生气
胆汁质	强-不平衡	外倾、不稳定	冲动：易怒有攻击性、精力旺盛、表里如一、刚强、易感情用事
抑郁质	弱	内倾、不稳定	弱：敏锐、稳重、多愁善感、怯懦、孤独、行动缓慢

（二）布拉泽顿的新生儿气质分类

婴幼儿一出生就表现出了气质类型的差异。布拉泽顿（1978）将新生儿的气质分为三种类型：活泼型、温和型、中间型。

1. 活泼型

典型活泼型新生儿是名副其实地"连哭带闹"地来到人世的，他不像一般新生儿那样要靠外力帮助才哭，会等不及任何外界刺激就开始呼吸和哭喊。其表现为：出生后立即哭叫，睡醒后立即就哭，从深睡到大哭之间似乎没有较长的过渡阶段，穿衣、喂奶前都会大哭，双脚乱踢乱动，每次喂奶对母亲来说都是一场战斗。

2. 温和型

这类新生儿出生时就不活跃，出生后就安安静静地躺在小床上，少哭闹，动作柔和缓慢，眼睛睁得大大的，安静地环视周围，给他第一次洗澡时也只是睁大眼睛，皱皱眉，没有哭闹，甚至连打针也很安静，在状态稳定、可安慰性、自我安静等项目上得分高。

3. 中间型

这类新生儿介于上述两种类型之间。

我国学者鲍秀兰（1992）根据布拉泽顿的分类对我国新生儿进行测量，结果发现活泼型占36.4%、温和型占41.8%、中间型占21.8%。

（三）托马斯和切斯的类型学说

托马斯和切斯（1977，1984）的"纽约纵向追踪研究"（NYLS）曾对婴幼儿气质做了专门系统的研究，他们所描述的气质特征在对婴幼儿发展的预测方面受到人们的重视，他们对婴幼儿气质的解释具有鲜明的教育意义和临床价值，他们所采用的研究方法也易于操作和观察，因而他们的理论广泛地被心理学界所接受。他们既强调气质稳定性的一面，同时也提出气质受环境的影响。

拓展学习

NYLS气质维度

表5-4　NYLS气质维度[1]

序号	名　称	表　现
1	活动水平	在睡眠、饮食、玩耍、穿衣等方面身体活动的数量
2	生理节律	机体在睡眠、饮食、排便等方面的节律
3	生活常规适应性	以社会要求的方式调整最初反应的难易度
4	新情境趋避性	对新刺激、食物、地点、人、玩具的最初反应
5	感觉阈限	产生反应需要的外部刺激量

[1]　孟昭兰：《情绪心理学》，121页，北京，北京大学出版社，2005。

拓展学习

续表

序号	名　称	表　现
6	反应强度	反应的能量内容，不考虑反应质量
7	积极或消极情绪	高兴或不高兴行为的数量
8	注意分散度	外部刺激干扰正在进行活动的有效性
9	注意广度和持久性	在有或没有外部障碍的条件下，某种具体活动的保持时间

托马斯和切斯将婴幼儿的情绪和行为分解成九个相对稳定的"维度"，分别是：活动水平、生理节律、生活常规适应性、新情境趋避性、感觉阈限、反应强度、积极或消极情绪、注意分散度、注意广度和持久性。每个维度都有三种表现水平，即较高（强）、适中和较低（弱），这些"指标"决定了不同婴幼儿在气质上的差异。根据九个维度的不同组合，把婴幼儿气质划分为三种主要类型：易养型、难养型、发动缓慢型。

拓展学习

托马斯和切斯如何划分婴幼儿气质

托马斯和切斯根据九个维度的不同组合划分出三种气质类型，这三种气质类型在九个维度上的表现如下。

表5-5　婴幼儿三种气质的九个维度

	生理节律	积极或消极情绪	注意广度和持久性	生活常规适应性	反应强度	感觉阈限	新情境趋避性	活动水平	注意分散度
易养型	规律	积极	高或低	强	中等	高或低	接近	变动	变动
难养型	不规律	烦躁	高或低	慢	强	高或低	逃避	变动	变动
发动缓慢型	形成慢	低落	高或低	慢	弱	高或低	起初逃避	低于正常	变动

根据托马斯和切斯的测量，易养型婴幼儿占40%，难养型婴幼儿占10%，发动缓慢型婴幼儿占15%，其余35%具有两种甚至三种类型混合的特点，可归结为交叉型。总之，不同类型的婴幼儿需要不同方式的抚养与教育。

1. 易养型

饮食、大小便、睡眠等生理节律有规律，生活节奏性强，情绪温和，愉快情绪多，情绪反应适中，爱玩，对新异刺激反应积极，对成人招呼反应较强，乐于探究新事物，对环境变化容易适应，容易接受新事物和不熟悉的人，能够接受大多数的挫折且很少慌乱。

2. 难养型

生理节律的规律性差，较难把握他们的睡眠、喂食、排泄等方面的变化，消极情绪多，情绪反应强烈，经常大哭大闹，对新异刺激反应消极（如退缩、哭闹不止），很难适应新事物和变化，对新环境或陌生人很敏感，接受新事物较慢，遇到挫折易怒。

3. 发动缓慢型

在活动性、适应性、情绪性反应上均较慢，经常有不愉快的情绪体验，不容易兴奋，反应强度比较低，对环境变化和新事物回应较慢，在陌生的人或物面前反应退缩，但如果在没有压力的情况下，对新异刺激也会慢慢感兴趣，并慢慢活跃起来，对环境刺激的反应比较温和。

拓 展 学 习

　　其实，在我们的日常生活中就可以对婴幼儿的气质类型进行观察和推断，依据托马斯和切斯的气质分类，可以确立一些主要的观察点，从婴幼儿行为表现大体推断其属于哪一种气质类型。你想知道这些观察点吗？请扫描文旁二维码。

（四）卡根的研究

哈佛大学著名发展心理学家卡根（1987）按照情绪和行为的抑制性水平，将婴幼儿气质类型划分为：①抑制型：抑制型婴幼儿的特征是拘束克制、谨慎小心，具有高度情绪性和低度社交性。②非抑制型：非抑制型婴幼儿表现为经常活泼愉快、无拘无束、精力旺盛、冲动性强。

卡根对婴幼儿的四种气质特征：害羞、胆大、乐观、忧郁进行了分析，认为这些气质特征是由于大脑不同的活动模式造成的。①害羞与胆大。卡根研究发现，幼儿21个月大时就表现出早期的害羞迹象，他让孩子们自由玩耍，发现有些孩子活泼、毫不拘束，径直走到其他孩子面前，与他们一起玩；而另一些孩子则左顾右盼、迟疑不决，走两步又退回来，依偎在妈妈怀里，静静地看着其他孩子玩。卡根认为，这两类孩子差别的根源在于杏仁核的兴奋性，害羞孩子的杏仁核兴奋阈值低，易受外界刺激的影响，杏仁核易于兴奋（唤起），于是就会在行为上表现出倾向于回避不熟悉、陌生的事物，对不确定的事物敬而远之，更易焦虑；而胆大的孩子正好相反，杏仁核兴奋的阈值较高，致使他不易产生害怕情绪，自然就比较外向，渴望探索新事物，结识新伙伴。②乐观与忧郁。研究发现，气质中的乐观、忧郁与前额叶有关：左前额叶是控制乐观情绪的中枢，左前额叶相对较活跃的人比较乐观；右前额叶活跃的人，遇事消极忧愁，爱担忧，比较悲观。前额叶发育较晚，所以在10个月大的婴儿身上才能测量到较可靠的前额叶活动情况。研究者根据妈妈离开时是否啼哭来预测其前额叶活动情况，用这种方法对14名婴幼儿测试，发现妈妈走开婴幼儿就开始啼哭，其右前额叶活跃度高；反之，那些不哭的婴幼儿，左前额叶活跃度高。

卡根研究的目的不在于其气质类型的划分，而是着眼于发展，卡根最重要的研究发现是：婴幼儿的早期经验可以改变气质，只要给予适当的教养，气质是可以改变的。尽管气质与生俱来，但并不是相伴终生的。童年时期的情感体验可以改变气质，既可以强化也可以削弱先天的气质倾向。童年时期，大脑的可塑性非常强，在此期间的情感体验会改变神经系统活动方式，婴幼儿的早期经验可以重新塑造杏仁核的反应方式。卡根研究发现，过度兴奋的杏仁核可以通过恰当的经验加以控制。

婴幼儿成长过程中获得的情绪经验和反应是产生差异的关键，而这种经验取决于父母的教养方式，也就是对待婴幼儿的方式，适宜的教养方式可以矫正胆小的气质特征，其中母亲的做法起着重要作用。卡根研究小组通过对6个月大婴儿家庭生活情况的观察，将母亲对待婴幼儿的方式分为两类：过度保护型和学习适应型。这两类教养方式的差异在于：①母亲观念不同。过度保护型母亲认为，必须保护胆小的孩子，以避免让孩子遇到困扰的事情，她们一见到孩子惊慌不安，就赶紧将他置于自己的保护之下。学习适应型母亲认为，重要的是帮助胆小的孩子学会怎样处理令人惊恐不安的事情，以便使孩子适应生活中的挑战。②婴幼儿被母亲怀抱的时间长短不同。被过度保护的孩子在母亲怀里的时间更长，且因情绪不安被母亲怀抱的时间要比平静时自己待着的时间更长。③1岁时，当幼儿做危险事情的时候，如把不能吃的东西放进嘴里，过度保护型母亲较多迁就，委婉哄劝，没有坚决制止。学习适应型母亲则加重语气、坚决制止、要求服从。

学习检测

一、名词解释

情绪情感　社会性参照　心智理论　移情　婴幼儿气质

情绪感染　自我意识情绪

二、简答题

1. 情绪情感对婴幼儿发展有哪些重要意义？

2. 识别婴幼儿情绪情感的途径有哪些？

3. 如何理解婴幼儿的哭和笑？

4. 婴幼儿最初的情绪反应有什么特点？

5. 简述婴幼儿基本情绪的发展。

6. 简述移情的早期发展。

7. 列举婴幼儿自我意识情绪早期发展的表现。

8. 结合婴幼儿的情绪发展特点，谈一谈如何帮助婴幼儿进行情绪调控。

9. 婴幼儿的气质类型是如何划分的？

10. 卡根对婴幼儿气质的研究带给我们哪些启示？

分享讨论

1. 以下是来自英国心理分析学家约翰·鲍尔比的临床案例[①]，请你运用本章知识点对这个案例进行分析，将你的案例分析与同学们分享讨论。

23岁的汤姆从一所名牌大学毕业，在当时的英国，这就意味着他已经拿到了一张通向成功的入场券。但是他却非常沮丧，甚至打算自杀。

他向心理医师坦白说，他的童年充满痛苦的回忆。他是家中的老大，在3岁的时候就有了两个弟弟。他的父母经常吵架，而且最后总会打起来。他的父亲因为工作太忙，照顾家庭的时间比较少，而母亲被他们兄弟三人的吵闹搞得不胜其烦，经常会把自己反锁在卧室里，一待就是几小时，有一次竟然把自己反锁了几天。

因此，在很小的时候，汤姆就经常一个人长时间哭泣，父母从来不管他，因为他的父母认为，孩子哭泣只是在撒娇而已。他觉得自己最基本的情感和物质需

---

① ［美］丹尼尔·戈尔曼：《情商2：影响你一生的社交商》，150页，北京，中信出版社，2010。

要都被忽视了。

他童年记忆中印象最深的事情是，一天晚上他得了阑尾炎，一直痛苦地呻吟到天亮，父母却不管不问。他还记得弟弟哭得声嘶力竭，父母也无动于衷，他也记得自己当时有多么恨他们。

上学的第一天是他一生中最痛苦的日子。他认为母亲彻底抛弃了他，把他寄存在学校里。他因此绝望地哭了一整天。

当他慢慢长大后，他开始掩饰自己对父母关爱的渴望，拒绝开口向父母提出任何要求。在接受心理治疗时，他甚至担心如果自己宣泄出真实情感，心理医生会把他看作一个想引起人注意的精神病患者，他甚至还幻想，医生会像自己的妈妈一样躲到另一个房间里，直到他离开为止。

2. 托马斯和切斯（1984）发现，父母的教养方式能否与婴幼儿的气质类型相适配，在很大程度上影响着婴幼儿气质的变化。例如：对于那些困难型的孩子，如果父母平静、耐心地对待他们，允许他们以自己的步调面对新事物，那么，一段时间后这些孩子有可能变得不再那么任性了，适应环境的能力也会提高。相反，如果父母对困难型的婴幼儿缺乏耐心，苛求和强制较多，这些婴幼儿在往后的生活中就会保持难以抚养的气质特征，行为问题较多。

以《父母教养方式如何与婴幼儿气质匹配》为题，查阅相关文献资料，撰写一篇小论文，然后与同学们讨论分享各自的观点。

实践体验

1. 0~1岁婴儿气质简易测评

本测评共有18道题，涵盖气质测评的九个维度，每个题目有三个等级：常见、一般、不常见。访谈家长，根据婴儿最近的行为表现，给每个题目选取一个相应的等级。计分方法：常见（3分）、一般（2分）、不常见（1分）。将每个题目的得分填在"题目得分"栏中，再将每个维度中所有题目的得分总和填在"维度得分"栏中，最后画出九个维度特征的剖面图，确定此名婴儿的气质类型。

（1）婴儿每天吃一定数量的奶。

（2）婴儿入睡或觉醒时有些烦躁，常常会哭或皱眉头。

（3）对喜爱的玩具可以玩5分钟以上。

（4）无论什么时候给他洗澡，他都不会反抗。

（5）无论喜欢还是不喜欢的东西，他都会带着淡淡的表情，安安静静地吃饭。

表5-6 0～1岁婴儿气质简易测评计分

	规律性		情绪		持久性		适应性		反应强度		敏感性		趋避性		活动性		注意分散度	
题号	(1)	(13)	(2)	(12)	(3)	(18)	(4)	(14)	(5)	(16)	(6)	(10)	(7)	(15)	(8)	(11)	(9)	(17)
题目得分																		
维度得分																		

九个维度特征剖面图

（纵轴：0 1 2 3 4 5 6；横轴：规律性 情绪 持久性 适应性 反应强度 敏感性 趋避性 活动性 注意分散度）

测评结果

姓名_____ 月龄_____

初步评定该婴儿属于_____气质类型

注：本简易测评只是为了帮助学习者理解并掌握托马斯和切斯对婴儿气质划分的九个维度而设计的实验体验练习，并不能作为测定婴儿气质的测评工具。本测评中的"规律性"指的是生理节律，"情绪"指的是积极情绪和消极情绪，"持久性"指的是注意广度和持久性，"适应性"指的是生活常规适应性，"敏感性"指的是感觉阈限，"趋避性"指的是新情境趋避性，"活动性"指的是活动水平。

（6）尿布被大小便弄湿了，他会有明显不舒服的表现，大喊大叫或扭动不安。

（·7）第一次遇到小朋友时会害羞。

（8）换尿布或穿衣服时，又踢又打，扭动得厉害。

（9）当饿了哭喊时，抱起他、拍拍他、给奶嘴能让他停止哭泣至少1分钟。

（10）对明亮光线产生轻微反应，如接近他时，他会眨眼睛或者有吃惊的表情。

（11）父母带孩子出门时，能安静地坐在座位上。

（12）单独留下他独自玩耍时，他会哭闹。

（13）每天上午睡觉的时间基本相同。

（14）还没有吃饱，奶就没有了，他仍然微笑。

（15）能主动抓握或触摸他够得到的东西。

（16）对陌生人反应强烈，发笑或叫喊。

（17）喝奶时，听到电话铃声，会停止吮吸并张望。

（18）与父母游戏时，注意力能力能够持续 1 分钟。

2. 1～3岁幼儿气质简易测评

本测评共有27道题，涵盖气质测评的九个维度，每个题目有三个等级：常见、一般、不常见。访谈家长，根据幼儿最近的行为表现，给每个题目选取一个相应的等级。计分方法：常见（3分）、一般（2分）、不常见（1分）。将每个题目的得分填在"题目得分"栏中，再将每个维度中所有题目的得分总和填在"维度得分"栏中，最后画出九个维度特征的剖面图，确定此名幼儿的气质类型。

（1）每天晚上在同一时间入睡。

（2）在应保持安静的环境中，总是坐不住，不能安静下来。

（3）对不喜欢的食品有情绪反应，即使这些食品中混有他喜欢的。

（4）尽管环境很嘈杂，仍能够进行某一活动。

（5）对失败表现出强烈的情绪反应，大哭或跺脚。

（6）对喜爱的玩具可以玩10分钟以上。

（7）能安静坐着等候食品。

（8）尽管有分心的声音，如汽车声、说话声，仍旧能继续看图画书。

（9）当有人从身边走过，会停止吃饭并抬头张望。

（10）当他哭闹时，很快容易用玩具使他安静下来。

（11）到了一个陌生的地方，会到处跑、跳、看看。

（12）对挫折反应强烈，如痛苦地喊叫。

（13）做体力活动不超过 5 分钟。

表5-7　1～3岁幼儿气质测评计分

	规律性	情绪	持久性	适应性	反应强度	敏感性	趋避性	活动性	注意分散度
题号	(1) (19) (23)	(14) (22) (25)	(6) (13) (17)	(15) (18) (26)	(5) (7) (12)	(3) (9) (21)	(11) (20) (27)	(2) (16) (24)	(4) (8) (10)
题目得分									
维度得分									
九个维度特征剖面图									
测评结果	姓名_____　年龄_____　初步评定该婴幼儿属于_____气质类型								

注：本简易测评只是为了帮助学习者理解并掌握托马斯和切斯对幼儿气质划分的九个维度而设计的实验体验练习，并不能作为测定幼儿气质的测评工具。本测评中的"规律性"指的是生理节律，"情绪"指的是积极情绪和消极情绪，"持久性"指的是注意广度和持久性，"适应性"指的是生活常规适应性，"敏感性"指的是感觉阈限，"趋避性"指的是新情境趋避性，"活动性"指的是活动水平。

（14）白天午睡、晚上睡觉，都很愉快。

（15）离开父母新入幼儿园，要适应好几天。

（16）喜欢蹦跳的游戏胜过坐着玩的游戏。

（17）在1小时之内就对新玩具、新游戏失去兴趣。

（18）到一个新环境，头几分钟时小心翼翼，如拉着妈妈的手、躲在妈妈身后。

（19）每天在同一时间精力旺盛。

（20）会对遇见的另外一个孩子微笑、打招呼。

（21）和小朋友一起玩，被别的小朋友超过会很计较。

（22）情绪不好时，会变得爱发脾气，或几天不正常。

（23）到了吃饭的时间就感到饥饿。

（24）尽管家长反复告诫，仍然进入不该去的地方，或者动不该动的东西。

（25）不管高兴还是不高兴，都能富有感情地大声同他人问候。

（26）首次学习新东西时，会烦躁哭泣，如学习穿衣、收拾玩具。

（27）家里来了客人，会很主动地接近。

3. 观察婴幼儿在游戏中的情绪反应

依据下列提纲自行编制一个观察记录表，练习在日常生活中识别婴幼儿的面部表情、肢体动作、言语表情，根据表情推测婴幼儿的情绪体验。

（1）婴幼儿在游戏期间都表现出哪些情绪反应？（如愉快、生气、紧张、恐惧等）。

（2）婴幼儿是如何表达喜欢和不喜欢的？（如哭、笑、拍手等）

（3）当给婴幼儿一个新玩具，或婴幼儿自己发现一个新玩具时，他是如何反应的？

（4）当遇到挫折后，婴幼儿会做些什么？（如哭、寻找母亲等）

选取一个游戏场景，选取一名婴幼儿作为你的观察对象，采用轶事记录法对其进行观察，采取照片、录像、录音、文字描述等方式记录下婴幼儿的表情，撰写观察记录，运用本章知识点对你的观察结果进行分析。

第六章　婴幼儿社会性的发生与发展

导言

　　与其他灵长类动物相比，人类婴儿刚出生时更不成熟，生存能力更弱小，这就使得人类的孩子对父母有更长时间的依赖，需要父母更多的养育。然而，正是这段较长的依赖期为婴幼儿提供了独特的学习机会，使出生头三年成为婴幼儿游戏、交往、探索和发展的最佳时期。从出生起，婴幼儿就有着强烈的社会交往需求和倾向，在与父母、同伴的互动过程中，婴幼儿的社会性逐步发展起来。

学习目标

通过本章的学习，你将能够：

1. 掌握社会性发展的概念和主要内容。
2. 理解并掌握早期依恋关系的发展及重要意义。
3. 理解亲子关系对婴幼儿发展的作用。
4. 理解并掌握自我意识的发生发展过程。
5. 了解婴幼儿同伴关系的发展特点。
6. 理解并掌握婴幼儿社会行为的早期发展。

内容导览

社会性发展概述
- 社会性发展的界定
- 社会性发展的主要内容

依恋关系的早期发展
- 依恋的界定
- 依恋的发展阶段
- 依恋的类型
- 依恋形成与发展的影响因素
- 依恋的重要意义

婴幼儿社会性的发生与发展

自我意识的萌芽与发展
- 自我意识的界定
- 婴儿出生时有无自我意识
- 主体我的出现
- 客体我的出现
- 婴幼儿自我调控的早期发展

亲子关系与婴幼儿心理发展
- 亲子关系的重要性
- 父母教养方式对婴幼儿发展的影响
- 父亲对婴幼儿发展的影响
- 亲子游戏对婴幼儿发展的作用

同伴关系与社会行为的早期发展
- 同伴关系的早期发展
- 社会行为的早期发展

第一节　社会性发展概述

0～3岁社会性发展是婴幼儿未来发展的重要基础，婴幼儿时期社会性发展是否良好直接关系到未来个性发展的方向和水平。婴幼儿的社会认知、社会情感及社会行为技能在此阶段都得到了初步发展，并开始逐渐显示出较为明显的个人特点，特别是依恋关系质量会对今后的人际关系及心理健康都有着深远的影响。

一、社会性发展的界定

社会性是指作为社会成员的个体，为适应社会生活所表现出来的心理和行为特征。

社会性发展是个体从一个生物人逐渐掌握社会的道德行为规范与社会行为技能成长为一个社会人，并逐渐步入社会的过程。社会性发展也称社会化。

社会性发展是从出生就开始的一个漫长的过程。出生伊始，婴儿就以微笑、啼哭、认生、模仿等行为表明他们有交往的需要和能力。这种交往需要的满足及交往能力的发展，最初取决于父母，尤其取决于母亲对他们的关心程度。母亲除了给婴儿喂乳、换尿布、安抚睡觉外，还常常做出呼唤、拥抱、抚摸、微笑等交往性动作，婴儿对这些动作则报以相应的微笑、发声等反应。这样，婴儿逐渐认识到母亲能满足自己的各种需要，于是产生了对母亲的信赖，与母亲之间建立了情感上的依恋关系。这种依恋关系是婴幼儿最初的人际关系。父母通过语言、面部表情及姿势动作等施加影响，赞许或限制他们的行为，而婴幼儿则依从父母的意愿进行活动。这种最初的人际关系对婴幼儿心理的发展产生着重大的影响，父母成为婴幼儿社会化过程中的重要他人。

随着婴幼儿身体的发育和运动技能的增强，他们的活动范围与交往范围逐渐扩大，他们开始与同龄人交往，享受初期的友谊，这就是同伴关系。到了入园年龄，婴幼儿开始部分脱离家庭步入群体生活，其交往对象进一步扩大，交往活动多样化，交往能力也得到了进一步加强。至此，婴幼儿的社会性逐步发展起来了。

二、社会性发展的主要内容

社会性发展贯穿人的一生，发展内容涉及广泛，凡与社会生活有关的心理现象都属于社会性发展的内容（包括认知、情感、行为等方面）。不过，在不同时期有各自不同的发展内容，在婴幼儿时期社会性发展主要包括人际关系、亲社会行为、攻击性行为、自我意识等方面的发展。

（一）人际关系的发展

人际关系既是婴幼儿社会性发展的重要内容，又是影响婴幼儿社会性发展的重要影响因素。婴幼儿人际关系发展主要体现在亲子关系和同伴关系的发展上。

亲子关系是指父母与子女的关系，也包含隔代亲人的关系，亲子关系既是一种血缘关系，又是一种抚育关系、教养关系，婴幼儿亲子关系的发展集中体现在依恋关系和父母教养方式两个方面。3岁前的亲子关系突出表现在依恋关系上。

同伴关系是指婴幼儿彼此之间的关系，是年龄相同或相近的婴幼儿之间的一种共同活动并相互协作的关系，具有平等、互惠的特点。

（二）自我的发展

自我的发展是婴幼儿社会性发展的重要组成部分，婴幼儿社会化最终体现在自我的发展上，自我意识的发生使婴幼儿获得了成为社会成员的雏形，是婴幼儿从一个生物人向社会人转化，步入社会的关键性一步，对今后发展具有重要意义。

（三）社会行为的发展

婴幼儿社会行为的早期萌芽表现在社会认知的早期倾向、哭与笑、轮流等。婴幼儿社会行为的初步发展表现在亲社会行为和攻击性行为。社会行为发展的状况的好坏是个体社会性发展成败的重要指标。

第二节　依恋关系的早期发展

依恋关系是最重要的人际关系之一，从出生到成人贯穿人的一生，不过，心理学家特别关注的是依恋的早期发展（first attachments），也被称为婴儿依恋（attachment in infancy），发展心理学中最有影响的研究领域就是母婴依恋。在生命的头三年最重要的发展任务是建立安全型依恋关系，早期依恋的发展会给今后的心理健康、人际关系、人格发展带来重要的影响，众多研究及生活案例证明，对抚养人的适度依赖有利于婴幼儿健康成长。

一、依恋的界定

依恋（attachment）是指婴幼儿与抚养者之间所形成的一种强烈而持久的社会性情感联结。

首次提出这个概念的是英国心理学家约翰·鲍尔比。他认为依恋是婴幼儿对其主要抚养者特别亲近而不愿意离去的特殊情感，是存在于婴幼儿与其主要抚养者之间的一种强烈的、持久的情感联结，相互依恋的双方互相爱恋和亲近，并极力保持和维护这种亲密关系。依恋主要表现为吸吮、拥抱、抚摸、对视、微笑甚至哭叫、身体接近、偎依和跟随等行为。鲍尔比把依恋描述为一种在维持婴幼儿的安全和生存方面具有直接意义的行为控制系统，其重要性不亚于控制饮食和繁殖的行为系统，其作用在于为婴幼儿创造一个安全舒适的环境。婴幼儿以此为安全基地，由此出发去探索外面的世界，当他遇到危险时又可以迅速返回这一"安全的港湾"。

拓展学习

约翰·鲍尔比是婴幼儿依恋研究的先驱，对后人研究产生了巨大影响。鲍尔比为何要进行早期依恋的研究？他都进行了哪些开拓性的观察研究？获得了哪些重要的研究成果？想知道这些答案请扫描文旁二维码。

二、依恋的发展阶段

依恋并非与生俱来，而是有一个发展过程，具体表现在以下四个阶段。

（一）无差别反应阶段（0～3个月）

在这个阶段，婴儿对成人已有回应。刚出生时，主要是通过嗅觉（气味）和听觉（嗓音）刺激来区分不同的人，来分辨母亲；稍大一点可通过视觉来区分。

亚罗（1967）对众多婴幼儿的观察发现，20%的婴儿在1个月的时候就会表现出对母亲的明显偏好；到3个月时，80%的婴儿都会表现出对母亲的偏好；而到5个月时，所有婴儿都表现出这种偏好。

这个阶段可以观察到婴儿具有依恋倾向的行为反应，如转向这个人、用眼睛追踪、抓握和伸手、微笑、咿咿呀呀、听到或看到面孔时会停止哭泣，12周以后

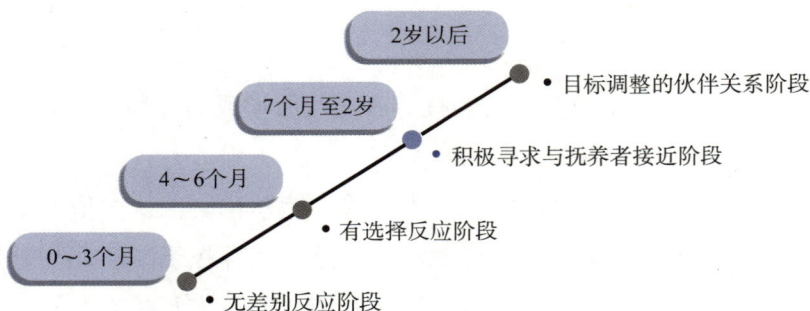

图6-1　依恋发展过程

这些行为反应的强度增加，婴儿会主动、快活而愉悦地提供极具社会性的反应。不过，在第一阶段婴儿还没有形成依恋。

（二）有选择反应阶段（4～6个月）

这个阶段，婴儿会继续用友好的方式回应他人，但与第一阶段不同的是，对母亲的反应会比其他人更明显。在第二阶段依恋开始发展。

（三）积极寻求与抚养者接近阶段（7个月至2岁）

这个阶段的婴幼儿对待母亲与对待其他人的差异越来越大，而且出现新的反应方式，如母亲离开时跟随她、母亲回来时迎接她、将母亲当作安全基地从母亲那儿出发去探索周围环境。与此同时，对其他人的友好反应会减弱，对待陌生人越来越谨慎，而陌生人的出现会激起婴幼儿的警觉和退缩。

在第三阶段，婴幼儿对母亲的依恋形成，时间是在7～8个月，形成标志是分离焦虑和陌生人焦虑。在这个阶段，婴幼儿表现出明显的分离焦虑，分离焦虑8个月左右出现，10～18个月最为强烈，1岁半至2岁消失。

大部分1～2岁幼儿依恋行为的指向对象不止一个，当婴幼儿发展出稳定的依恋关系之后，就会选择多个依恋对象。谢弗和爱默生（1964）研究发现，大部分婴幼儿到9～10个月时都会表现出多重依恋。很明显，生活中照顾他的那个人（一般是母亲）是婴幼儿的首要依恋对象，家里的其他人（如父亲、兄弟姐妹或祖父母）则成为次要依恋对象。在托幼机构，婴幼儿会将某个特定的老师当作他的依恋对象。

还有一个不应被忽视的就是"过渡物品"，这个过渡物品指的是起到安慰作用、能给婴幼儿带来安全感的物品。如奶瓶、毛绒玩具、手绢等。英国著名心理治疗师温尼科特（1953）首次注意到了这些被婴幼儿珍爱的物品，关注并肯定这些物品的积极作用，例如：很多婴幼儿都会紧紧抱着自己特定的一个柔软的毛绒玩具入睡而无需母亲的陪伴，这个特定的物品对他心理的安全感和平静有着十分重要的意义，带给他极大的安慰。温尼科特认为这些物品属于特定的某个阶段，在这个阶段，婴幼儿还无法使用象征但却朝着象征发展，而这些物品在客体关系的发展中占据很重要位置，所以他称之为"过渡物品"。婴幼儿的依恋行为也会指向这些过渡物品，从而来弥补母亲的缺失。

（四）目标调整的伙伴关系阶段（2岁以后）

这个阶段，幼儿开始能觉察母亲行为的目的，获得对母亲感受和动机的认知，开始能理解母亲的行为，于是，母子之间发展出合作式的互动关系。这种新的母子关系的发展有赖于幼儿要具备两种能力：一是明白母亲具有与自己不同的目标和兴趣；二是将母亲的目标和兴趣纳入考虑。莱特（1979）等众多研究者发现，很多幼儿在4岁时已经充分地具备观点采择能力，这是一种认知能力，是指儿童能采取别人的观点来理解他人的思想和情感的能力。

三、依恋的类型

绝大多数婴幼儿都能形成依恋，但所形成的依恋关系质量不同，表现为不同的依恋类型。英国心理学家安斯沃斯设计了陌生情境实验，用以测查婴幼儿的依恋类型。该实验成为测查依恋类型的经典实验。

拓展学习

　　安斯沃斯的陌生情境研究是发展心理学的经典实验之一，她发明的"陌生情境"技术是研究婴幼儿依恋类型及依恋成因的有效研究方法，这个技术现在已成为应用广泛的测评依恋的方法之一。想详细了解安斯沃斯的陌生情境实验请扫描文旁二维码。

依据婴幼儿在陌生情境实验中表现出的不同行为模式，安斯沃斯（1978）将婴幼儿依恋划分成三种主要类型。

（一）安全型（securely attached）

当母亲在场时，婴幼儿尽情地玩耍，非常活跃，把母亲作为安全基地自由自在地进行探索，在陌生人出现时也不会感到沮丧；即使有的婴幼儿对陌生人表现出不同程度的警觉，有时也会试图接近，不反对与陌生人接触，但与对母亲的行为反应明显不同。

当母亲离开时，表现出明显的痛苦和沮丧，会哭（分离焦虑）；当母亲回来时，立刻主动迎接母亲，接近母亲，寻求安慰，很容易被母亲安抚、很快恢复平静，而且很快全神贯注地继续玩耍。

（二）焦虑-回避/冷漠型（anxious-avoidant or detached）（简称"回避型"）

这类婴幼儿内心是痛苦的，但从表面上看，其情绪和行为不受母亲在场、离开、返回的影响，对母亲表现得比较冷漠。

当母亲在场时，也没有太多的探索；当母亲离开时，没有痛苦的表现；当母亲回来时，不会迎接，或者主动回避与母亲的接触，例如：抱他时会挣脱，平静地回到自己的游戏中；多数时间自己玩，并容易接受陌生人的安慰。

（三）焦虑-反抗/矛盾型（anxious-resistant or ambivalent）（简称"矛盾型"）

母亲在场时玩得少；母亲离开时极端痛苦。

婴幼儿行为
分离时焦虑痛苦
重聚时主动寻求安慰并
很快恢复平静

婴幼儿心理
相信自己的需要能够得到满足

母亲
体察入微
积极迅速地满足孩子的需求
长期稳定的照料

婴幼儿行为
分离时表现冷淡
重聚时回避母亲的安慰
探究行为少

婴幼儿心理
认为自己的需求可能会得不到满足

母亲
不敏感
不能及时回应
漠不关心

安全型依恋　回避型依恋
依恋类型
矛盾型依恋　紊乱型依恋

婴幼儿行为
分离时焦虑痛苦
重聚时生气拒绝母亲安慰

婴幼儿心理
不相信自己的需要能够得到满足

母亲
不能长期照料
有时关注孩子
有时忽视孩子

婴幼儿行为
分离时与重聚时，情绪、行为表现混乱
不适宜，反应无规律，难以预测

婴幼儿心理
格外困惑，不知如何使自己需求得到满足

母亲
厉害
吓唬

图6-2　依恋类型

最明显的表现是与母亲重聚时难以平静下来，在亲近母亲和抗拒母亲之间摇摆，表现出矛盾行为：既想寻求母亲的安慰，又想"惩罚"母亲，母亲亲近他时，他会生气地拒绝，表现出愤怒，情绪要花很长时间才能平静下来。此后将更加贴近母亲，生怕她再离开。他们在陌生环境中哭得最多、玩得最少，并且难以接近陌生人。

在安斯沃斯研究的基础上，后继研究者又提出了第四种类型：紊乱型。

四、依恋形成与发展的影响因素

（一）生物学因素

依恋有着生物学基础。研究发现母婴之间的早期皮肤接触会促进依恋的早期发展。研究者将产妇分为两组：实验组和对照组。两组的区别在于与新生儿皮肤接触的时间早晚、接触的时间长短不同。实验组母亲产后 3 小时安排一次与婴儿长达 1 小时的皮肤接触；对照组母亲则在产后6～12小时才开始给婴儿喂奶，每隔 4 小时喂奶半小时。这样，每天实验组比对照组母婴皮肤接触时间多 5 小时。结果发现，实验组母亲与婴儿挨得更近，对婴儿的抚爱更多，喂奶时把婴儿抱得更紧。1 年后观察发现，实验组母亲仍然比对照组母亲对婴儿的爱抚更多，婴儿在生理心理发展测验中的成绩也比对照组婴儿更好。经过长达 6 年的追踪研究发现，母婴之间皮肤接触时间的早晚，比接触的绝对时间的长短更重要，最好从婴儿出生后的6～12小时开始为宜。对其原因的解释是：分娩时产妇体内的催乳素有助于产妇关心婴儿，促使她们形成与孩子之间的依恋关系，如果这时失去与孩子接触的机会，这些激素的分泌就会减少。

（二）养育方式

父母在依恋形成过程起着非常关键的作用，依恋质量取决于父母养育方式。在依恋关系中，婴幼儿将父母作为探索外部世界的安全基地。

鲍尔比认为婴幼儿是否形成安全型依恋主要取决于父母对待婴幼儿的养育方式，父母越是能满足婴幼儿对关注和照顾的渴望，越是给婴幼儿更多的陪伴，婴幼儿就越容易形成安全型依恋，显然，养育质量影响依恋模式。

安斯沃斯（1967）研究发现，当婴儿会爬之后，就不会总是待在母亲身边，有的时候会离开母亲去探索周围其他的人、事、物，甚至会离开母亲的视线。不过，他会时不时地回头看母亲，或者回到母亲身边，就好像确定一下母亲是否还在那里。这种自信的探索会在两种情况下中断：一种情况是婴儿感到害怕或受伤的时候；另一种情况是母亲离开的时候。当有这两种情况发生时，婴儿会停止探索、尽快地回到母亲身边，同时伴随痛苦的迹象和无助地哭泣。安斯沃斯观察到这种行为最早出现在28周大，到了8个月时所有的婴儿都会出现这种行为。安斯沃斯（1969）经过研究得出有利于形成安全依恋的母亲行为指标：①婴幼儿和母亲之间频繁而持久的身体接触，尤其是在婴儿出生头6个月内，以及母亲通过抱着婴幼儿来安抚他的能力；②母亲对婴幼儿信号的敏感度，尤其是根据婴幼儿的节律来选择干预时间的能力；③有规律的环境，婴幼儿可以感到自己的行为会引发特定的结果；④母亲和婴幼儿都能从彼此陪伴中获得共同的喜悦。

英国比较心理学家亨利·哈洛通过恒河猴实验证明了接触性安慰在依恋关系形成过程中起到的重要作用，进而提出："爱比食物更重要！"在安全型依恋的形成过程中，接触性安慰具有极其重要的作用，甚至食物更重要。因此，母亲既要保证对婴幼儿的饮食、睡眠、身体健康等基本生理需要的敏感性与反应性，同时更要保证对婴幼儿寻求关注、感情、爱抚等心理需要的敏感性和反应性。

拓 展 学 习

　　亨利·哈洛的恒河猴实验是发展心理学领域中有影响力的经典实验之一。他以恒河猴为实验对象，通过精心的实验设计，发现了接触性安慰在依恋关系形成过程中发挥的重要作用。想了解实验具体内容，请扫描文旁二维码。

众多研究表明婴幼儿的依恋类型与依恋方式取决于父母的养育方式：①安全型的母亲大多敏感、细心、负责任，能够对婴幼儿的需求信息做出及时、热情的回应，这是形成安全型依恋的主要原因。②矛盾型的母亲看上去愿意与婴幼儿亲密接触，但她们常常错误地理解婴幼儿发出的信号，不能与婴幼儿形成同步习惯。矛盾型依恋的婴幼儿中有些在气质上属于难养型，在新生儿时期易激惹或反应迟钝，致使母亲对婴幼儿无一定主见，养育方式自相矛盾，对婴幼儿有时热情，有时冷漠，婴幼儿不能从母亲那里得到情绪支持和舒适感，从而产生悲伤和怨恨。对婴幼儿的照顾缺乏一贯性、母亲态度和行为反复无常是形成矛盾型依恋的主要原因。③回避型的母亲有多种类型，有的对婴幼儿缺乏耐心，对婴幼儿的信号反应迟钝，或对婴幼儿发出的情感信息反应冷漠；有的对婴幼儿经常表现消极情绪。这样的母亲大多刻板僵化、缺少温情、表情呆板、很少愉快；也有的母亲经常不在婴幼儿身边，婴幼儿由多人抚养，从而没有形成对母亲或某位特定人的依恋。母亲缺乏热情、对婴幼儿反应不敏感且缺乏回应，是回避型依恋的主要原因。

研究认为高质量的养育行为是形成良好依恋关系的关键。高质量抚养行为有两个特征：高敏感性和高反应性。敏感性是指母亲对婴幼儿需求信号的敏锐觉察；反应性是指母亲根据婴幼儿所发出的需求信息，给予恰当、及时、热情、一贯地回应。婴幼儿有两类需求：生理需求和心理需求。母亲既要保证对婴幼儿的饮食、睡眠、身体健康等基本生理需要的敏感性与反应性，同时更要保证对婴幼儿寻求关注、感情、爱抚等心理需要的敏感性和反应性。

（三）有一个稳定的照料者

稳定的照料者是安全型依恋形成的必要条件。婴幼儿的依恋对象通常是母亲，母亲在婴幼儿依恋的形成过程中扮演着重要的角色。如果照看者不稳定，婴幼儿将无法形成安全型依恋，如母亲外出工作，婴幼儿由多人抚养，就无法形成对母亲或某位特定看护者的依恋。有调查表明，从小生活在全托机构中的婴幼儿，由于护理员频繁地轮换，且这些护理员对待婴幼儿的方式、敏感性、爱心均不相同，婴幼儿往往会形成回避型的依恋。

（四）婴幼儿自身特点

婴儿刚出生时就表现出与生俱来的行为特点，这些最初的特征会影响到母亲照料婴幼儿的方式，如母亲对婴幼儿的回应方式、频率、态度等，从而进一步直接或间接地影响之后发展出的依恋模式。在婴儿出生的第1年，每对母子就发展出特有的、独一无二的互动模式，而这种母婴互动模式决定了最终发展出的依恋模式。

依恋关系是在母婴相互作用下双方共同构筑的，所以婴幼儿自身的特点也决定了建立这种关系的程度，这种影响主要来自三个方面：外在的体貌特征、身体健康情况和婴幼儿内在的气质特点（如生活节律、睡眠时间、情绪稳定性等）。

亚罗（1963）研究发现，消沉的婴幼儿不会主动发起社交互动，不会伸手去触摸人，也不会做出亲近的回应；相反，活跃的婴幼儿要求得到更多的注意，非常强烈地想达到自己的目的，而且会坚持不懈直到得到满足，会迅速地对成人做出回应，并且发起互动以求从成人那里得到回应。这样，两类婴幼儿得到的互动经历的量和形式都存在很大差异。与天性消沉的婴幼儿相比，天性活跃的婴幼儿会得到成人更多的关注。

卡根（1994）认为婴幼儿依恋的差异主要由气质差异所导致，那些难养型气质的婴幼儿拒绝任何行为习惯的变化，常被新奇事物所困扰，在陌生情境中感到痛苦，因此被归入矛盾型。相比之下，那些表现友好、容易交往的婴幼儿则被归于安全型，那些启动缓慢型气质的婴幼儿在陌生情境测验中则容易被归于回避型。

五、依恋的重要意义

已有充足的证据表明，早期依恋关系的质量对其今后在认知、情绪、社会行为、人格等方面产生长期影响。

在认知方面，依恋给婴幼儿提供一种安全感，婴幼儿将依恋对象视为安全基地。靠近依恋对象或建立了稳固的安全感的婴幼儿，有勇气去探索周围事物。研究表明安全型依恋的婴幼儿对环境探索有较高的热情，表现出好奇、探索的倾向，想象力丰富，解决问题时更有耐心和主动性，遇到困难时较少消极情绪的反应，他们既能够向在场的成人请求帮助，又不太依赖成人。早期依恋的性质决定着婴幼儿对自我和他人等多方面认识，而这是构成婴幼儿自尊、自信、好奇心等自我系统的重要基础。

在情绪情感方面，安全型依恋将导致婴幼儿的信赖、自信和稳定的情绪状态，在爱、友谊的深化方面得到发展。

在社会行为方面，安全型依恋的婴幼儿在入园后表现出较强的社会能力和良好的社会关系，有助于社会交往技能的顺应性与灵活性的发展，使其成为社会适应良好的人。依恋关系是婴幼儿出生后最早形成的人际关系，是长大成人后形成的人际关系的缩影，依恋具有传递性，婴幼儿早期形成的安全型依恋，在其长大为人父母时，也更容易与自己的婴幼儿形成安全依恋。

在人格发展方面，早期依恋的发展对日后个性发展影响深远。在人生早期，来自父母充满亲切鼓励、支持合作的互动体验会让婴幼儿拥有价值感，会让婴幼儿相信能够得到他人的帮助而获得安全感和信任感，同时也得到未来构建人际关系的良好示范。安全型依恋关系让婴幼儿有能力充满自信地探索周围环境，并有效地应对环境，这样的经验有助于提升自信心。随着年龄的增长，这些早期的体验、感受、认识、行为模式、互动方式逐渐稳定下来，逐渐结构化，成为其人格中的组成部分，从而形成良好的人格特征。

第三节　自我意识的萌芽与发展

自我的发展是婴幼儿社会化的重要组成部分，也是体现婴幼儿社会化的一个重要方面。婴幼儿自我的发展过程与其社会化、社会行为发展之间有一种相互影响、相辅相成的关系。自我意识的出现无疑是头三年最重要的发展成就。在婴幼儿期发展出良好的自我意识有利于婴幼儿形成对自己、对他人及周围事物的正确态度，有助于建立良好的人际关系，促进心理健康。把自己与周围环境、周围的人区分开来的能力很重要，没有这种能力，就不可能做出有目的的行为。

一、自我意识的界定

"自我"是心理学中的重要且极为复杂的议题，相关的理论学说及概念众多，以下我们只介绍与婴幼儿自我意识发展相关的观点。

较早对自我进行研究的是美国哲学家、心理学家威廉·詹姆斯，他将自我分为：主体我（I）和客体我（me）。主体我是指作为身体的体验者和环境中的体验者的自我，通过与环境互动所体验到的自我。客体我是指被主体我识别和概念化的自我，被识别、被回忆、被再认的自我，他又进一步将客体我划分为：物质我（the material self）、社会我（the social self）、精神我（the spiritual self）。

自我意识是意识的一种形式。意识是人的心理和动物心理的区别之所在。个性的形成有赖于意识的产生和发展，而自我意识的发生和发展是个性形成的重要组成部分。

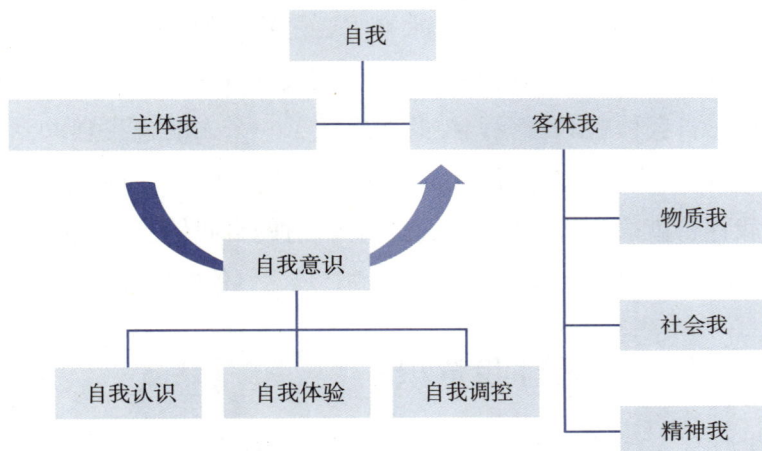

图6-3　自我与自我意识

自我意识（self consciousness）是指个体对所有属于自己身心状况的意识，它包括：自我认识、自我体验、自我调控。当我们听到孩子说"我是最棒的""我有点不高兴了""我觉得我行"就是自我意识的表现，这种关于个体对自己所作所为的看法和态度，就是自我意识。成熟的自我意识包含：能意识到自己的身体特征和生理状况、能认识并体验到内在的心理活动、能认识并感受到自己在社会群体中的地位和作用。

（一）自我认识

自我认识是个体对自身特点、特征的认识，涉及生理、心理和社会诸方面。这是人的自我意识中的认知成分。自我认识是自我意识的基础，自我评价和自我调控都是在自我认识的基础上产生的。正确的自我认识是良好自我意识的保障。

（二）自我体验

自我体验是指个体在自我评价的基础上对自己产生的情绪体验。常见的有自尊与自卑等。自我体验的基础是自我评价。自我体验是自我意识中的情绪情感成分。自我体验使得人的自我意识带有浓厚的情绪色彩。正是由于自我体验的性质不同，才使得个体有了改变自我控制的动力。

（三）自我调控

自我调控指个体对自己心理和行为的主动控制与调节，通过这种调控使自己更符合自己的预期。自我控制包括独立性、坚持性和自制力。自我调控是自我意识中的意志成分。自我调控的依据是自我体验。自我调控是一个人自我意识水平高低的标志。评价一个人的自我意识水平主要是看他的自我控制，而不是他的自我认识与自我体验，自我认识和自我体验都是通过自我控制体现出来的。

自我认识、自我体验和自我调控共同组成了一个人的自我意识，它们之间互相影响，共同决定了一个人自我意识的基本面貌。如果一个人自我认识比较正确，他的自我评价就会比较适当，也就会有合适的自我体验，相应的自我调控也就会更合理一些，他的自我意识水平就比较高；反之，他的自我意识水平就比较低。

二、婴儿出生时有无自我意识

婴儿出生时有无自我意识？不同学者有不同的看法。

威廉·詹姆斯认为刚出生的婴儿是没有自我意识的，他分不清自己和周围的人、事、物，处于一种混沌状态。詹姆斯将之描述为"旺盛而闹哄哄的混沌状态"，他认为婴儿心理和环境之间是相互融合的、不可区分的，新生儿不具备辨别自我刺激和非自我刺激的能力。

以弗洛伊德为代表的精神分析学派则认为最初婴儿心理并不是与周围环境相混淆，而是根本与周围环境无关，他们只是为了追求即时快乐的满足，其行为完全无视周围环境，而是完全以自我为中心并且自闭，体现的是本我（id）的生物冲动而非自我（ego）。也就是说，他们的行为完全独立于环境，甚至与环境相隔离，其行为完全被生理过程所支配。认为婴儿与环境之间似乎存在一层屏障，这就好比鸟蛋，鸟蛋使得雏鸟能够在蛋壳里完全以自我为中心生长，蛋壳起到保护作用。

当代婴儿心理学研究则提出另一种观点，菲利普·罗克哈特（2001）认为刚出生的婴儿并非完全混淆外界，或者完全以自我为中心，他们从出生起就具有感知能力和动作能力，这些能力保证他们能够通过感知觉和动作发展出对自我的意识。甚至有学者认为刚出生的婴儿就有对自己身体的早期意识，洛克和赫斯 波斯（1997）研究发现，婴儿从出生伊始就具有将自我刺激与非自我刺激区分开的核心能力。他们以觅食反射为内容对刚出生24小时内的新生儿进行测查。觅食反射是一种无条件反射，指当触摸婴儿嘴角时，婴儿会将头转向刺激的方向把嘴巴张开。研究者分别记录了外部刺激（他人触摸婴幼儿的嘴角）和自我刺激（婴儿自发地用手触摸自己的嘴角）所引起的觅食反射的次数，发现外部刺激引发的觅食反射是自我刺激引发的 3 倍。这说明刚出生的婴儿具有分辨刺激的能力，而这种能力是获得自我意识的基础。

简言之，虽然刚出生时婴儿还没有形成自我意识，但已经具备了发展自我意识的可能性。

三、主体我的出现

主体我的出现是自我发展的第一个环节，在此基础上才能发展出客体我。心理学家认为，婴幼儿是通过以下途径获得主体我发展的。

（一）本体感觉（proprioception）

本体感觉是指通过与肌肉和关节相连的感受器收集到的有关肌体压力和力矩变化的即时信息进行感知。婴儿从一出生就具有本体感觉能力，这种能力帮助他们认识自我。当婴儿用手触摸自己的脸时，手感觉到脸，脸也感觉到手，这种双向触觉经验使婴幼儿认识到自己的身体不同于环境中的其他物体。

（二）跨通道知觉（intermodal perception）

婴幼儿使用各种感官获得与自我相关的各种经验，然后将这些不同经验在大脑中整合在一起形成对自我较为完整的认识，这就是跨通道知觉。

感官是用来获取直接经验的，但对自我的认识，不能单纯靠一种感官就能获得，而是需要多种感官协同合作，在大脑中形成整合的知觉，这就是跨通道知觉。从出生开始，各种感觉系统就能协同工作，向婴幼儿提供一个跨通道的统一世界。他们所看到、听到、触摸到、闻到的信息并不是彼此毫不相关的，而是整合在一起形成对某种事物的知觉，并且婴幼儿从一开始就具有将不同通道的知觉关联起来的能力，这种能力使其认识自我成为可能。

跨通道知觉能力使婴幼儿很早就能对自己身体动作进行感知，他们长时间进行游戏性自我探索，这必然会产生对身体运动和自己产生的动作的多通道知觉经验，通过自我探索，婴幼儿获得了反映自身身体的各种信息，并将之整合起来，从而获得对自我的认识。由此看来，婴幼儿自发的身体动作和游戏，特别是自我探索活动，是其获得自我认识的重要途径。

（三）循环动作（circular actions）

婴儿似乎生来就喜欢做重复性动作。虽然我们不知道婴幼儿为什么喜欢做重复性动作，但这毕竟是一个事实。婴幼儿通过对自己身体的不断探索而获得对自我的认识。婴幼儿对自我的认识源自这种自发的、用循环动作进行的自我探索活动。

当他们吃饱睡足、心满意足时，常常会用腿乱蹬，将手伸到嘴里，手张开又握紧。这些动作看似不随意，但却积极，自娱自乐，乐此不疲，且能持续较长时间。

从第 2 个月开始，他们特别喜欢关注自己的重复性动作所产生的结果。他们睁大眼睛四处观看，四肢舞动，像是在舞蹈。如 2 个月的婴儿喜欢玩自己的双手，把双手从两侧举到胸前，将双手手指触碰到一起，盯着看，过一会儿又将双手分开。接着又不断重复这一系列动作。

3 个月的婴儿开始会长时间观察自己的手脚，开始发出各种重复性的声音，会反复重复一连串的动作。这些行为都是自发的、主动的探索。

正是通过不断的动作重复，婴幼儿获得对自我的认识：认识到自己是环境中的独立个体，认识到自己能够作用于周围环境、自己的动作能够改变物品存在的状态、自己的动作能够带来某种结果等。

（四）口腔探索

嘴的探索是促进早期发展的重要力量。婴幼儿嘴巴的敏感度很高且功能齐备，很适合作为探索的工具，与身体其他器官相比，嘴高度集中了各种触觉感应器，嘴是婴幼儿早期食物选择、物体探索、自我探索的重要工具，正如一些精神分析学家提出的：嘴是知觉的摇篮。嘴在婴幼儿自我意识起源中扮演了重要角色。不过，从4个月伸手抓物开始，手逐渐取代嘴成为主要的触觉探索工具。

四、客体我的出现

主体我的出现还不足以说明自我意识已经产生，只有当客体我出现之后，才能说婴幼儿的自我意识形成了。

镜像实验法是公认的测试自我认知的简单有效的方法，即面对镜子中的自己，看他的反应如何：认为镜子中的成像是自己还是别人？这个方法应用于婴幼儿时，常常在照镜子之前偷偷地在他的脸上明显部位点一个红点或者贴一个小粘贴。然后让他照镜子，这时如果他主动触摸脸上的红点（或粘贴），说明他已经意识到所感

图6-4　镜像实验法

知的镜像就是自我，镜像自我（looking-glass self）的出现被认为是客体我出现的标志。众多国内外的实验表明，大约从18个月开始，幼儿会对着镜子伸手触摸自己脸上的红点（或粘贴），而18个月之前的婴幼儿则不能，说明自我认识最早开始于18个月。绝大多数的幼儿自我认识出现的时间在21～24个月，且男女婴幼儿自我认识出现的时间没有显著差异。

拓展学习

自我意识是心理学领域中最难研究的课题之一，尤其是对婴幼儿自我意识的研究。对婴幼儿自我意识发展的研究大都以镜像实验为基础，许多心理学家从各自研究结果出发，对婴幼儿自我意识发展过程及发展阶段提出了自己的观点。想了解婴幼儿自我意识发展具有代表性的研究请扫描文旁二维码。

总而言之，自我意识是主体我对客体我的意识，它是在婴幼儿与外界客体、与他人交往的过程中产生的，是婴幼儿与周围环境相互作用的结果。婴幼儿在与他人的交往中、与物体的相互作用中，逐渐将"人"与"我"、"物"与"我"区分开来，逐渐认识到作为主体的自己（主体我），在此基础上，能把自己当作一个客体来认识（客体我），意识到自己的身体特征、动作甚至是自己的内心体验，于是自我意识产生了。婴幼儿自我意识萌芽的时间是在2～3岁，其重要标志是掌握代词"我"。

五、婴幼儿自我调控的早期发展

婴幼儿的自我调控能力要到2～3岁时才出现。研究表明，婴幼儿的自我调控能力的发展要经历五个发展阶段。

（一）神经生理调节阶段

在这一阶段，婴幼儿的生理机制保护着其免受过强刺激的伤害。在这个发展过程中，虽然照看者在婴幼儿的常规发展方面对其有所帮助，但是未成熟的中枢神经系统仍然是这一阶段影响婴幼儿自控能力发展的重要因素。

（二）知觉运动调节阶段

在这一阶段，婴幼儿能够从事一些自发的动作活动，并能根据环境的变化来调节自己的行为。如这一阶段的婴幼儿能够伸出手去抓物体或人，婴幼儿的行为反映出其气质和活动水平的个别差异。照看者如果积极配合并鼓励婴幼儿与环境发生相互作用，会有助于婴幼儿通过他人的行为来区分自己的行为。

（三）外部控制阶段

1岁左右，婴幼儿能够使自己的行为服从照看者的命令。婴幼儿行为中的有意成分在增强，行为开始具有目标导向性。婴幼儿开始能够行走，对身体机能的认识随之加强，其自我日益从周围世界中分化开来。随着记忆能力的提高，婴幼儿开始能够识别出照看者的要求，并抑制自己的行为。这一阶段，照看者在婴幼儿自控的早期发展中所起的作用也随之增大，因为他需要指导和鼓励婴幼儿的活动。

（四）自我调控阶段

大约在2岁，幼儿的自我调控能力逐渐发展起来。在自我调控阶段，幼儿的心理表征能力开始发展起来，他们能够运用符号来代表物体，当物体不在眼前时能记忆并回忆物体的形象。这使幼儿能够在没有外界监控的情况下服从照看者的要求，并根据他人的要求延缓自己的行为。

（五）自我调节阶段

在这一阶段，幼儿获得了关于自我同一性和连续性的认识，开始把自己的行为与照看者的要求联系起来。由于上述能力或技能的获得，这一时期的幼儿有可能在相应的动机产生以后，进行自我调节。自我调控与自我调节两者之间只存在程度上的差异，而不存在类型上的差异。与自我调控相比，自我调节在对外界变化的适应性方面具有更大的灵活性。

第四节　亲子关系与婴幼儿心理发展

亲子关系虽然不是婴幼儿心理发展的内容，但却是婴幼儿心理发展的重要影响因素。婴幼儿发展绝对不是自己的事情，发展受着众多因素的影响，其中，亲子关系、亲子互动、家庭经历、早期经验都是最重要的因素，人生最初几年在家庭中的早期生活、早期经历对其人生发展有着不可磨灭的影响。亲子关系是婴幼儿最初的人际关系，同时也是最重要的社会关系。

一、亲子关系的重要性

（一）早期亲子交往是婴幼儿认知能力发展、语言发展的必要条件

父母是连接婴幼儿与外部环境之间的桥梁，由于婴幼儿发育发展水平的局限，对父母有极大的依赖性，婴幼儿只有在父母的帮助下才能满足基本需求，实现与外界环境的相互作用。正是在父母的引导下，婴幼儿认识到各种日常用品的名称、功用和使用方法；学会玩各种不同种类的玩具；获得大量的生活经验；学会观察身边的人、事、物，在此过程中认知能力获得发展，并奠定好奇心和求知欲的最初基础。父母与婴幼儿日常对话中的游戏性或指导性的话语，成为婴幼儿语言学习的榜样和模仿对象，婴幼儿在与父母的"对话"中自然习得母语。有研究指出，缺乏早期亲子交往经验的婴幼儿，无论是在智力发展、语言发展，还是探索欲等方面均比富有亲子交往经验的婴幼儿差。

（二）早期良好的亲子关系对婴幼儿情绪情感的稳定和心理健康发展起着极为重要的作用

对早期依恋的研究表明，早期良好亲密的亲子关系使婴幼儿获得一种心理上的安全感，在陌生环境中婴幼儿表现得放松、坦然、踏实，更愿意探索、交往；而缺乏这种良好亲子关系的婴幼儿，在陌生环境中则表现得紧张、焦虑、退缩、冷漠、无游戏兴趣。埃里克森的心理社会性发展理论也证明，人生最初的三年里，父母是婴幼儿的重要他人，婴幼儿的信赖感、安全感、独立性、自我控制感取决于父母的态度及养育方式。

（三）亲子关系会直接影响婴幼儿的社会行为、人际交往及道德行为的形成与发展

亲子关系是婴幼儿社会性发展的重要方面，父母是婴幼儿社会性发展的重要影响因素。早期教育就是在亲子交往活动中进行的。在亲子交往中，父母自觉或不自觉地向婴幼儿传授着社会知识、道德准则、行为习惯和交往技能；同时，家庭也是婴幼儿练习社交行为、交往技能的最佳场所，在家庭生活中父母会不失时机地对婴幼儿社会性发展进行指导、纠正和强化。诸如分享、谦让、轮流、协商、帮助、友爱、尊敬长辈、关心他人等亲社会行为就是在父母的要求和指导下，逐渐习得并发展起来的。

二、父母教养方式对婴幼儿发展的影响

婴儿从一出生就处在家庭环境中，每年每月、每时每刻都接受着来自父母的影响，在与父母朝夕相处的过程中所获得的家庭经验对其发展具有深远的影响。

研究发现那些成长得相对稳定且能够自立的婴幼儿，他们的家庭模式的特点是：不仅能够在需要时及时得到来自父母的可靠支持，还能够在日益增长的自主性方面得到稳定及时的鼓励，并且与父母有着开放式的坦诚交流。可见，父母教养方式直接影响着婴幼儿的发展。

（一）鲍姆林德的研究及四种教养方式

鲍姆林德（1967）在幼儿园对110名3~4岁儿童进行了研究，研究父母教养方式对幼儿成长的影响。研究者依据人际行为模式将幼儿分为三组，然后以养育、成熟的要求、控制、沟通模式四个方面为指标，考察他们的父母教养行为，将父

母教养方式分为权威型、专断型、宽容-放纵型三种类型。

拓展学习

鲍姆林德的父母教养方式与幼儿行为特征的对应研究

	对幼儿的特征描述	对父母行为的描述
第一组	活跃、有控制并自立 参与幼儿园活动时精力充沛且愉悦，愿意面对并解决新的困难任务，愿意对环境进行积极的探索，有遵守幼儿园规则的能力，有坚持做自己的能力，并且在必要时愿意向成人寻求帮助	在家庭生活中，父母在对待幼儿的方式上是一致的。他们在照顾幼儿的过程中都是充满关爱且认真尽责的。他们尊重幼儿的愿望，但同样也会坚持自己做出的决定。父母在需要违背幼儿的愿望时会给出他们的理由，并且会鼓励幼儿与自己进行言语上的意见交流。同时，父母也会对幼儿严格控制，并对幼儿有着很多期望，但他们的控制和期望都是支持性的，他们会让幼儿清楚地知道自己的期望是什么
第二组	十分焦虑和富有攻击性 与第一组相比，欠缺探索、解决新的和困难的任务的能力，并不能与其他幼儿进行良好的合作，非常情绪化，易攻击的、妨碍的，或是惧怕的、无趣的、抑制的	父母给予幼儿的关注较少，投入的情感、注意力和支持很少。尽管他们会对幼儿施加严格的控制，但他们不会对自己的行为做出解释或给出理由。并且，给予幼儿的鼓励或赞赏非常少。管教措施会让幼儿感到害怕
第三组	没有果断性，非常不活跃 参与活动和探索方面很差，遵守幼儿园规则方面能力很弱，在坚持做自己、走自己的路方面能力也很差	父母本身都是不爱出风头的，在管理家庭时也不是很有效率。对幼儿没有过多的要求，但他们也不会轻易骄纵幼儿。经常采取威胁幼儿自己将撤回爱，以及嘲弄的方法管教幼儿

在鲍姆林德研究的基础上，美国心理学家麦考比和马丁又做了进一步研究，提出父母的教养方式归结起来主要在两个维度（父母对待孩子的情感态度、父母对孩子的要求和控制程度）上表现出差异，进而将父母教养方式划分为四种类型。

要求与控制程度

高

专断型　　民主型

弱　　　　　　　　　　　　　　　态度与情感关注　　强

忽视型　　溺爱型

低

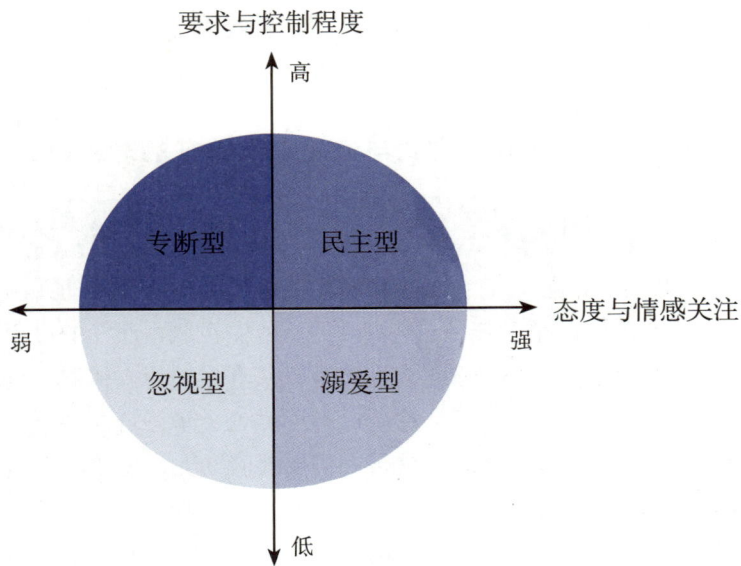

图6-5　四种父母教养方式

1. 民主型

一种具有控制性但又比较灵活的教养方式。这种类型的父母会对孩子提出很多合理的要求，并且会谨慎地说明要求孩子遵守的原因，保证孩子能够遵从指导。与专断型的父母相比，民主型父母更多地接纳孩子的观点并做出反应，会征求孩子对家庭事务的意见。因此民主型父母能够认识到并尊重孩子的观点，以合理、民主而非盛气凌人的方式来控制孩子。

2. 专断型

一种限制性非常强的教养方式，通常成人会提出很多种规则，期望孩子能够严格遵守。他们不向孩子解释这些规则的必要性，而是依靠惩罚和强制性策略迫使孩子顺从。专断型的父母不能敏感觉察到孩子的冲突性观点，而是希望孩子能够将他们所说的话当作法律，并尊重他们的权威。

3. 忽视型

这是一种放任且具有较低要求的教养方式，这种类型的父母既不会对孩子提出什么要求和行为标准，也不会表现出对孩子的关心。这类父母由于过度关注自己的事情而对孩子投入极少的时间和精力。他们对孩子的成长所做的最多只是提供食品和衣物，或他们很容易做到的事情，而不会去付出努力为孩子提供更好的成长条件。

4. 溺爱型

一种接纳而放纵的教养方式。这种类型的父母会做出相对较少的要求，允许孩子自由地表达自己的感受和冲动，不能够密切监视孩子的行为，很少对孩子的行为做出坚决的控制。

这四种不同教养方式会对孩子的发展产生不同的影响。

1. 民主型

这是最有利于儿童成长的抚养方式。在这种抚养方式下成长的儿童，社会能力和认知能力都比较出色。在掌握新事物和与同伴交往过程中，表现出很强的自信，具有较好的自控能力，并且性格比较乐观、积极。这种发展上的优势在青春期时仍然可以观察到，他们具有较高的自信，社会成熟度较高，学习上更勤奋，学业成绩也较好。

2. 专断型

研究发现，在这种抚养方式中成长的儿童表现出较多的焦虑、退缩等负面的情绪和行为。在青少年期，他们的适应状况也不如民主型抚养方式下成长的儿童。但是，这类儿童在学校中也有比较好的表现，出现反社会行为的概率比较小。

3. 忽视型

对孩子的极端忽视可以视为对孩子的一种虐待，这是对孩子情感生活和物质生活的剥夺。由于与父母之间的互动很少，这种成长环境中的孩子，出现适应障碍的可能性很高。在3岁的时候就会表现出较高的攻击性和易于发怒等外在的问题行为。更为严重的是，在儿童后期会表现出行为失调。他们对学校生活没有什么兴趣，学习成绩和自控能力较差，并且在长大后表现出较高的犯罪倾向。

4. 溺爱型

在这种抚养方式下成长起来的儿童表现得很不成熟，自我控制能力差。当要求他们做的事情与其愿望相背时，他们几乎不能控制自己的冲动，会以哭闹等方式寻求即时的满足。对于父母，他们也表现出很强的依赖和无尽的需求，而在任务面前则缺乏恒心和毅力。这种情况在男孩身上表现得尤为明显。

（三）安斯沃斯的研究

安斯沃斯（1972，1974）对23名0～1岁婴儿和他们的母亲也做了观察研究，探索亲子关系对发展的影响。研究者根据两个标准将婴幼儿分成五个组，这两个标准是：①婴儿在不同情境中探索环境的程度。②当母亲在场、母亲离开及母亲返回时，这三种情境下婴儿如何对待他的母亲。研究者从四个维度对母亲行为进行测查：接受-拒绝、合作-冲突、可接近性-忽视、对婴儿需求信号的敏感程度。研究发现，小组间的母亲在养育方式上存在很大差异。在这四个指标中，安斯沃斯特别强调母亲的敏感度，认为一位敏感的母亲会一直对婴儿的信号和需求非常关注，所以有可能正确解释这些信号，并迅速适宜地做出回应；而一位不敏感的母亲则常常注意不到婴儿的信号，即使注意到了也容易对其进行错误的解释，从而回应得迟缓、不适宜或者完全不回应。研究发现，当婴儿在生命早期的几个月哭泣时，如果母亲表现出更高的回应性，婴儿在后来的生活中哭泣的频率会降低，并且婴儿更有可能在母亲短暂离开后返回时表现出欢迎母亲回来的愉悦感。

（三）基于父母洞察力评估的研究

"洞察力"（insightfulness）这个概念最早是由安斯沃斯（1969）提出的，其意指抚养者要站在婴幼儿的立场上看问题。有关父母洞察力评估的理论（Insightfulness Assessment，IA理论）很大程度上根植于依恋理论，后在亲子临床和发展领域研究者的推动下发展起来。婴幼儿发展与抚养人密切相关，亲子关系的质量对婴幼儿情感-社会性发展、认知发展都有着深远的影响。与鲍姆林德研究相比，IA理论更聚焦于母婴互动方式，且制定了详尽的评估量表，因而对提高亲子关系质量能够提供更科学、更详细、更实用的指导，故在此做简要介绍。

该理论认为父母对婴幼儿行为和情绪表达的理解、对婴幼儿表征的理解、对婴幼儿的暗示是否具有敏感性及能否及时回应至关重要，因此，该理论研究的主题是父母对婴幼儿内心世界的理解或洞察。

洞察力包括三个主要内容：洞察婴幼儿行为的动机；认可婴幼儿复杂的情绪性；开放地接受婴幼儿出乎意料的新行为。作为独立的个体，婴幼儿有自己的需求和意愿，父母有必要考虑他们的动机，"父母的洞察力"即鉴别婴幼儿行为潜在动机的能力，通过自己的理解解释婴幼儿的行为背后的动机，并在理解的同时接受这些动机。这是父母做出适宜反应的基础。父母洞察力的三个关键词是：理解；认可；开放。

奥彭海因和科伦-卡里（2002）运用洞察力评估量表对父母进行测评，将父母抚养分为四种类型，以下是这四种类型及其主要特点。

1. 积极型父母

这些父母对婴幼儿观察敏锐，通过婴幼儿的眼睛看出其内在感受，总是努力尝试理解婴幼儿行为背后的原因。在观察婴幼儿行为的基础上，如需要，会改变自己的看法而不是固守自己的想法。能较为全面客观地看待婴幼儿，开诚布公地谈论自己婴幼儿的优缺点，也谈论自己的抚养情况。能持续地关注婴幼儿，并接受认可婴幼儿的行为，对婴幼儿冒险行为表现出理解和容忍。

2. 片面型父母

对婴幼儿有一个自己预设的观念，并且不愿意改变这种观念。谈话的焦点难以维持在婴幼儿上，而是转而谈论自己的感受或者无关的事情。过分强调婴幼儿的积极品质，或者只谈论婴幼儿缺点和不良行为。

3. 淡漠型父母

缺乏情感投入，与婴幼儿之间是一种情感疏离的状态。对婴幼儿的行为不敏感，不重视对婴幼儿进行观察，对观察婴幼儿也没有兴趣，认为尝试理解婴幼儿内心想法是一件很奇怪的事情。极少谈论婴幼儿的情感，更多地谈论婴幼儿的行为，更强调婴幼儿的能力，愿意看到婴幼儿不需要别人。

4. 混合型父母

难以判断属于以上哪种类型，是上述三种类型的混合。

研究发现，以上四种类型（积极型、片面型、淡漠型、混合型）与婴幼儿依恋类型（安全型、矛盾型、回避型、紊乱型）之间具有对应性，有什么样的抚养行为，就会有什么样的依恋类型。

积极型的父母因其深入的洞察并理解婴幼儿的行为，故会对婴幼儿的需求做出准确及时的回应，父母的抚养行为与婴幼儿的情感需求相匹配，因此有助于形成安全型依恋。

片面型父母因其不能全面客观地关注婴幼儿，往往会出现抚养行为前后不一致的情况，即当婴幼儿的行为与父母的期望一致时，父母能做出适当的回应；但当婴幼儿的行为与父母的期望不一致时，父母可能会忽略婴幼儿，或者以一种不能满足婴幼儿的方式对待他。还有一种情况是父母了解到婴幼儿行为的动机但不认可，也不会做出与婴幼儿需求相匹配的回应。这样的抚养行为往往会让婴幼儿有受挫感和困惑，所以会形成矛盾型依恋。

淡漠型父母与婴幼儿缺乏情感交流，心理上的分离使得婴幼儿较少得到来自父母的悉心照料，较少体验到亲子之间的温情，因而缺少亲密感和安全感。这些经历会导致婴幼儿不善于情感表达，特别是消极情绪的表达，因此形成了回避型依恋。科伦-卡里（2002）研究进一步发现，当对4岁幼儿的心理理论进行评估时，淡漠型父母养育的婴幼儿的心理理论得分很低。

混合型父母的抚养行为存在争议和矛盾，将形成紊乱型依恋。

IA理论研究认为，对行为和情绪有问题的婴幼儿进行早期干预的最重要和最关键的因素就是父母洞察力，即关心婴幼儿的内心世界。减少婴幼儿行为问题、缓解情绪困扰，父母洞察力起到关键的作用。IA理论给我们带来的启示是：作为最重要的抚养人，父母要将婴幼儿视为一个独立的个体，积极主动去了解其想法、需求和愿望，尽力探究婴幼儿的内心世界，依据婴幼儿的反应调整自己的行为或认知，增强抚养行为的敏感性和反应性，认可并接受婴幼儿的行为和情问题。

三、父亲对婴幼儿发展的影响

母亲的重要性一直以来被人们广泛关注并广为接受，但父亲在婴幼儿健康发展中的重要性长期被人们所忽视。近些年来，随着对离异、分居、单亲家庭研究的深入，父亲的重要地位越来越受到众人的关注。

（一）父亲对婴幼儿发展的影响是独特的，具有母亲不可替代的作用

与母婴之间的交往相比，父婴之间的交往具有独特之处，具体表现在：交往内容上，父亲与婴幼儿在一起时大多进行的是游戏活动，而不像母亲那样用大量的时间照料婴幼儿的生活；交往方式上，父亲更多的是通过身体运动，如把婴幼儿高高举起再放下、与婴幼儿一起踢球追跑、探索游戏的新玩法等。与母婴交往相比，父婴之间的交往更具运动性、刺激性、新异性。正是这些特性使得父亲对婴幼儿的身心发展起着独特的作用。

（二）父亲是除母亲之外，婴幼儿最重要的安全基地

父婴交往的运动性更能引起婴幼儿的兴奋，身体获得更多的锻炼机会；父婴交往的新异性（如游戏的多样化）更能诱发婴幼儿的兴趣，使婴幼儿获得极大的快乐和满足。这些无疑使得婴幼儿对父亲产生强烈的依恋情感，在陌生环境中，父亲在场能使婴幼儿感到平静、放松和焦虑的减轻。

（三）父婴交往有利于婴幼儿认知能力的发展

父亲会带着婴幼儿进行范围更广阔、形式更多样化的活动，如户外活动和远游，促使婴幼儿更广泛地认识自然与社会，这对提高婴幼儿的好奇心和求知欲、引发婴幼儿的想象力、培养婴幼儿的认知技能、成就意识和自信心起着不可估量的作用。皮特森研究发现（1980）父婴交往与婴幼儿的智商成正相关。与父亲在一起积极交往机会多的婴幼儿，其智商较高，智力较发达，而且这种影响在男孩中比在女孩中更明显。

（四）父亲对婴幼儿的个性、社会性发展具有重要影响

婴幼儿期尚处于个性萌芽阶段，但父婴交往经验会影响到婴幼儿今后的心理发展。早年失去父亲的婴幼儿，在成年以后较难保持与人的良好关系，自我概念也不如正常家庭的婴幼儿；与父亲的交往能使婴幼儿对自己和周围环境产生满意的态度，并使其对自己在将来学习和事业的成功具有更大的信心。

（五）父亲对婴幼儿性别角色的形成与发展有着最突出、最深刻的影响

父亲不仅为男孩提供模仿学习男性角色的范型，而且为女孩学习女性角色提供重要参照，女孩也会接受父亲角色的冒险、进取、独立性等特征的影响。从小缺少父亲榜样的男孩很容易表现出女性化的行为特征，缺乏"男子气"，倾向于喜欢非运动性的活动；而从小缺少父亲榜样的女孩长大后容易出现异性交往障碍。有研究发现，5岁前失去父亲的男孩非常容易表现得女孩化，但是到了青春期又会表现出过度男性化的倾向，争强好斗、攻击性强；而5岁前失去父亲的女孩，到了青春期更容易出现异性交往困难，在与异性交往时常常表现得焦虑、羞怯和无所适从。众多研究一致表明，父母双方对婴幼儿性别角色的发展都有影响，但父亲在性别角色的形成和发展方面的作用比母亲更大。

（六）父亲与母亲形成合力，是实现高质量早期教育的保障

家庭各成员之间的关系是相互渗透、相互影响的。父亲有时是以间接方式发挥作用的，表现在父亲通过母亲为中介影响婴幼儿的发展。鲍尔比研究发现（1951），相互支持的父母关系有助于提高家庭对婴幼儿抚育的效果和质量。鲍尔比认为："父亲向母亲提供他无限的对婴幼儿的奉献。父亲通过提供爱和陪伴，在感情上支持母亲，帮助母亲在婴幼儿成长的预期中保持和谐、满意的心境。"当父母二人之间的关系是热情、和谐和互相支持时，他们就会对婴幼儿更加关注和更加敏感。

总之，父亲在婴幼儿心理发展中的重要地位和作用不容忽视。认识到这一点，对于早教师做父母工作极为重要。特别是面对当今男性榜样缺失的社会现状，早教师要积极引导父亲主动参与早期教育活动，以弥补婴幼儿发展上的不足。

四、亲子游戏对婴幼儿发展的作用

游戏的一个主要功能就是在成人创设的安全而有吸引力的环境下，让婴幼儿尝试新的行动极限。游戏给婴幼儿提供了一个几乎没有风险的环境下进行尝试的可能性。游戏为婴幼儿通过观察进行学习，特别是学习如何使用工具提供了重要的机会。这是一个独特的学习机会，也是人类婴幼儿世界的标志。

亲子游戏在发挥其作用方面，有着不可替代性。由于父母的细心看护，游戏环境基本上是绝对安全的，婴幼儿心理上也有极强的安全感，所以他可以在亲子游戏中尝试各种新的挑战，更愿意探索解决问题的新途径、新方法，从而使游戏更富创造性。如很多家庭都在婴幼儿床上方悬挂一个风铃，这不仅仅有助于锻炼婴幼儿的视觉。婴幼儿偶然一次蹬腿动作或挥动手臂动作，让这个风铃转动并响起悦耳的声音，于是他就会不断重复这个动作。在这个过程中，他又发现自己的脚蹬到床的栏杆也会使风铃动起来，于是又不断重复这个新的动作。在这个过程中，他发现了实现同一个目的的不同途径，也感受到了自己是动作的发起者进而形成对自我的意识。如果在这个婴幼儿自发的游戏中，父母也能参与进来，在旁边引导、鼓励、加油，无疑会极大地促进他的学习。

第五节　同伴关系与社会行为的早期发展

婴幼儿社会性发展不仅仅表现在亲子交往中，也表现在同伴交往中，虽然他们年龄幼小还不足以与同伴有真正意义的交往，但却表现出明显的交往倾向与需求。同时，在与同伴的交往中，社会行为也得以体现并发展起来。

一、同伴关系的早期发展

同伴之间的交往最早可以在 6 个月的婴儿之间看到。这时的婴儿可以相互触摸和观望，甚至以哭泣来对其他婴儿的哭泣做出反应。12～24个月的幼儿开始在一起游戏，表现出初步的交往能力。3 岁以下婴幼儿的同伴关系建立在交换游戏物品的基础上，3～4岁幼儿的同伴关系更多建立在口头上，而再大一点的幼儿则出现更为复杂、互惠的游戏。婴幼儿早期的社会性交往通常是积极的，但到了 1 岁左右的同伴交往则会出现攻击性、冲突性行为，如打架、抢玩具、揪头发、推人等。

一般来说，儿童从出生后的半年起就开始出现真正意义上的同伴社交行为，从其社交方式和社会接受性方面划分，早期同伴交往经历三个发展阶段：①以客体为中心阶段，婴幼儿的交往更多地集中在玩具或物品上，而不是同伴本身。②简单交往阶段，婴幼儿已经能对同伴的行为做出反应，经常试图控制另一个婴幼儿的行为。③互补性交往阶段，婴幼儿同伴间的行为趋于互补，相互间模仿已经较为普遍，婴幼儿不仅能较好地控制自己的行动，而且还可以与同伴开展需要合作的游戏。

心理学家缪勒和范德从社会技能发展的角度，把婴幼儿早期同伴交往划分为四个阶段：①简单社交行为阶段，所有社交行为都已经出现，但许多行为表现是单方面的，可能得不到另一婴幼儿的回应。②社会性相互影响阶段，当一种行为引起另一个婴幼儿的反馈时，即社会性相互影响产生之时，随着婴幼儿月龄的增加，其相互影响的持续时间也在增长。③同伴游戏阶段，同伴社交游戏明显发展，广泛表现在一般的社交行为中，这时婴幼儿游戏有四个显著特征：主动加入、轮流替换、重复和灵活性。④早期友谊阶段，通过广泛的游戏，婴幼儿的社交能力发展到第四级水平，出现最初的友谊，早期友谊的出现是婴幼儿社交技能发展的顶峰，表现为同伴之间的亲近、共享、积极情感交流和共同游戏等，并且婴幼儿间开始出现偏爱，两个朋友间在交往中具有明显的互选性。

从3岁起，在有序的环境中跟同伴交往有利于婴幼儿的成长，特别对于那些母亲监管控制太多或者占有欲太强的婴幼儿，与同伴交往游戏尤其重要。

二、社会行为的早期发展

社会行为是指人们在交往活动中对他人或某一事件表现出的态度、言语和行为反应。它在交往中产生，并指向交往中的另一方，因此从某种意义上讲，社会行为也就是具体的交往行为，人们通过社会性行为来实现与他人的相互交往。

（一）社会性发展的早期倾向

刚出生后不久的婴儿就表现出明显的社会交往倾向，具体表现在：①视觉偏爱。婴儿先天具有对人脸的偏爱。②听觉偏爱。婴儿对母亲声音的敏感、偏爱。③哭与笑。婴儿生来具有发出信号的能力，婴儿的哭声具有唤醒成人前来抚慰并解除引起婴儿痛苦原因的作用。微笑也是影响成人的信号，它促使成人接近，双方都从中产生愉快。这些信息的传递和联系保证婴儿的生存。处于新生儿时期的婴儿与成人之间的互动行为，基本上属于被生物学的先天预置所决定的阶段，是一种无分化的社会行为。婴儿4个月时开始表现出对熟悉人的偏爱，更喜欢对熟人产生反应，这意味着发生了分化的社会行为，成人则报以相同的动作。这种经验不断重复进行，成为双方社会交往和愉快的源泉。④轮流。社会交往技能最早是在家庭中学会的，在家庭生活中，婴儿学会了在社会交往中最重要、最基本的一课：交流时要轮流进行。

（二）婴幼儿的亲社会行为

亲社会行为是指个体帮助或打算帮助他人的行为及倾向，具体包括同情、分享、合作、谦让、援助等。亲社会行为与攻击性行为相对，其最大特征是使他人或群体受益，亲社会行为对人类文明与社会进步具有至关重要的意义。婴幼儿亲社会行为的发展与他们的道德发展有着密不可分的关系。

亲社会行为早在出生第1年即已出现。1岁以内的婴儿已经能够有意识地向他人微笑或咿呀作语，这是友好的最初表达。也有观察发现，当婴儿看到别人摔倒、受伤、哭泣时，会表露出皱眉、伤心的表情，并更加关注；1岁左右的婴幼儿还会做出积极的抚慰动作，如抚摸、轻拍等。

出生第2年，同情、分享、助人等利他行为开始出现。有的幼儿会把自己的玩具拿给别人看、送给同伴玩，有的幼儿帮助成人做一些简单的事情，有的幼儿会在同伴摔伤时主动走近并用自己的方式去安慰，即使这个年龄的幼儿还不懂得遭受困境的原因。研究发现，不同婴幼儿表达同情或提供帮助的具体做法存在个体差异。

（三）婴幼儿的攻击性行为

攻击性行为是指可能对他人或群体造成损害的行为，如打人、咬人、故意损坏东西、向他人挑衅、引起事端等。攻击性行为是一种不受欢迎却经常发生的行为，是一种不为社会提倡和鼓励的行为。

有两种不同性质的攻击性行为：敌意性的和工具性的。敌意性攻击行为是指以伤害他人、使别人痛苦为目的的侵犯性行为。工具性攻击行为是指为了实现某种目的而以攻击行为为手段的侵犯行为，如因为渴望得到一个玩具或空间而做出推、喊、抢等行为。婴幼儿的攻击行为大多数属于工具性攻击行为，他们并非为了故意伤害对方，而是为了其他目的，如为了从同伴手中获得一个好玩的玩具，有的婴幼儿会伸手去拨拉对方，强行抢夺，而后者则出于保护玩具而推开前者。在这个争抢中，双方都只是为了获得玩具，而没有想到要使对方受到伤害。

工具性攻击行为开始出现的时间是在1岁左右；到2岁则表现出明显的冲

突，如打、推、踢、咬、扔东西等行为，其中绝大多数冲突是为了争夺物品。从具体的表现方式上看，多数采用的是身体动作的方式，用言语攻击的较少。

攻击性行为具有非常明显的性别差异。研究发现，男孩的攻击性行为比女孩多，他们很容易在受到攻击后采取报复行为，而女孩在受到攻击时则有的哭泣、退让，有的则向成人告状，而较少采取报复行为。

（四）影响婴幼儿社会行为的因素

无论是亲社会行为还是攻击性行为都不是与生俱来的，也并非随着年龄增长亲社会行为就必然增多，攻击性行为必然减少。社会行为是后天养成的，良好的社会行为需要相应的教育与培养。

心理学研究证明，社会行为受生物因素、社会因素和婴幼儿自身主观因素的影响，具体表现在以下七个方面。

1. 激素的作用

研究证明攻击性行为倾向与雄性激素的水平有关。这可以在一定程度上解释为什么男孩的攻击性行为比女孩多。

2. 气质

气质是与生物因素（高级神经活动类型）关系最密切的个性成分。婴幼儿的气质决定着婴幼儿自己在交往中采取的具体行为方式，同时会导致父母及成人对他的特别的抚育方式。研究发现"困难型"的婴幼儿往往到了幼儿期表现出较高的焦虑和敌对性，容易成为攻击性较强的"小霸王"。

3. 父母与同伴

其作用体现在亲子关系和同伴关系中。

4. 社会文化传统

不同的社会文化背景对社会行为的态度不同，从而对社会性发展产生深远的影响。例如：有的文化极端反对和抵制攻击性行为，有的文化则对攻击性行为比较宽容；有的民族对合作和关爱的行为比较推崇，有的则更多地鼓励竞争和个人奋斗。这些文化传统通过多种途径潜移默化地影响着发展中的婴幼儿。

5. 大众传播媒介

大众传播媒介是一个社会传递文化和价值观的主要途径，包括电影、电视、报刊、网络等。美国著名心理学家班杜拉通过实验有力地证明了观察学习是社会行为的有效学习方式。年幼的婴幼儿不仅从中观察学习到各种具体的社会行为，而且会使许多婴幼儿将之视为解决人际冲突的有效手段，并在现实生活中模仿实施。大众传媒的影响是双向的，既可以是积极的，也可以是消极的，关键取决于内容。如果内容提供的是暴力、仇恨、争抢、打斗的示范，则婴幼儿学会的是攻击性行为；如果内容是人与人之间的关爱、帮助、善良、谦让，则婴幼儿学会的是亲社会行为。所以，成人的控制、选择与适当引导是非常重要的。

6. 对社会行为的认知

认知水平对社会行为起到制约的作用。一个人认为"武力是解决冲突的有效有段"，他会做出更多的攻击性行为；相反，一个人认为"打人会给别人带来痛苦和伤心，是不应该的行为"，那么他的攻击性行为则会受到一定程度的抑制。如果成人从小就对婴幼儿灌输利他观念，如"小朋友之间应该互相帮助""有好东西要与别人分享"等，婴幼儿就会表现出更多的亲社会行为。

7. 对情境信号的识别

对情境信号的识别是指对社会交往的理解和对他人情绪感受的识别。这种识别能力是情商的一个重要内容。尽管婴幼儿年幼，识别能力有限，但经过成人有意识的培养，这种能力是可以发展起来的。生活中常会出现这样的情况，有的婴幼儿常常因为误解别人的行为动机而采用攻击性的反应，如婴幼儿和小朋友们一起玩皮球，球砸到了他，他就会打对方。这个时候，就需要成人对婴幼儿进行积极的引导，引导婴幼儿对情境进行积极的解释。助人行为也需要首先了解别人的困境、感受别人的痛苦，只有在知人之所感、感人之所感的基础上，才能产生助人行为。

（五）社会行为的早期培养与训练

1. 树立好榜样

亲社会行为主要是通过观察学习和模仿形成的。婴幼儿虽然幼小，但具有极强的模仿能力。无论是周围的人们，还是电影、电视、故事中的主人公，都是他模仿学习的对象，而这种学习无时无刻不在潜移默化地进行着。

父母、教师是婴幼儿直接模仿学习的榜样，成人经常对待婴幼儿的方式是关键，因为婴幼儿在成人的教养行为中习得了以同样的方式对待他人。所以，成人一定要在日常生活中规范自己的行为，言行一致，注意与周围的人和睦相处，这样才能培养婴幼儿良好的社会行为。同时，成人有必要为婴幼儿选择良好的榜样，如选择优秀的故事、动画片，让婴幼儿多和行为好的同伴玩，优化生活环境，让婴幼儿置身于良好榜样的氛围中。

2. 移情训练

移情训练就是在婴幼儿与生俱来的基本移情能力的基础上，成人有意识地引导、帮助他学会体察、识别他人情绪反应、理解他人的心理感受，并进一步使自己产生相应的内心体验。通过移情训练可以提高婴幼儿对情境信号的识别能力，帮助婴幼儿体验到他人的内心感受，了解他人的需要，想象某个行为可能对他人带来的后果，从而更有效地促发友爱、关心、帮助等行为，抑制住对他人能带来伤害的攻击性行为，进而在现实生活中遇到类似情况时能做出恰当的反应。

移情训练既可以在游戏中进行，也可以在日常生活中随机进行。移情训练可以通过讲故事、引导理解、角色扮演等具体方法来实施。

通过讲故事方式引导婴幼儿形成认识："打人给别人带来痛苦和伤心，是不应该的行为。"同时形成稳固的利他观念："有好东西要与他人分享""小朋友之间就应该互相帮助"。

引导理解就是帮助婴幼儿增强对情境信号的识别能力，例如：与小朋友一起玩皮球时，因一时的疏忽而砸到了他，有的婴幼儿会误认为有意攻击自己，这时成人要有意识地引导婴幼儿正确理解他人行为的动机，以免造成两人之间的冲突。再如，引导婴幼儿学会识别较为隐蔽的信号，例如：摔坏了玩具或心爱的东西，有的婴幼儿会表现为大声哭泣，有的婴幼儿表现为伤心的表情但并没有哭出来。对于前者，婴幼儿较容易识别，更可能对前者表示出同情和提供帮助；而对于后者很可能"视而不见"，这时就需要成人帮助婴幼儿去识别。

角色扮演就是让一个攻击性较强的婴幼儿扮演一个经常遭受他人攻击的角色，他会更容易理解攻击性行为对人造成的伤害和被攻击时的心理感受，进而在现实生活中能更加自觉地抑制自己的攻击性行为。

3. 交往技能训练

很多婴幼儿之所以表现出不恰当的交往行为，往往是因为缺乏相应的交往技能。交往技能是指采用恰当方式解决交往中所遇到问题的策略和技巧。丹尼尔·戈尔曼指出："2岁时就应当学习的最基本的待人接物之道：坦然直接与他人对话；主动与人接触，而不是一味被动等待；积极交谈，而不仅仅以'是'或'否'来回答；心存感谢之心，适时适度表达；进出礼让；'请''谢谢''对不起'常挂在嘴边……"

婴幼儿年幼，自制力差，有的幼儿虽然能够说出正确的做法，但在实际交往中却做不到。所以，对于婴幼儿来说，最好的方法就是在日常生活的真实情境中持之以恒地、大量地、反复地练习亲社会技能，如分享、谦让、轮流、合理的宣泄等。

4. 善用奖励与惩罚

亲社会行为无论是自觉的还是不自觉的，都需要得到他人的认可。因此，奖励对巩固婴幼儿的亲社会行为具有不可估量的作用。婴幼儿一旦做出亲社会行为，成人就要及时强化，物质奖励与精神奖励并用，使婴幼儿获得积极反馈，达到逐渐巩固的目的。否则，习得的亲社会行为可能会消退。不过，不恰当运用奖励也会带来负面效应，不宜过于频繁地使用，不能将婴幼儿的注意力放在物质奖励上，而应辅之以讲道理、说原因等教导。而对于婴幼儿的攻击性行为，成人应该及时阻止并纠正，必要时也可以施加适度的惩罚。

学习检测

一、名词解释

社会性发展　依恋　自我意识　亲社会行为

二、简答题

1. 婴幼儿的依恋发展经历哪几个阶段？
2. 请分析依恋的类型及其成因，说明形成安全型依恋的主要因素有哪些？
3. 依恋对婴幼儿发展有何重要意义？
4. 简述婴幼儿自我意识是如何产生的。
5. 亲子关系对婴幼儿发展有何重要意义？
6. 分析父母教养方式的类型及其对婴幼儿的影响。
7. 简述父亲对婴幼儿发展的影响。
8. 简述社会行为的早期发展，分析婴幼儿社会行为的影响因素，在此基础上提出社会行为早期培育的策略和方法。

分享讨论

1. 收集与婴幼儿社会性发展内容相关的资料，如儿歌、故事、歌曲、游戏等。对收集的资料进行整理，资料的呈现方式可以是文本、照片、图片、动画、音频、视频等多种形式。利用实习的机会或在家庭生活中，与婴幼儿一起分享。在此基础上，反思你与婴幼儿在游戏过程中的互动，将你的经验与体会与同学们分享，并讨论从中获得哪些启发。

2. 请你阅读以下案例，运用依恋理论分析明明、丽丽、莎莎三位婴幼儿分别属于哪种依恋类型，尝试为他们的家长提出教育指导对策，并与同学们分享你的分析和对策。

（1）当明明被妈妈送到幼儿园时，他最初犹豫着不想离开妈妈。然而，当他看到自己想玩的玩具汽车时，他立刻离开妈妈前去探索。在玩的过程中，他几次回头张望以确定妈妈是否还在注视他，确保无疑后又继续探索。当妈妈离开幼儿园时，明明只是若无其事地说声"再见"，妈妈不在时他仍能继续愉快地玩耍。当妈妈前来接他离开幼儿园时，他会兴高采烈地问候妈妈。

（2）当丽丽的妈妈试图把丽丽留在幼儿园时，丽丽大声尖叫。她依偎着妈妈哭泣，当妈妈走出门口时，丽丽更大声叫喊。幼儿园里的老师无论怎么做都无法使她平静下来，她也没有探索幼儿园环境和与其他小朋友交往的意向。当丽丽的妈妈回来接她回家时，丽丽最初跑向妈妈，寻求她已经盼望了一整天的安慰，但是当她跑到妈妈面前时，对妈妈离开的愤怒立刻发泄出来，哭着打妈妈，试图把妈妈推开。

（3）莎莎一来到幼儿园就立即离开妈妈。她探索环境，但极少与其他小朋友交往。不同于同样从事大量探索活动的明明，莎莎不去看妈妈是否是在注视自己。实际上，她表现得对妈妈是否在场毫不在意。当妈妈离开时或当妈妈回来接她回家时，莎莎都显得无动于衷。

3. 请你联系本章知识点，与同伴一起分享讨论：如何理解弗洛伊德和马斯洛的这些话，它们说明了什么？给你带来哪些启发？

弗洛伊德："一个为母亲所特别钟爱的孩子，一生都有身为征服者的感觉，由于这种成功的自信，往往就造就真的成功。"

马斯洛："一个爱的需要在其生命早期得到满足的成年人，在安全、归属及爱的满足方面，比一般人更加独立。正是那些坚强、健康、自主的人最能经受住爱和声望的损失。在我们的社会中，这种坚强和健康通常是由于安全、爱、归属和自尊需要在早年长期得到满足的结果。"

马斯洛："在生活中基本需要一直得到满足，特别是在早年得到满足的人似乎发展了一种经受这些需要在目前或将来遭到挫折的罕有力量，这完全是由于他们具有作为基本满足的结果的坚固健康的性格结构。他们是坚强的人，对于不同意见或者对立观点能够坦然处之，能够抗拒公众舆论的潮流，能够为坚持真理而付出个人的巨大代价，正是那些给予了爱并且获得了充分的爱、与许多人有着深厚友谊的人，能够面对仇恨、孤立、迫害而岿然不动。""说到增强的挫折承受力这种现象，最重要的满足似乎很有可能是在生命的头两年中提供的。这就是说，在早年就被培养成坚强的、有信心的人往往后来面对任何威胁仍旧能保持这样的性格特征。"

实践体验

1. 自我探索的观察

皮亚杰曾说，婴幼儿最初是以自己的身体为中心的，他所有的心理活动和行为方式都围绕自己的身体。婴幼儿的自我探索为其提供自我认识的机会，在自我探索过程中，他们通过本体感觉、跨通道感知、循环动作获得对自我身体的认识。幸运的是这些能力是与生俱来的，这些动作是自发的，我们完全可以利用这些先天预置的程序，引导其自我认识的发展。

在日常生活中，观察婴幼儿自发的各种动作，以录像、照片、文字等方式记录下来。尝试运用本章知识点加以分析。在分析基础上，思考：如何让婴幼儿自发的身体动作更富有嬉戏性、自发性、变化性、重复性。尝试为父母提出一些发展指导建议。

2. 在面对面互动中发展婴幼儿的自我意识

父母与婴幼儿进行互动的一个最常见的方法就是回应和模仿婴幼儿的情绪。在面对面互动中，父母常会模仿婴幼儿的动作和表情，在这个过程中，婴幼儿从父母的回应中看到自己所表现出来的情绪，同时，这种情绪还会被父母以夸张的表情、语音语调得以增强，这进一步强化了婴幼儿对自己情绪体验的认知。父母的这种模仿对婴幼儿而言是自我知觉的一个来源，因为它使得婴幼儿能够看见并客体化自己的情绪体验：他的内心感受被投射到外部，被外化了，然后又通过父母反馈回来。作为成人，要学会移情感受婴幼儿的情绪，当遇到婴幼儿强烈情绪反应时，如哭得伤心欲绝时，要走进他，轻轻拍着他，并用哀伤的表情或语调安慰他，使父母的情绪与他的情绪同步。这样做，实际上是对婴幼儿内心感受进行一种情绪上的模仿，这样父母就成为婴幼儿的一面"镜子"，让他从父母的回应中认识自己，从而促进其自我意识的发展。

请你在日常生活中观察父母的上述做法，并尽可能采取录像、照片、文字等多种方式记录下来，然后结合本章所学的知识，对观察记录进行分析。或者，有条件的话，自己扮演父母的角色，采取上述做法，直接与婴幼儿面对面互动。互动过程中，体验如何与婴幼儿情绪同步，互动之后反思以下问题：如何有效利用面对面互动发展婴幼儿的自我意识？最后，将你的实践操作经验及其反思，与老师和同学分享交流。

3. 照镜子游戏

镜子对很多婴幼儿特别有吸引力。很多婴幼儿通常会在镜子面前花很多时间观察镜子中的自己，一边看，一边高兴地舞动自己的四肢，他们对镜子中的那个影像很感兴趣。利用婴幼儿的这个兴趣，我们可以采用照镜子做游戏的方式帮助婴幼儿发展自我意识。

准备一面镜子，最好是可以照到全身的大镜子。因为镜子可以为婴幼儿提供他无法直接看到的身体部位，从而使其获得视觉-本体感觉经验。当婴幼儿注视镜子中的那个影像时，实际上就是通过视觉直接感知自己的身体，这个时候，让他一边照着镜子一边用手指着自己的身体各个部位，成人在旁边说出相应的部位名称，如"这是我的鼻子、这是我的嘴巴、这是我的胳膊……"之所以要加入语言，是因为镜子中的自己只是一个物理影像而非实体的我，也就是说不是实际的我，要识别镜子中的那个影像就是"我自己"还需要思维的参与，所以加入语言引导更有助于婴幼儿识别自我。

对于大一点的婴幼儿，可以让他自己说出这些句子。也可以增加游戏难度，例如，一边做出各种不同表情，一边说出与表情相应的句子"我今天很高兴"或"我很生气"……这样婴幼儿认识的不仅仅是自己的身体，还能认识到自己的情绪状态。

4. 日常生活中依恋行为的观察记录

请你参考下面列出的依恋行为的观察点，在日常生活中进行观察，采取文字、照片、视频等多种方式记录下来。在此基础上，撰写出观察案例，并运用本章知识点尝试进行分析。

（1）对母亲微笑、咿呀学语、哭叫、注视、依偎、追随、拥抱、依附。

（2）喜欢与母亲在一起，在母亲身边感到安全、轻松。

（3）与母亲分离感到焦虑、紧张不安。

（4）生理需要得不到满足时会寻找母亲。

（5）在遇到陌生人或陌生环境而产生恐惧、焦虑时，母亲的出现会使其感到安全。

婴幼儿发展案例分析

婴幼儿发展心理学理论来源于实践，是对日常生活中婴幼儿的具体表现予以总结、归纳、提炼，并经过科学实验验证而形成的。对心理学理论知识的学习不能只停留在知道、记住，更需要能够运用所学理论知识对日常生活中接触到的婴幼儿进行观察、分析，并在此基础上提出促进婴幼儿发展的指导策略和科学方法。

如何将理论与实践紧密联系起来？案例分析是一个有效方法。在"婴幼儿发展案例分析"这部分内容中，我们为学习者提供了日常生活中婴幼儿成长发展的诸多案例，从多个角度、采取多种形式呈现现实生活中婴幼儿发展的具体行为表现，并从专业视角对案例进行分析，让理论知识更加贴近现实生活，从真实的婴幼儿行为表现中展现理论所阐述的发展特点和规律。

本书第一至第六章的内容是从实践中提炼、归纳出的相对抽象的理论，而本部分内容呈现的则是抽象理论在实践中的具体表现，是理论向实践的还原，是对实践的思考、分析和指导。为便于案例更新和补充，案例及其分析均以扫码浏览的形式呈现。

这里提供的每个案例都由四部分组成：案例描述、思考问题、案例分析和知识索引。

"案例描述"是对现实生活中发生的事件的真实记录，是对婴幼儿发展的客观描述，以视频、音频、图片、文字等多种形式呈现。

"思考问题"是针对案例描述创设的特定问题情境，用以引导学习者从专业视角进行观察、分析，帮助学习者找到与案例对应的相关知识点。

"案例分析"是从心理学视角对案例描述的事件进行分析，并在此基础上提出促进婴幼儿发展的对策与方法。

"知识索引"是编者在进行案例分析时使用的分析工具，为便于学习者对应查找阅读，在知识点后标明了对应的章节。

扫码获取案例资源

需要特别说明的是，所提供的案例分析不是标准答案，因为每个案例涉及的知识点可能不止一个，每个案例也可以从不同角度予以分析。所以，建议学习者以编者提供的案例分析为参考，在此基础上，自己寻找关注点，辨识案例与前面各章内容的对应知识，尝试从自己感兴趣的视角写出对案例的分析。

参考书目

1. ［英］戴安娜·帕帕拉，萨莉·奥尔兹，露丝·费尔德曼.孩子的世界：0～3岁（第11版）［M］.陈福美，郭素然，郝嘉佳，岳盈盈，译. 北京：人民邮电出版社，2011.

2. ［美］威廉·戴蒙，理查德·勒纳. 儿童心理学手册（第六版）第二卷：认知、知觉和语言［M］.林崇德，李其维，董奇，译. 上海：华东师范大学出版社，2015.

3. ［美］威廉·戴蒙，理查德·勒纳. 儿童心理学手册（第六版）第三卷：社会、情绪与人格发展［M］.林崇德，李其维，董奇，译. 上海：华东师范大学出版社，2015.

4. ［美］威廉·戴蒙，理查德·勒纳. 儿童心理学手册（第六版）第四卷：应用儿童心理学［M］. 林崇德，李其维，董奇，译. 上海：华东师范大学出版社，2015.

5. ［美］Philippe Rochat. 婴儿世界［M］.郭力平，郭琴，许冰灵，译. 上海：华东师范大学出版社，2005.

6. ［美］约翰·W.桑特洛克. 儿童发展（第11版）［M］.桑标，王荣，邓欣媚，译. 上海：上海人民出版社，2009.

7. ［美］罗伯特·西格勒，玛莎·阿利巴利. 儿童思维发展［M］.刘电芝，等译. 北京：世界图书出版公司，2006.

8. ［美］诺姆·乔姆斯基. 语言与心理［M］.牟小华，候月英，译. 北京：华夏出版社，1989.

9. ［美］小查尔斯·H.泽纳. 婴幼儿心理健康手册［M］.刘文，等译. 北京：中国人民大学出版社，2014.

10. ［英］约翰·鲍尔比. 安全基地：依恋关系的起源［M］.余萍，刘若楠，译. 北京：世界图书出版公司，2017.

11. ［英］约翰·鲍尔比. 情感纽带的建立与破裂［M］.余萍，曾铮，译. 北京：世界图书出版公司，2017.

12. ［美］Roger R.Hock. 改变心理学的40项研究［M］.白学军，等译. 北京：中国轻工业出版社，2004.

13. ［美］约翰·布鲁德斯·华生. 行为主义［M］. 李维，译. 杭州：浙江教育出版社，1998.

14. ［美］爱利克·埃里克森. 童年与社会［M］. 高丹妮，李妮，译. 北京：世界图书出版公司，2018.

15. ［美］阿尔伯特·班杜拉. 社会学习理论［M］. 陈欣银，李伯黍，译. 北京：中国人民大学出版社，2015.

16. ［美］约翰·华生. 行为主义讲演录［M］. 艾其来，译. 北京：现代出版社，2010.

17. ［俄］列夫·维果斯基. 思维与语言［M］. 李维，译. 北京：北京大学出版社，2010.

18. ［美］霍华德·加德纳. 智能的结构［M］. 沈致隆，译. 北京：中国人民大学出版社，2008.

19. ［美］霍华德·加德纳. 多元智能新视野［M］. 沈致隆，译. 北京：中国人民大学出版社，2012.

20. ［美］丹尼尔·戈尔曼. 情感智商［M］. 耿文秀，查波，译. 上海：上海科技出版社，1997.

21. ［美］马克·约翰逊. 发展认知神经科学［M］. 徐芬，等译. 北京：北京师范大学出版社，2007.

22. ［意］玛利亚·蒙台梭利. 童年的秘密［M］. 单中惠，译. 北京：京华出版社，2002.

23. ［瑞士］J.皮亚杰，B.英海尔德. 儿童心理学［M］. 吴福元，译. 北京：商务印书馆，1986.

24. ［瑞士］J.皮亚杰. 发生认识论原理［M］. 王宪钿，等译. 北京：商务印书馆，1987.

25. ［美］戴尔·R.申克. 学习理论：教育的视角［M］. 韦小满，等译. 南京：江苏教育出版社，2013.

26. ［美］约翰·D.布兰思福特，安·L.布朗，罗德尼·R.科金. 人是如何学习的大脑、心理、经验及学校（扩展版）［M］. 程可拉，孙亚玲，王旭卿，译. 上海：华东师范大学出版社，2013.

27. ［美］R.M.利伯特. 发展心理学［M］. 刘范，等译. 北京：人民教育出版社，1983.

28. 〔美〕Eric Jensen. 适于脑的教学〔M〕. 北京师范大学"认知神经科学与学习"国家重点实验室脑科学与教育应用研究中心，译. 北京：中国轻工业出版社，2005.

29. 〔美〕David A. Sousa. 天才脑与学习〔M〕. 北京师范大学"认知神经科学与学习"国家重点实验室脑科学与教育应用研究中心，译. 北京：中国轻工业出版社，2005.

30. 〔美〕R. 基思·索耶. 剑桥学习科学手册〔M〕. 北京师范大学认知神经科学与学习国家重点实验室脑科学与教育应用研究中心，徐晓东，等译. 北京：教育科学出版社，2010.

31. 经济合作与发展组织. 理解脑——新的学习科学的诞生〔M〕. 北京师范大学"认知神经科学与学习"国家重点实验室脑科学与教育应用研究中心，译. 北京：教育科学出版社，2010.

32. 孟昭兰. 婴儿心理学〔M〕. 北京：北京大学出版社，1997.

33. 孟昭兰. 情绪心理学〔M〕. 北京：北京大学出版社，2005.

34. 孟昭兰. 孟昭兰心理学文选〔M〕. 北京：人民教育出版社，2009.

35. 林崇德. 发展心理学〔M〕. 杭州：浙江教育出版社，2002.

36. 方富熹，等. 儿童发展心理学〔M〕. 北京：人民教育出版社，2005.

37. 白学军，等. 实验发展心理学〔M〕. 北京：中国社会科学出版社，2017.

38. 沈德立，白学军. 实验儿童心理学〔M〕. 合肥：安徽教育出版社，2004.

39. 白学军. 智力发展心理学〔M〕. 合肥：安徽教育出版社，2004.

40. 董奇，申继亮. 心理与教育研究法〔M〕. 杭州：浙江教育出版社，2005.

41. 周欣. 儿童数概念的早期发展〔M〕. 上海：华东师范大学出版社，2004.

42. 朱曼殊. 儿童语言发展研究〔M〕. 上海：华东师范大学出版社，1987.

43. 莫雷，李惠健，李利. 婴幼儿书面语言机能发展研究〔M〕. 广州：暨南大学出版社，2005.

44. 杨丽珠，姜月，陶沙. 早期儿童自我意识情绪发生发展研究〔M〕. 北京：北京师范大学出版社，2014.

45. 朱曼殊. 儿童语言发展研究〔M〕. 上海：华东师范大学出版社，1987.

46. 李维. 学习心理学〔M〕. 成都：四川人民出版社，2000.

47. 王振宇. 儿童心理发展理论（修订版）〔M〕. 北京：人民教育出版社，2011.

48. 陈帼眉. 学前心理学［M］.北京：人民教育出版社，2003.

49. 桑标. 当代儿童发展心理学［M］.上海：上海教育出版社，2003.

50. 陈鹤琴. 陈鹤琴文集［M］.南京：江苏教育出版社，2007.

51. 周宗奎. 儿童青少年发展心理学［M］.武汉：华中师范大学出版社，2011.